高等学校"互联网+"新形态教材

机 械 制 图

（第二版）

主编 李艳敏 赵 军

中国水利水电出版社

www.waterpub.com.cn

·北京·

内 容 提 要

本套教材根据教育部对高校工程图学课程教学的基本要求，结合作者多年来工程图学教学改革和建设的成果及经验编写而成。本套教材包括：《工程图学基础（第二版）》《工程图学基础习题集（第二版）》《机械制图（第二版）》《机械制图习题集（第二版）》及《计算机绘图——AutoCAD+Inventor（第二版）》。

本书内容包括机件的各种表达方法、机械零件构型分析基础知识、零件图、连接、常用件的画法、部件装配图以及展开图。全书共 7 章，书后还附有附录，便于学生查阅相关资料。

本书采用了近年来发布的最新国家标准《技术制图》与《机械制图》，可作为高等学校机械类专业机械制图课程的教材，也可供自学者和其他专业师生参考。与本书配套的《机械制图习题集（第二版）》由中国水利水电出版社同时出版，可供选用。

作者还制作了与本书配套的课件与习题解答（Authorware 开发），读者可从中国水利水电出版社网站免费下载，网址为：http://www.waterpub.com.cn/softdown/。

图书在版编目（CIP）数据

机械制图/李艳敏，赵军主编. —2 版. —北京：
中国水利水电出版社，2021. 1
高等学校"互联网+"新形态教材
ISBN 978-7-5170-9229-2

Ⅰ.①机…　Ⅱ.①李…　②赵…　Ⅲ.①机械制图-高
等学校-教材　Ⅳ.①TH126

中国版本图书馆 CIP 数据核字（2020）第 261832 号

书　　名	高等学校"互联网+"新形态教材 机械制图（第二版）JIXIE ZHITU
作　　者	主编　李艳敏　赵　军
出版发行	中国水利水电出版社 （北京市海淀区玉渊潭南路 1 号 D 座　100038） 网址：www.waterpub.com.cn E-mail：sales@waterpub.com.cn 电话：(010) 68367658（营销中心）
经　　售	北京科水图书销售中心（零售） 电话：(010) 88383994、63202643、68545874 全国各地新华书店和相关出版物销售网点
排　　版	京华图文制作有限公司
印　　刷	河北华商印刷有限公司
规　　格	185mm×260mm　16 开本　15.25 印张　355 千字
版　　次	2016 年 1 月第 1 版　2016 年 1 月第 1 次印刷 2021 年 1 月第 2 版　2021 年 1 月第 1 次印刷
印　　数	0001—4000 册
定　　价	45.00 元

第二版前言

本书是在第一版的基础上修订而成的。本书遵照教育部高等学校工程图学课程教学指导委员会制定的"普通高等学校工程图学课程教学基本要求"，并贯彻国家最新标准及规范，融入了作者近年来的"机械制图"课程教学经验和改革成果，汲取了第一版教材使用教师的意见和建议。本套教材包括《工程图学基础（第二版）》《工程图学基础习题集（第二版）》《机械制图（第二版）》《机械制图习题集（第二版）》及《计算机绘图——AutoCAD+Inventor（第二版）》。

在编写教材过程中，我们贯彻精选教学内容、注重实践与应用的原则。内容方面在保持工程图学理论性和系统性的同时，尽可能做到简明、实用。通过教材例题、配套习题以及综合性大作业等，开阔学生思路，拓宽基础，培养学生运用理论解决实际工程问题的能力。

本书的特点如下：

（1）主要知识点有讲解视频等数字化资源。

（2）合理编排教学内容。教材以够用为原则，突出实用性，注重系统性，对传统的画法几何及机械制图内容进行了优化组合。内容由浅入深、由易到难、由简及繁，符合知识学习的认知规律。

（3）尽可能选用实际应用案例，侧重绘制和阅读机械工程图样基本能力的训练，以满足实际的应用需求。

（4）充实了徒手绘图方面的内容，有利于培养学生零部件测绘设计的技能。

（5）加强学生对视图标注尺寸能力的培养。针对以往学生尺寸标注能力较弱的问题，将尺寸标注从基本体到组合体至零部件一线贯穿，弥补了以往重视图、轻尺寸的不足。

（6）教材贯彻国家最新发布的《技术制图》与《机械制图》等国家标准，按照课程内容的需要，将有关标准编排在附录中，以供学生学习时参考使用。

（7）有配套的习题集，为培养学生的手工绘图、计算机绘图、三维造型能力提供了保证。

本书由兰州交通大学李艳敏和赵军任主编。参加本书编写的人员有李艳敏（第 3 章、第 6 章、第 7 章）、赵军（第 4 章、第 5 章）、张惠（第 1 章）、王昕（第 2 章、附录），柯于俊、卢鑫参与了本书的部分绘图工作。微课视频录制人员有李艳敏（第 1 章、第 2 章、第 3 章）、蔡江明（第 4 章、第 5 章、第 6 章）。全书由李艳敏统稿和定稿，兰州交通大学刘荣珍教授审阅了全部书稿。本书在编写过程中也参考了一些同行编写的教材，在此谨向作者致谢。

限于编者水平，书中难免有疏漏和不妥之处，敬请广大读者批评指正。

作　者

2020 年 11 月

第一版前言

本套教材根据教育部高等学校工程图学课程教学指导委员会制定的"普通高等学校工程图学课程教学基本要求",以及我们多年总结的"机械制图"课程教学经验和改革成果的基础上编写而成。整套教材包括:《工程图学基础》《工程图学基础习题集》《机械制图》《机械制图习题集》及《计算机绘图——AutoCAD+Inventor》。

在编写本书过程中,我们贯彻精选教学内容、注重实践与应用的原则。内容方面在保持工程图学理论性和系统性的同时,尽可能做到简明、实用。通过教材例题、配套习题以及综合性构型设计作业等,开阔学生思路,拓宽基础,培养学生运用理论解决实际工程问题的能力。

本书特点如下:

1. 合理编排教学内容。教材以够用为原则突出实用性,注重系统性,对传统的画法几何及机械制图内容进行了优化组合。内容由浅入深、由易到难、由简及繁,符合知识学习的认知规律。

2. 尽可能选用了实际应用案例,侧重绘制和阅读机械工程图样基本能力的训练,以满足教学实际应用需求。

3. 充实了徒手绘图方面的内容,有利于培养学生零部件测绘设计的技能。

4. 加强学生对视图标注尺寸能力的培养。针对以往学生尺寸标注能力较弱的问题,将尺寸标注从基本体到组合体至零部件一线贯穿,弥补了以往重视图轻尺寸的不足。

5. 教材全部贯彻国家最新发布的《技术制图》与《机械制图》等国家标准,按照课程内容的需要,将有关标准编排在附录中,以供学生学习时参考使用。

6. 有配套的习题集,为培养学生的手工绘图、计算机绘图、三维造型能力提供了保证。

本书由兰州交通大学李艳敏和赵军任主编。参加本书编写的人员有李艳敏(第3章、第6章、第7章)、赵军(第4章、第5章)、刘荣珍(第1章)、王昕(第2章、附录)。张惠、赵清华、田海涛参与了本书的部分绘图工作,全书由李艳敏统稿和定稿,兰州交通大学商跃进教授审阅了全部书稿。本书在编写过程中也参考了一些同行所编写的教材,在此谨向作者致谢。

限于编者水平,书中难免有疏漏和不妥之处,敬请广大读者批评指正。

作　者

2015 年 9 月

目　　录

第 *1* 章

机件的各种表达方法

在生产实际中，当机件的形状和结构比较复杂时，如果用两视图或三视图，就难以把它们的内外形状准确、完整、清晰地表达出来。为此，国家标准规定了机件的各种表达方法——视图、剖视图、断面图、局部放大图、简化画法，以满足实际生产的需要。本章重点介绍一些机件的常用表达方法。

1.1 视 图

为了便于看图，视图通常用来表达机件的外部形状，所以一般只画出机件的可见部分，必要时才用虚线表达其不可见部分。视图种类有基本视图、向视图、局部视图和斜视图四种。关于视图的规定请参考国家标准 GB/T 17451—1998《技术制图 图样画法 视图》和 GB/T 4458.1—2002《机械制图 图样画法 视图》。

■ 1.1.1 基本视图

1. 基本视图的形成

扫一扫，看视频

在原有三投影面的基础上，再增设三个投影面，组成一个正六面体，六面体的六个面称作基本投影面。机件向基本投影面投射所得的视图，称作基本视图。这六个基本视图分别为主视图、俯视图、左视图、后视图、仰视图、右视图。各投影面按图 1-1 所示展开在一个平面上后，各基本视图的配置如图 1-2 所示。在同一张图纸内，按图 1-2 配置视图时，一律不标注视图的名称。

六个基本视图之间仍然符合"长对正、高平齐、宽相等"的投影规律，如图 1-3 所示。

2. 基本视图的选用原则及应用举例

确定机件表达方案时，主视图是必不可少的，其他视图的取舍，要根据机件的结构特点而定。一般的原则是在完整、清晰地表达机件各部分形状的前提下，力求制图简便。图 1-4 为某一机件的主、俯、左三视图，可以看出采用主、左两个视图，即可将机件的各部分形状表达完整，俯视图可以不画。但由于该机件左、右部分的结构有差异，且形状较复杂，因此左视图上虚线和实线重叠，影响图面清晰度。若添加右视图来表达该机件右边的形状，那么左视图上用于表达机件右侧形状的虚线可不画，如图 1-5 所示。显然从完整、清晰的角度出发，图 1-5 的表达方案较图 1-4 的表达方案好。

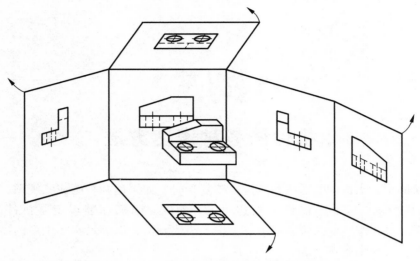

图 1-1　六个基本视图的形成及投影面展开方法

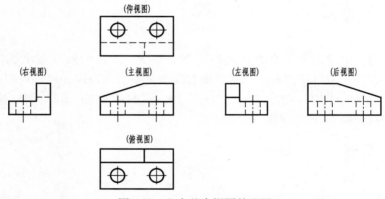

图 1-2　六个基本视图的配置

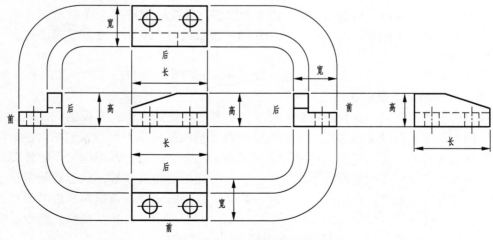

图 1-3　六个基本视图间的投影关系

▇ 1.1.2 向视图

向视图是可自由配置的视图。绘图时由于考虑到各视图在图纸中的合理布局等问题，机件的基本视图若不按规定的位置（图1-2）配置，可绘制向视图（图1-6）。绘制向视图时，应在向视图的上方用大写拉丁字母标注视图名称"×"，并在相应的视图附近用箭头指明投射方向，注写相同字母，如图1-6中的A、B、C三个向视图。

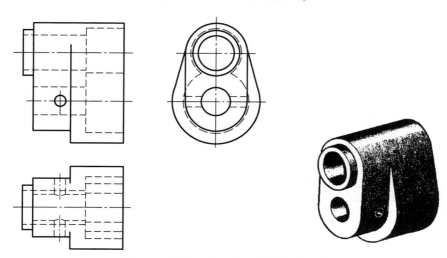

图1-4　用主、俯、左三视图表达机件

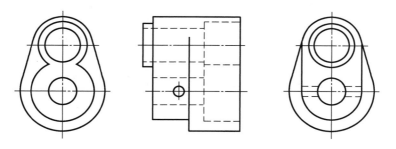

图1-5　用主、左、右三视图表达机件

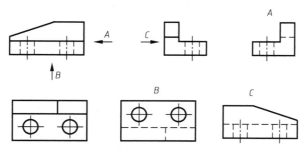

图1-6　向视图的标注方法

■ 1.1.3 局部视图

将机件的某一部分向基本投影面投射所得的视图，称为局部视图。当采用一定数量的基本视图表达机件后，机件上仍有尚未表达清楚的局部结构，扫一扫，看视频可采用局部视图。如图 1-7 所示机件的左侧凸台。

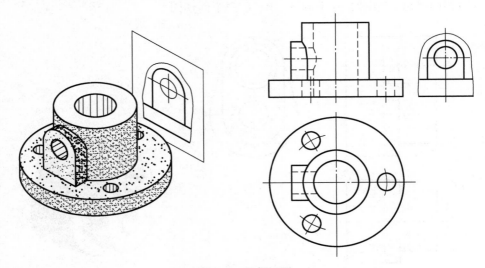

图 1-7　局部视图

1. 局部视图的画法

（1）画局部视图时，其断裂边界用波浪线或双折线绘制（图 1-7）。可将波浪线理解为机件断裂边界的投影，但要用细实线绘制，所以波浪线不应超出机件的外轮廓线，也不能画在机件的中空处。

（2）当所表达的局部结构形状完整且外轮廓线封闭时，波浪线可省略不画（图 1-8）。

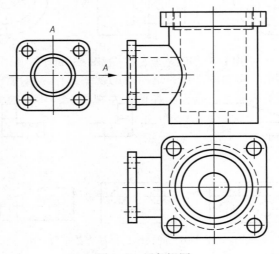

图 1-8　局部视图

2. 局部视图的标注

局部视图可按基本视图的配置形式配置，若中间没有其他图形隔开，则不必标注（图 1-7）。局部视图也可按向视图的配置形式配置并标注，即在局部视图上方用大写的拉丁字母标出视图的名称"×"，并在相应的视图附近用箭头指明投射方向，注上相同的字母。如图 1-8 中的"A"局部视图。

3. 局部视图的配置

在机械制图中，局部视图的配置可选用以下方式：

（1）按基本视图的配置形式配置，如图 1-7 中左视图所示。

（2）按向视图的配置形式配置，如图 1-8 所示。

（3）按第三角投影法（见 GB/T 14692—2008）配置在视图上所需表示物体局部结构附近，并用细点画线将两者相连，如图 1-9 所示。第三角投影法见 1.6 节。

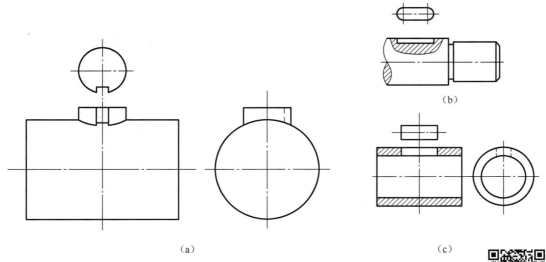

（a）　　　　　　　　（b）　　　　　　　（c）

图 1-9　按第三角画法配置的局部视图

扫一扫，看视频

▌1.1.4　斜视图

将机件向不平行于基本投影面的平面投射所得的视图，称为斜视图。如图 1-10 所示压紧杆的耳板是倾斜的。其倾斜表面为正垂面，在俯、左视图上均不反映实形，不但形状表达不够清楚，画图困难，而且不便于看图和标注尺寸。基于画法几何中用换面法求解实形的思想，添加一个与倾斜结构平行且与正投影面垂直的辅助投影面，将倾斜结构向该辅助投影面投射，得到斜视图［图 1-10（b）］，可反映该机件倾斜结构的实形。

1. 斜视图的画法

斜视图通常用来表达机件倾斜结构的形状，所以在斜视图中非倾斜部分不必全部画出，其断裂边界用波浪线或双折线绘制，如图 1-11 所示。

2. 斜视图的标注

斜视图通常按投影关系配置，也可按向视图的配置形式配置并标注。有时为方便作图，允许将图形旋转某一角度后再画出，但在旋转后的斜视图上方需加注旋转符号 "⌒" 或 "⌒"（旋转符号是半径为字高的半圆弧，箭头指向应与图形的实际旋转方向一致），表示视图名称的大写拉丁字母 "×" 应靠近旋转符号的箭头一侧 [图 1-11 (b)]。若要特别表明图形旋转角度时，可将角度值注写在字母之后。

需要特别说明的是：表示视图名称的大写拉丁字母必须水平书写，指明投射方向的箭头应与要表达倾斜结构的实形的表面垂直 [图 1-12 (b)]。

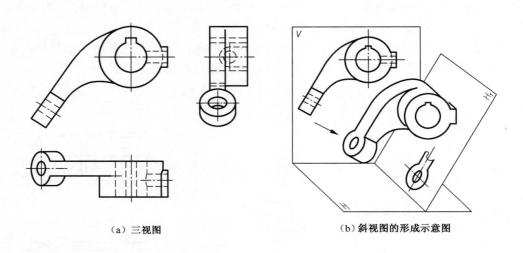

（a）三视图　　　　　　　　　　（b）斜视图的形成示意图

图 1-10　机件斜视图的形成

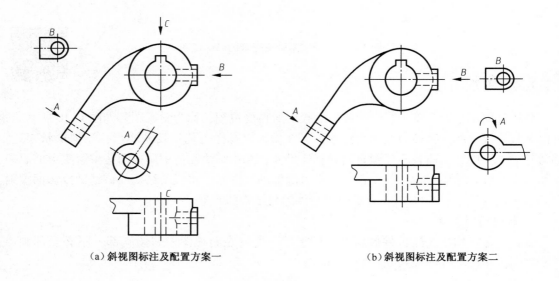

（a）斜视图标注及配置方案一　　　　　　　（b）斜视图标注及配置方案二

图 1-11　压紧杆斜视图的两种标注及配置方案

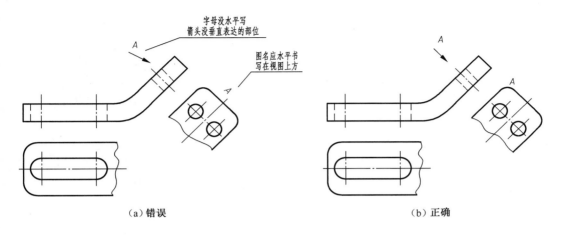

（a）错误　　　　　　　　　　　　　（b）正确

图 1-12　斜视图标注的正误对比

1.2　剖 视 图

视图虽然能完整地表达机件的外部形状结构，但当机件的内部结构比较复杂时，在视图中会出现很多虚线，而且这些虚线往往与机件的其他轮廓线重叠在一起，影响图形的清晰度，不便于看图及标注尺寸。因此，国家标准规定常用剖视图来表达机件的内部结构。关于剖视图和断面图的规定请参考国家标准 GB/T 17452—1998《技术制图 图样画法 剖视图和断面图》和 GB/T 4458.6—2002《机械制图 图样画法 剖视图和断面图》。

■1.2.1　剖视图的概念、画法及其标注

1. 剖视图概念

扫一扫，看视频

假想用剖切面（平面或曲面）剖切机件，将处在观察者和剖切面之间的部分移去，而将其余部分向平行于剖切面的投影面投射所得的图形称为剖视图，简称剖视。如图 1-13（b）所示，用通过机件前后对称面的正平面，假想把机件剖开，移去剖切平面前的部分，再向正投影面投射，就得到了位于主视图位置上的剖视图［图 1-13（d）］。

2. 剖面区域的表示法

剖切面与机件的接触部分称为剖面区域［图 1-13（c）］。国家标准规定，剖视图中剖面区域内应画上剖面符号，且不同的材料采用不同的剖面符号（表 1-1）。机械零件大多由金属材料制成。在同一金属零件图中，剖视图、断面图中的剖面符号应画成间隔相等、方向相同且一般与剖面区域的主要轮廓线或对称线成 45°平行线（图 1-13），也称为剖面线。

剖面线用细实线绘制，必要时也可画成与主要轮廓线成适当角度（图 1-14）。在制图作业中，未指明材料的机件均按金属材料处理。

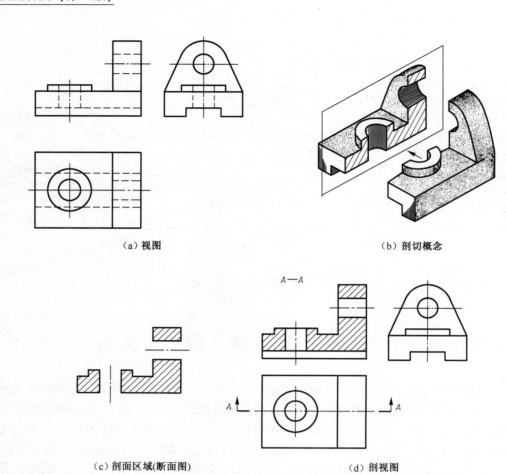

（a）视图

（b）剖切概念

（c）剖面区域(断面图)

（d）剖视图

图 1-13 剖视图的概念和画法

表 1-1 剖面符号

材料名称		剖面符号	材料名称	剖面符号	材料名称	剖面符号
金属材料（已有规定剖面符号者除外）			线圈绕组元件		混凝土	
非金属材料（已有规定剖面符号者除外）			转子、电枢、变压器和电抗器等的叠钢片		钢筋混凝土	
木材	纵断面		型砂、填砂、粉末冶金、砂轮、陶瓷及硬质合金刀片等		砖	
	横断面		液体		基础周围的泥土	
玻璃及供观察用的其他透明材料			木质胶合板（不分层数）		格网（筛网、过滤网等）	

3. 画剖视图的一般方法与步骤

由于画剖视图的目的在于清楚地表达机件的内部结构形状。因此，画剖视图时，首先应根据机件的结构特点，考虑哪个视图应画成剖视图，采用何种剖切面，在什么位置剖切才能清楚、确切地表达出机件的内部结构形状。剖切面一般是平行于相应投影面的平面（必要时也可是柱面），而且应尽量使其通过较多的内部结构（孔或沟槽）的轴线或对称中心线。因此画剖视图步骤如下：

（1）根据机件的结构特点确定剖切面的种类和位置［图1-13（a）、（b）］。

（2）画出机件剖面区域的投影，再画上剖面符号［图1-13（c）］。

（3）画出剖切面后所有可见部分的投影［图1-13（d）］。

（4）标注剖切平面的位置、投射方向和剖视图名称，并按规定描深图线［图1-13（d）］。

4. 剖视图的标注

为了便于看图，一般情况下剖视图均要进行标注。国家标准规定，剖视图的标注应包含三个要素（图1-15）。

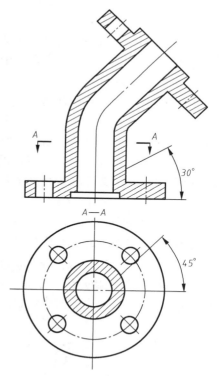

图1-14　剖面符号的画法

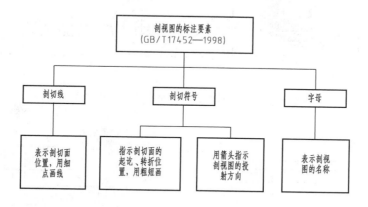

图1-15　剖视图的标注要素

（1）在剖视图的上方用大写的拉丁字母标出剖视图的名称"X—X"。

（2）在相应的视图上用剖切线（细点画线）表示剖切面的位置，也可省略不画。

（3）在剖切面两端的起讫和转折位置置上剖切符号（约5~10mm的粗短画），在表示剖切面起讫位置的粗短画外侧画出箭头表示剖视图的投射方向，并在旁边标注相应的字母"X"［图1-13（d）］。粗短画不能与机件轮廓线相交。

剖视图在下列情况下可以简化或省略标注：

（1）当剖视图按投影关系配置，中间又没有其他图形隔开时，可省略箭头。

（2）当单一剖切平面通过机件的对称面或基本对称面，且剖视图按投影关系配置，中间又没有其他图形隔开时，可省略标注。

5. 画剖视图应注意的问题

（1）由于剖切是假想的，所以除剖视图以外的其他视图应按完整机件画出（图1-13中的俯视图）。

（2）通常不用虚线来表达机件的结构，但在不影响剖视图的清晰度又可减少视图的情况下，在剖视图上可画少量虚线（图1-16）。

（3）应仔细分析剖切平面后的结构形状，避免误画或漏画剖切平面后的可见轮廓线（图1-17）。

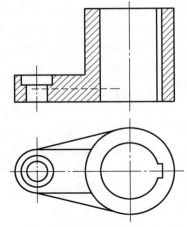

图1-16　在剖视图中用少量虚线表达结构

（4）未剖开孔的轴线应在剖视图中画出［图1-18（a）］。

（5）对机件上的肋板、轮辐、紧固件、轴，其纵向剖视图通常按不剖绘制，即这些结构上不画剖面符号，而用粗实线将它与其邻接部分隔开［图1-18（b）］。

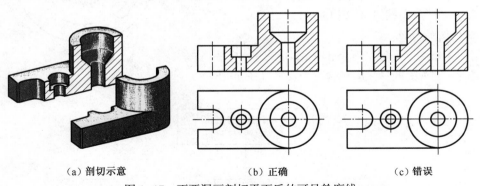

（a）剖切示意　　　　　　（b）正确　　　　　　（c）错误

图1-17　不要漏画剖切平面后的可见轮廓线

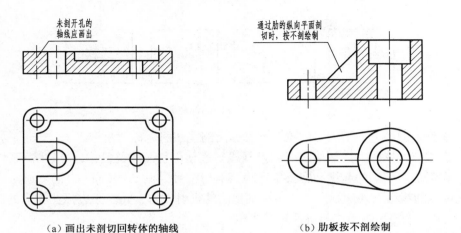

（a）画出未剖切回转体的轴线　　　　　　（b）肋板按不剖绘制

图1-18　剖视图中的规定画法

（6）基本视图的配置规定同样适用于剖视图和断面图，即剖视图和断面图应尽量配置在基本视图的位置上，如图 1-19 中的 B—B 剖视图。剖视图和断面图也可按投影关系配置在与剖切符号相对应的位置上，如图 1-19 中的 A—A 剖视图。必要时允许配置在其他适当位置。

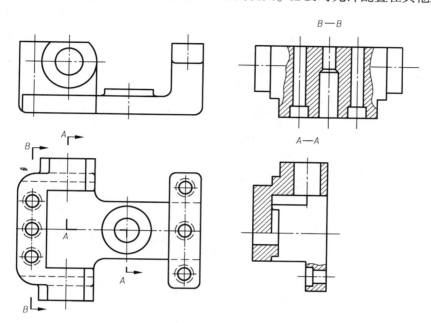

图 1-19　剖视图的配置

1.2.2　剖视图的种类

用剖视图表达机件时，按剖视图的表达内容及对机件内、外形结构的取舍、兼顾以及兼顾范围不同，国家标准 GB/T 17452—1998《技术制图 图样画法 剖视图和断面图》规定剖视图种类有全剖视图、半剖视图和局部剖视图三种。

1. 全剖视图

用剖切面把机件剖开后向相应投影面投射，画出所得剖视图称为全剖视图。当机件的外形比较简单（或外形已在其他视图上表达清楚），内部结构较复杂时，常采用全剖视图来表达机件的内部结构。如图 1-13 所示的主视图。

2. 半剖视图

如图 1-20 所示，当机件的内、外形结构都比较复杂，但具有对称平面时，为了减少视图数量，在一个图形上同时表达机件的内、外形结构，常采用剖切面把机件剖开后向相应投影面投射，以视图的对称中心线为界，一半画成剖视图以表达其内形结构，另一半画成视图以表达其外形结构，这种剖视图称为半剖视图。

所以当机件的内、外形结构都需要表达，同时该机件对称（图 1-20）或接近于对称，但其不对称部分已在其他视图中表达清楚时（图 1-21 中右边的小槽在俯视图表达清楚），都可以采用半剖视图表达。采用半剖视图表达机件时，由于机件的内形结构已在剖视图中表达清楚，所以在视图的另一半中，表示内形结构的虚线不画。

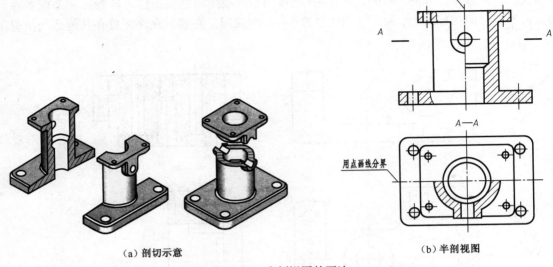

（a）剖切示意　　　　　　　　　　　　（b）半剖视图

图 1-20　半剖视图的画法

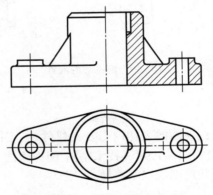

图 1-21　机件接近对称时用半剖视图表达

在半剖视图中，剖视图和视图必须以中心线为分界线，在分界线处不能出现轮廓线（粗实线或虚线），如果在分界线处存在轮廓线，则应避免使用半剖视图，如图 1-22 所示的主视图中。

3. 局部剖视图

用剖切面剖开机件后向相应投影面投射，根据表达需要仅画出一部分剖视图，其他部分仍画成视图，称为局部剖视图（图 1-23）。

画局部剖视图应注意以下几点：

（1）局部剖视图中机件剖开部分与未剖部分的分界线（断裂线）一般用波浪线表示。可将波浪线理解为机件断裂边界的投影，但要用细实线绘制，所以波浪线不能超出图形的外轮廓线，也不能在穿通的孔或槽中连起来，而且波浪线不应和图形上的其他图线重合或成为其他图线的延长线，以免引起误解（图 1-24）。

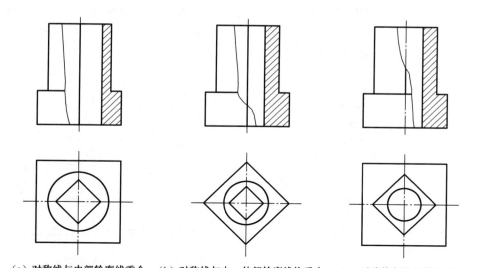

（a）对称线与内部轮廓线重合　（b）对称线与内、外部轮廓线均重合　（c）对称线与外部轮廓线重合

图 1-22　对称线与轮廓线重合时，不宜采用半剖视图而采用局部剖视图

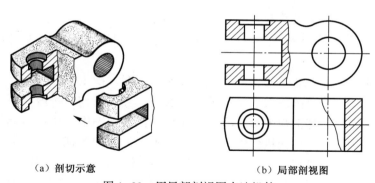

（a）剖切示意　　　　　　　（b）局部剖视图

图 1-23　用局部剖视图表达机件

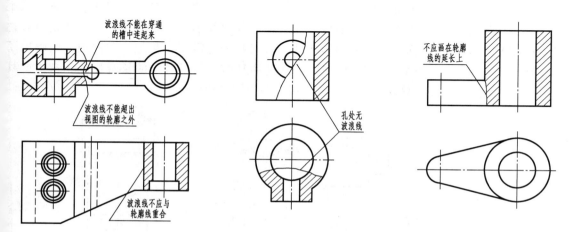

图 1-24　波浪线的画法

（2）当被剖切结构为回转体时，允许将该结构的回转中心线作为局部剖视图与视图的分界线，如图1-25（a）和图1-25（b）所示摇杆臂左端；图1-25（b）摇杆臂右端因有凸台，在俯视图中的局部剖视图就不能用中心线作为分界线。

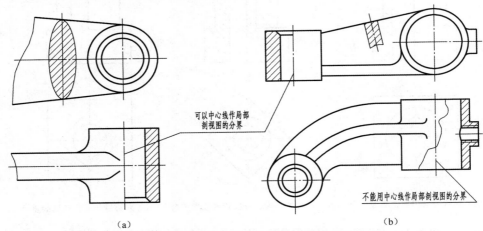

可以中心线作局部剖视图的分界

不能用中心线作局部剖视图的分界

（a）

（b）

图1-25 中心线作为分界线的局部剖视图

扫一扫，看视频

局部剖视图是一种非常灵活的表达方法，常应用于下列情况：

（1）机件的内部结构只需局部地表达，不必或不宜画成全剖视图（图1-23）。

（2）机件的内、外形均需表达，且不宜画成半剖视图（图1-22）。

通常局部剖视图表达范围的大小取决于机件的内、外形结构。一般在不影响机件外部形状结构表达的情况下，局部剖视图可灵活地画在任一基本视图中，也可将局部剖视图单独画出。局部剖视图运用恰当，可使机件的表达简明清晰，但在同一视图中，局部剖视图的数量不宜过多，否则会使图形显得过于零碎，使机件失去整体感，不便于看图。

如图1-26所示为一轴承座的表达方案。在主视图上，零件下部的外形较简单，内部结构的内腔需用剖视图表达，上部的圆柱形凸缘及其上三个螺孔的分布情况需用视图表达，故不宜采用全剖视图。左视图则相反，上部需剖开以表示其内部不同直径的孔，而下部则需表达机件左端的凸台外形。因而根据机件的形状结构特点和表达需要，在主、左视图中均画出了相应的局部剖视图。在这两个视图上尚未表达清楚的基座底面及其上的长圆形孔和右边的耳板等结构，采用"B"局部视图和"A—A"局部剖视图表达。

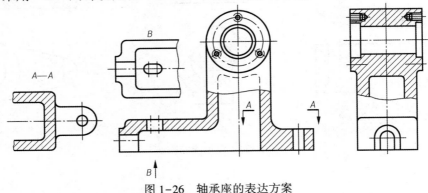

图1-26 轴承座的表达方案

1.2.3　剖切面的种类

剖切机件时，根据机件结构的不同，常采用以下三种剖切面剖开机件，即单一剖切面、几个平行的剖切平面或几个相交的剖切面。此处所述剖切面的种类不仅适用于剖视图，也适用于下一节的断面图。

1. 单一剖切面

单一剖切面用得最多的是投影面的平行面，前面所举图例中的剖视图都是用这种平面剖切得到的。单一剖切面也可以用垂直于基本投影面的平面，当机件上有倾斜的内部结构时，可采用此剖切面剖切机件。如图 1-27（a）所示，用基本投影面的垂直平面剖切时，需添加一个与剖切平面平行的辅助投影面，然后将剖切平面与辅助投影面之间的部分机件向辅助投影面投射得到图 1-27（b）中的"A—A"剖视图，而且应尽量按投射关系配置在与剖切符号相对应的位置上，必要时也可配置在其他适当位置（图 1-28）。有时为了方便作图，在不致引起误解时，允许将图形旋转后画出，但应加注旋转符号，标注形式为"⌒X—X"或"X—X⌒"，如图 1-27（b）中的"A—A"剖视图也可如方框中所示将图形旋转画出。当需要标注图形的旋转角度时，应将角度值标注在图名 X—X 之后。

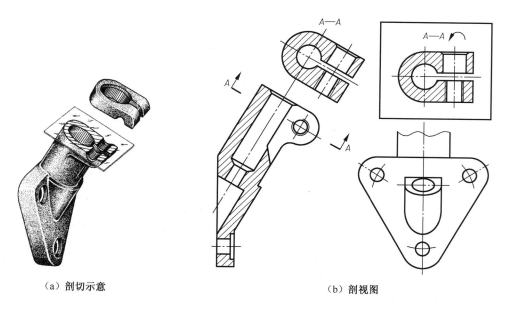

（a）剖切示意　　　　　　　　　　　　　　（b）剖视图

图 1-27　单一剖切平面获得的剖视图（一）

一般用单一剖切平面剖切机件，也可用单一柱面剖切机件。对于在机件上沿圆周分布的孔、槽等结构，常采用圆柱面剖切。采用柱面剖切时，应将剖切柱面和机件的剖切结构展开投射得到剖视图，而且在剖视图的名称后需加注"展开"二字，如图 1-29 所示。

2. 几个平行的剖切平面

如图 1-30 所示，采用两个或两个以上平行的剖切平面剖开机件。几个平行的剖切平面一般与基本投影面平行。

扫一扫，看视频

16 机械制图（第二版）

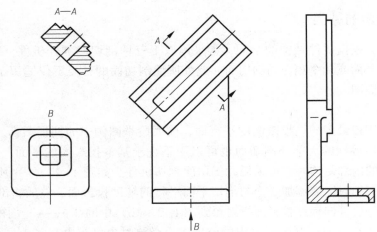

图 1-28　单一剖切平面获得的剖视图（二）

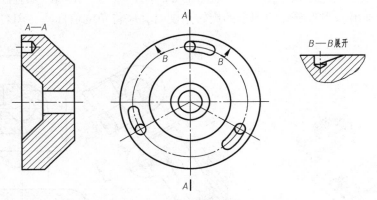

图 1-29　单一剖切柱面获得的剖视图

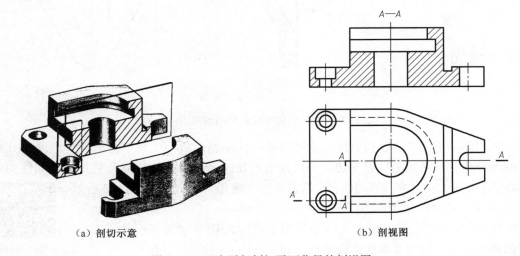

（a）剖切示意　　　　　　　　　　　　（b）剖视图

图 1-30　两个平行剖切平面获得的剖视图

用几个平行的剖切面剖切时，应注意以下几点：

（1）虽然是采用两个或两个以上相互平行的剖切平面剖切机件，但各剖切平面剖切后所得的剖视图是一个视图，所以画图时不应在剖视图中画出各剖切平面连接处分界线的投影〔图1-31（a）〕。

（2）在剖视图内不应出现不完整的结构要素〔图1-31（b）〕。仅当两个要素在图形上具有公共对称线或轴线时才可各画一半，此时应以对称线或轴线为分界线（图1-32）。

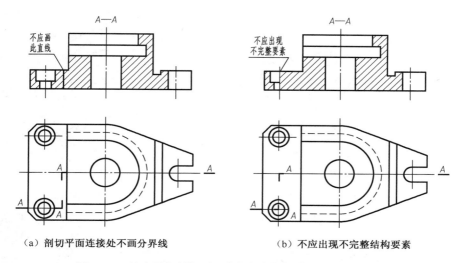

（a）剖切平面连接处不画分界线　　　　　　（b）不应出现不完整结构要素

图1-31　几个平行剖切平面获得的剖视图容易出现的错误

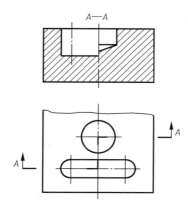

图1-32　两个平行的剖切面可以以内部结构的对称中心线为分界线的剖视图

（3）在剖视图上方应标注剖视图名称"X—X"，在剖切平面的起讫和连接处应画出剖切符号（粗短画），并标注相同字母"X"，剖切符号不应与图中轮廓线（粗实线或虚线）重合。若视图中连接处的位置有限，而又不致引起误解时，可以省略字母。表示剖切面位置的剖切符号（粗短画）不能省略，仅当剖视图按投影关系配置，中间又没有其他视图隔开时，可省略箭头。

3. 几个相交的剖切平面（交线垂直于某一投影面）

如图 1-33、图 1-34 中的剖视图就是采用几个相交的剖切平面。采用这种方法绘制剖视图时，先假想按剖切位置剖开机件，然后将倾斜剖切平面剖切机件的剖面区域及其有关部分旋转到与平行剖切平面重合后再进行投射，如图 1-33 所示；或采用展开画法，此时应标注"X—X 展开"（图 1-35）。

扫一扫，看视频

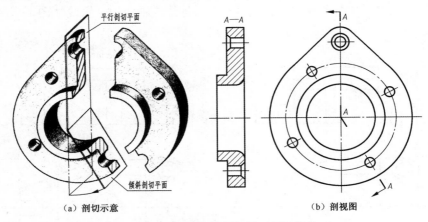

（a）剖切示意　　　　　　　　　　　　（b）剖视图

图 1-33　采用几个相交的剖切平面剖切机件（一）

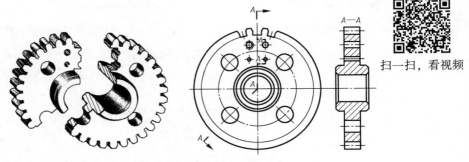
扫一扫，看视频

图 1-34　采用几个相交的剖切平面剖切机件（二）

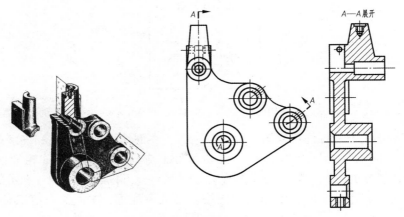

图 1-35　采用几个相交的剖切平面剖切机件（三）

　　根据图 1-33 所示机件的结构特征，假想用一个侧平面和一个正垂面剖切机件，然后将正垂面连同被剖开的结构一起旋转到与侧面投影面平行后再投射，这样可在一个剖视图上反映出用两个相交剖切平面所剖切到的结构。

　　几个相交的剖切平面剖切不仅适用于盘盖类机件（图 1-36），也适用于摇杆类（图 1-37）等机件。

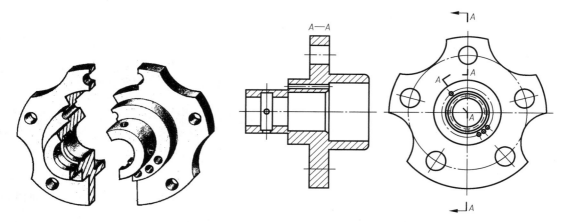

图 1-36　采用几个相交的剖切平面剖切机件（四）

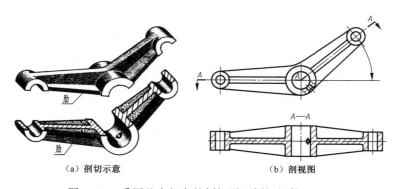

（a）剖切示意　　　　　（b）剖视图

图 1-37　采用几个相交的剖切平面剖切机件（五）

　　采用几个相交的剖切平面剖切时，应注意以下几点：

　　（1）倾斜的剖切面必须旋转到与平行的剖切面重合后再进行投射，使剖开结构在剖视图上反映其实形（图 1-33）。而剖切平面后的其他结构应按原来的位置投射［图 1-37（b）中的油孔］。

　　（2）采用几个相交剖切平面剖切机件后，若产生不完整要素时，则该部分按不剖处理（图 1-38）。

　　（3）在剖视图上方应标注剖视图名称"X—X"。在剖切平面的起讫和转折处应画出剖切符号（粗短画），并标注相同字母"X"。若转折处的位置有限，而又不致引起误解时，可省略字母。箭头仅表示剖视图的投射方向，与剖切平面的旋转方向无关，所以当剖视图按投射关系配置，中间又没有其他图形隔开时，可省略箭头。

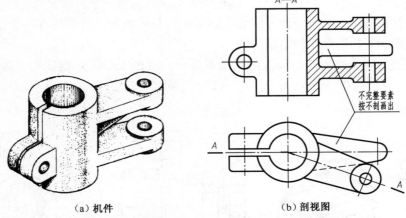

（a）机件　　　　　　　　　　（b）剖视图

图 1-38　采用两个相交的剖切平面剖切时出现不完整要素按不剖处理

■ 1.2.4　剖视图标注的补充说明

（1）全剖视图、半剖视图、局部剖视图仅是剖视图的某一种画法，而不是某一种剖切方法。剖视图中的剖切符号仅表示剖切面的位置，并不表示剖切范围。因此，剖视图中的剖视图名称和剖切符号的标注与剖视图种类无关。图 1-39 中剖视图的标注是错误的。

（2）通常局部剖视图所采用的单一剖切平面的位置明显时，均省略标注（图 1-23、图 1-25）。

■ 1.2.5　剖视图中的尺寸标注

在前面学习的组合体尺寸标注的基本规定同样适用于剖视图（图 1-40）。除此之外还应注意以下几点：

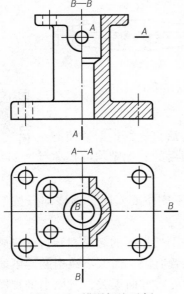

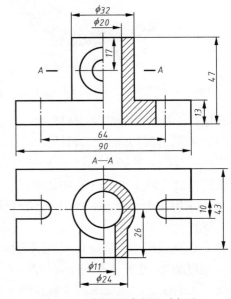

图 1-39　错误标注示例　　　　　　　　图 1-40　剖视图中的尺寸标注

（1）同轴线的不同直径的多个圆柱孔或圆锥孔的直径尺寸，一般应标注在剖视图上，尽量避免标注在投影为同心圆的视图上。但在特殊情况下，如在剖视图上标注直径尺寸确有困难时，可以标注在投影为圆的视图上。

（2）当采用半剖视图后，对于不能完整标注的尺寸，则尺寸线应略超过圆心或对称中心线，此时仅在尺寸线的一端画出箭头。

（3）在剖视图上标注尺寸，应尽量把外形尺寸和内部结构尺寸分别标注在视图的两侧，这样既清晰又便于看图。

（4）在剖面线中注写尺寸数字时，则在尺寸数字处应将剖面线断开。

1.3　断　面　图

■ 1.3.1　断面图的概念

　　根据《机械制图》国家标准的规定，假想用剖切面剖切机件可得断面图和剖视图两种图形（图1-41）。假想用剖切面剖切机件，将所得断面向投影面投射得到的图形称为断面图；将断面和剖切面后机件的剩余部分一起向投影面投射所得图形称为剖视图。断面图常用来配合视图表达机件（如肋、轮辐、轴的孔槽）断面的形状。

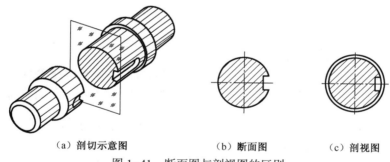

（a）剖切示意图　　　　　　（b）断面图　　　　　（c）剖视图

图1-41　断面图与剖视图的区别

■ 1.3.2　断面图的种类及画法

断面图分为移出断面图和重合断面图。

1. 移出断面图

画在视图外的断面图为移出断面图，简称移出断面（图1-42）。

（1）移出断面的轮廓线用粗实线绘制，配置在剖切线（表示剖切位置的细点画线）的延长线上（图1-42）或其他适当位置。在不致引起误解时，允许将移出断面的图形旋转（图1-43）。当断面图形对称时，可画在视图的中断处（图1-44）。

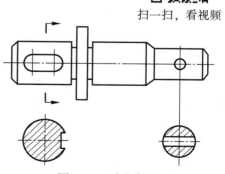

图1-42　移出断面

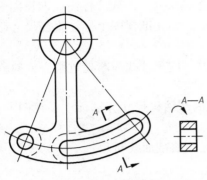

图 1-43　将移出断面旋转后画出

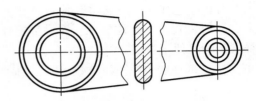

图 1-44　断面图画在视图的中断处

（2）当剖切平面通过回转面形成孔或凹坑的轴线时，则这些结构应按剖视图要求绘制，如图 1-45 所示。当剖切平面通过非圆孔导致出现完全分离的两个断面时，则该结构也应按剖视图要求绘制（图 1-43）。

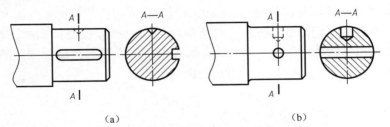

（a）　　　　　　　　　　　　　（b）

图 1-45　按剖视图要求绘制的断面图

（3）为了表示断面的实形，剖切平面应与被剖切部位的主要轮廓线垂直（图 1-46）或通过回转面的轴线。由两个或多个相交剖切平面剖切得到的移出断面图，中间应断开（图 1-47）。

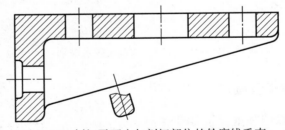

图 1-46　剖切平面应与剖切部位的轮廓线垂直

2. 重合断面图

画在视图内的断面图称为重合断面图（图 1-48）。在不影响图形清晰度的情况下，采用重合断面图可使图样的布局紧凑。画重合断面图时应注意以下两点：

扫一扫，看视频

（1）重合断面的轮廓线用细实线绘制。当视图的轮廓线与重合断面的轮廓线重合时，视图中的轮廓线必须连续画出，不可间断［图 1-48（b）］。

（2）肋板的重合断面图可省略波浪线［图 1-48（a）俯视图］。

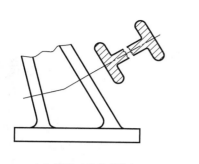
（a）图形对称省略箭头

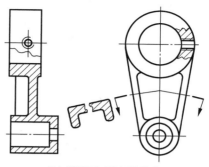
（b）图形不对称标注箭头

图 1-47　用两个相交剖切平面剖切得到的移出断面画法

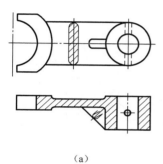
（a）

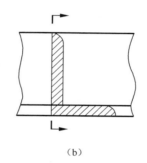
（b）

（c）

图 1-48　重合断面的画法

■ 1.3.3　断面图的标注

1. 移出断面图的标注

（1）一般应用大写的拉丁字母标注移出断面图的名称"X—X"，在相应的视图上用剖切符号表示剖切位置，用箭头表示投射方向，并标注相同的字母（图 1-49）。经过旋转后画出的移出断面图，其标注形式与用单一的投影面垂直平面剖切机件所得剖视图的标注相同（图 1-43）。

（2）配置在剖切符号延长线上的不对称移出断面图，可省略标注字母，如图 1-42 所示。

（3）对称的移出断面图配置在剖切符号延长线上［图 1-42、图 1-47（a）］或配置在视图中断处（图 1-44），可省略全部标注。其他对称的移出断面图（如图 1-49 中的"B—B"断面图）可省略标注箭头。

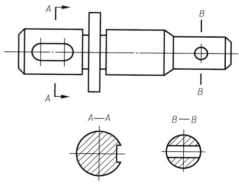
图 1-49　移出断面图的标注

（4）按投影关系配置的移出断面图（图 1-45），可省略标注箭头。

2. 重合断面图的标注

（1）不对称的重合断面图只标注剖切符号及投射方向（箭头）可省略字母［图 1-48（b）］。

（2）对称的重合断面可省略标注［图 1-48 (a)、(c)]。

1.4 局部放大图和简化画法

扫一扫，看视频

■ 1.4.1 局部放大图

将机件的部分结构用大于原图形所采用的比例画出的图形，称为局部放大图。机件的某些细小结构，在给定比例的视图中，由于图形过小而表达不够清晰，或不便于标注尺寸，这时可采用局部放大图。如图 1-50 所示轴上的退刀槽和挡圈槽等。

局部放大图可画成视图、剖视图或断面图，它与原图形被放大部分的表达方法无关（图 1-50）。绘制局部放大图时，应注意以下几点：

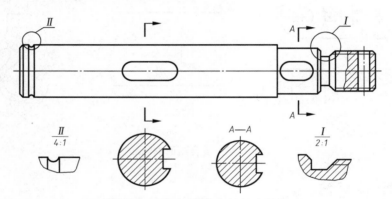

图 1-50 用罗马数字标注放大部位

（1）局部放大图应尽量配置在被放大部位的附近。一般应在原图形上用细实线圈出被放大部位。

（2）当同一机件上有几处被放大的部位时，须用罗马数字依次标注被放大部位，并在局部放大图的上方各自标注相应的罗马数字和所采用的比例，其形式如图 1-50 所示。当机件上被放大的部分仅一处时，则只需在局部放大图上方注明所采用的比例（图 1-51）。

（3）局部放大图上标注的比例是指放大图形与机件实际大小之比，而不是与原图之比。

（4）同一机件上不同部位的局部放大图，当图形相同或对称时，只需画出一处（图 1-52）。

（5）如果局部放大图上有剖面区域出现，那么剖面符号要与机件被放大部位相同（图 1-51、图 1-52）。

（6）局部放大图一般常采用局部视图或局部剖视图表示，其断裂处一般用波浪线表示。

■ 1.4.2 简化画法

扫一扫，看视频

制图时，在不影响对机件表达完整和清晰度的前提下，应力求作图简便。为此，国家标准规定了简化画法。国标 GB/T 16675.1—2012 是关于图样简化画法的规定，以下介绍几种常用的简化画法。

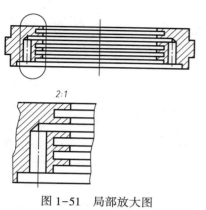

2:1

图 1-51　局部放大图

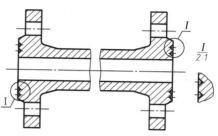

图 1-52　图形相同时仅画出一处

1. 均布肋、孔的简化画法

当零件回转体上均匀分布的肋、轮辐、孔等结构不处于剖切平面上时，可将这些结构绕回转体轴线旋转到剖切平面上画出，如图 1-53（a）和图 1-53（b）所示。

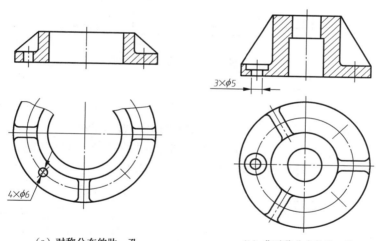

（a）对称分布的肋、孔　　　　（b）非对称分布的肋、孔

图 1-53　均匀分布的肋与孔的简化画法

2. 对称机件的简化画法

对称机件的视图可只画一半或四分之一（图 1-54），并在对称中心线的两端画出对称符号（两条平行且与对称中心线垂直的细实线）。

3. 相同要素的简化画法

（1）当机件具有若干相同结构（如齿、槽等），并按一定规律分布时，只需画出几个完整的结构，其余用细实线连接（图 1-55），但须注明该结构的总数。

（2）若干直径相同且呈规律分布的孔（圆孔、螺孔、沉孔等），可以仅画出一个或少量几个，其余只需用点画线表示其中心位置，但应注明孔的总数（图 1-56）。

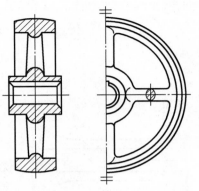

图 1-54 对称机件的画法

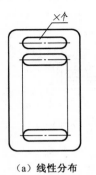

（a）线性分布

（b）按圆周分布

图 1-55 相同要素的简化画法

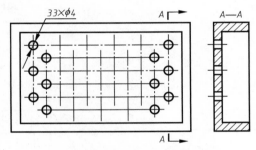

图 1-56 呈规律分布的孔的简化画法

4. 使用平面符号和滚花的简化画法

（1）当回转体上的平面在图形中不能充分表达时，可用平面符号（相交的两条细实线）表示。图 1-57 为一轴端圆柱体被平面切割后在视图上的表示方法。

（2）机件上的滚花部分，一般采用在轮廓线附近用粗实线局部画出的方法表示，也可省略不画，但应在零件图上或技术要求中注明其具体要求（图 1-58）。

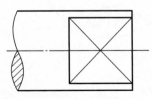

图 1-57 平面符号

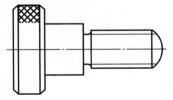

图 1-58 滚花的简化画法

5. 较长机件的简化画法

较长的机件（如轴、杆、连杆、型材等）沿长度方向的形状一致［图 1-59（a）］或按一定规律变化［图 1-59（b）］时，可以断开后缩短绘制。

6. 较小结构的简化画法

（1）当机件上的较小结构或斜度等在一个图形中已表达清楚时，在其他图形中应当简化或省略不画（图 1-60、图 1-61）。图 1-61 的主视图应按斜度的小端简化画出。

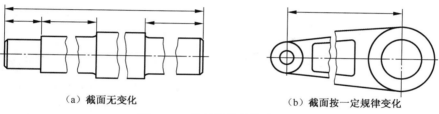

（a）截面无变化　　　　　（b）截面按一定规律变化

图 1-59　较长机件的简化画法

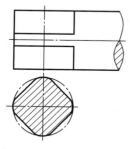

图 1-60　交线省略不画

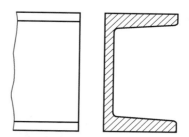

图 1-61　斜度不大的倾斜结构画法

（2）在不致引起误解时，零件图中的小圆角、锐边的小倒角或 45°小倒角允许省略不画，但必须注明尺寸或在技术要求中加以说明（图 1-62）。

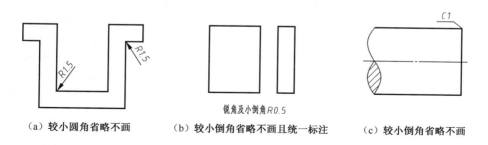

（a）较小圆角省略不画　　（b）较小倒角省略不画且统一标注　　（c）较小倒角省略不画

锐角及小倒角 R0.5

图 1-62　小圆角及小倒角等的省略画法

7. 移出断面的省略画法

在不致引起误解的情况下，零件图中的移出断面，允许省略剖面线，但剖切位置和断面图的标注必须遵照国家标准的有关规定（图 1-63）。

局部视图可按第三角投影法配置在视图上所需表达物体局部结构的附近，并用细点画线相连。

8. 圆柱形法兰和类似机件上均布孔的简化画法

图 1-64 所示为圆柱形法兰上均布孔的简化画法。

9. 过渡线和相贯线的简化画法

在不致引起误解时，图形中的过渡线和相贯线允许简化，例如可用圆弧或直线代替非圆曲线（图 1-65）。

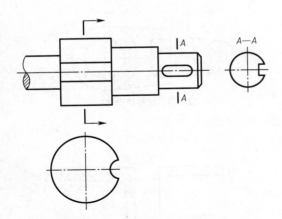

图 1-63 移出剖面的省略画法

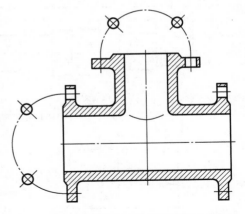

图 1-64 圆柱形法兰上均布孔的画法

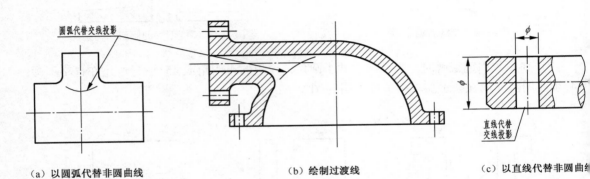

（a）以圆弧代替非圆曲线 　　　（b）绘制过渡线 　　　（c）以直线代替非圆曲线

图 1-65 过渡线和相贯线的简化画法

10. 倾角≤30°的圆或圆弧的简化画法

与投影面倾斜角度≤30°的圆或圆弧，手工绘图时，其投影可用圆或圆弧代替，如图 1-66 所示。

11. 剖中剖

必要时，在剖视图的剖面中可再进行一次剖切，但须画成局部剖视图。而且两个剖面的剖面线方向应相同，间隔一致，但要互相错开，并用引出线标注局部剖视图的名称，如图 1-67 中的"B—B"剖视图。

12. 剖切平面前面结构的假想画法

在需要表示剖切平面前的结构时，这些结构的轮廓线用假想线（即双点画线）绘制，如图 1-68所示。

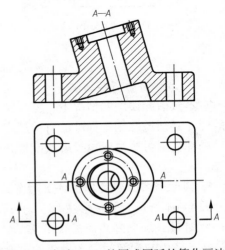

图 1-66 倾角≤30°的圆或圆弧的简化画法

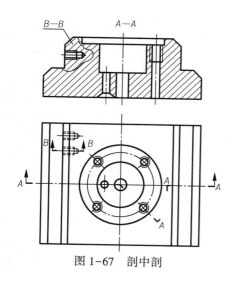

图 1-67　剖中剖

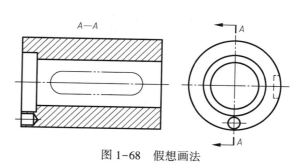

图 1-68　假想画法

扫一扫，看视频

1.5　机件的各种表达方法综合举例

前面所讲视图、剖视、剖面等各种表达方法都有各自的特点和适用范围，当表达一个机件时，应根据机件的形状结构特征，适当地选用本章所介绍的机件常用表达方法，以一组视图完整、清楚地表达机件的形状。其原则是，用较少的视图完整、清楚地表达机件，力求制图简便，便于读图。

例 1-1　分析图 1-69（a）所示支架的表达方案。

如图 1-69（b）所示，主视图采用了局部剖视图，主要表达了斜支架的外部形状结构、上部圆柱上的通孔以及下部斜板上的四个小通孔；为了表达上部圆柱与十字肋的相对位置关系，左视图采用了一个局部视图；为了表达十字肋的形状，采用了一个移出断面图；斜视图"A"表达了下部斜板的实形。

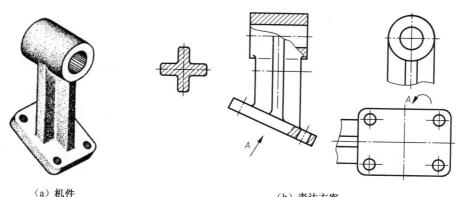

（a）机件　　　　　　　　　　　　　（b）表达方案

图 1-69　斜支架的表达方法

例 1-2　根据支承座的轴测剖视图（图 1-70），选择适当的表达方案。

1. 形体分析

支承座的主体是一个圆柱体，它的前后两侧都有圆柱形凸缘；沿着圆柱体轴线从前往后的方向，前方被切割了一个上下壁为圆柱面而左右壁为侧平面的沉孔，后方有一个圆柱形通孔；圆柱体的顶部有一个圆柱凸台；支承座的底板下部有一长方形通槽，底板的左右两侧有带沉孔的圆柱形通孔；主体圆柱与底板之间由截面为十字形的肋板连接，十字形肋板左右两侧面与主体圆柱面相切。

2. 表达方案的确定与比较

方案一（图1-71）：按图1-70所示的投射方向和位置确定主视图。分析形体可知，需要表达的内部结构有上部的圆柱凸台和底板上的圆柱孔，因此主视图虽然为对称图形，但可采用局部剖视以表达局部内部结构；主视图采用局部剖视后，还需用较少的虚线表示出主体圆柱与十字形肋板的连接关系。左视图由于上下、前后不对称，外形比较简单，所以采用全剖视图，使主体内腔各个层次得以清楚地展现。

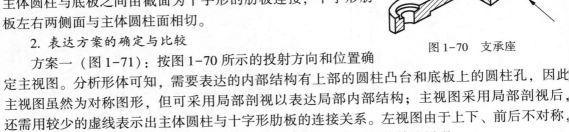

图1-70　支承座

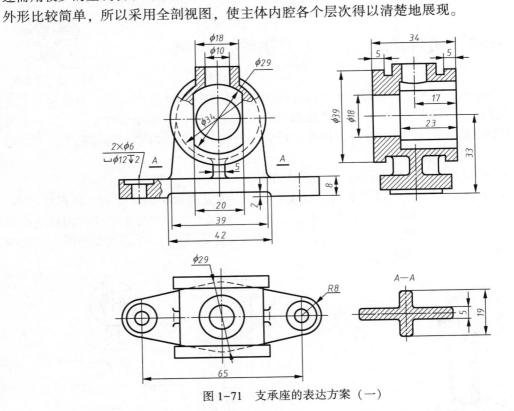

图1-71　支承座的表达方案（一）

由于内部形状在主、左视图中已表达清楚，俯视图可只画外形，但为了完整地表达底板的形状，应画出它在俯视图中的虚线投影。为了更清楚地显示肋板的结构，添加了"A—A"移出剖面。

方案二（图1-72）：方案二与方案一的不同之处，只是俯视图直接采取了用水平面剖后的"A—A"剖视图，就不需要另画移出剖面，但圆柱凸台的外形不能在俯视图中表达了。

因此，左视图则保留一小部分外形而画成局部剖视图，由相贯线来表达凸台的形状。

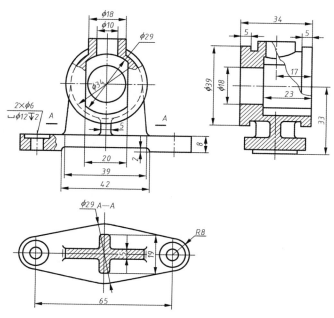

图 1-72　支承座的表达方案（二）

方案三（图 1-73）：主视图采用了半剖视图，俯视图采用了全剖视图，左视图采用了局部剖视图。

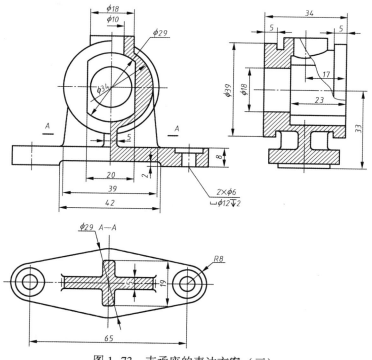

图 1-73　支承座的表达方案（三）

1.6 第三角画法简介

我国《机械制图》国家标准规定，机件的视图应采用正投影法，并优先采用第一角画法绘制，必要时允许采用第三角画法。但有些国家（如美国、日本等）采用第三角画法。为了便于国际技术交流，本节对第三角画法简介如下：

第三角画法是将需表达的机件放在第三分角内投射生成投影图。此时投影面处在观察者和物体之间，即"观察者–投影面–物体"[图1-74（a）]，此时把投影面看作是透明的，生成投影图后，按图1-74（a）所示箭头方向将投影面展开，所得视图配置如图1-74（b）所示。显而易见，第一角画法与第三角画法的主要区别是视图的配置位置不同，其投影原理和投影规律不变。第三角画法也可将物体向六个基本投影面投射得到六个基本视图（图1-75），展开后的六个基本视图的配置关系如图1-76所示。

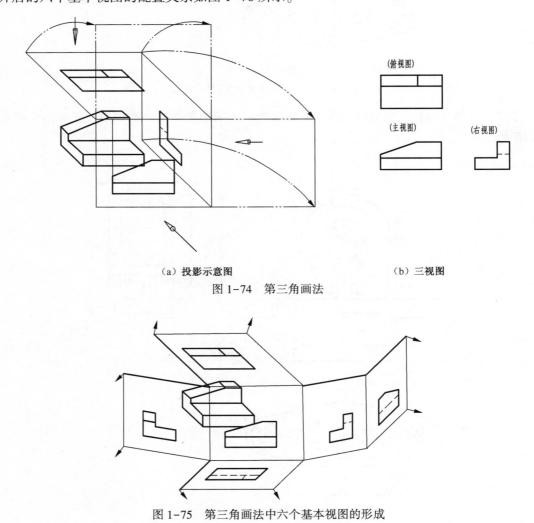

（a）投影示意图　　　　　　　　　（b）三视图

图1-74　第三角画法

图1-75　第三角画法中六个基本视图的形成

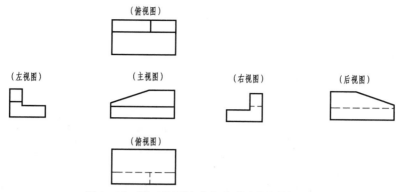

图 1-76　第三角画法中六个基本视图的配置

按 GB/T 14692—2008 规定，采用第三角画法必须在图样标题栏附近画出第三角画法的识别符号，如图 1-77（a）所示。当采用第一角画法时，在图样中一般不画第一角画法的识别符号，第一角画法的识别符号如图 1-77（b）所示。

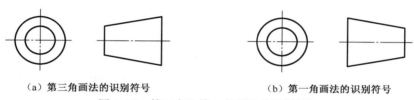

（a）第三角画法的识别符号　　　　　　（b）第一角画法的识别符号

图 1-77　第三角和第一角画法的识别符号

复习思考题

1. 按现行国家制图标准的规定，主要用于表达机件外部形状结构的视图共分为哪四种？

2. 向视图、局部视图、斜视图在图样中应如何配置和标注？在哪些情况下可以省略标注？

3. 剖视图有哪几种？各有什么特点？

4. 剖切方法有哪几种？

5. 剖视图应如何标注？在什么情况下可以省略标注？

6. 断面图和剖视图有什么区别？断面图又分为哪两类？在画法上有什么区别？

7. 试述局部放大图所注比例的含义。局部放大图的比例与基本视图的绘图比例是否有联系？

第 2 章

机械零件构型分析基础知识

组合体是从几何分析的观点出发，分析其形状（即形体分析），绘制其视图，标注其尺寸。而零件则需要根据其在机器中的功能、工艺要求，并考虑经济、美观等因素确定出零件的结构形状和尺寸（即构型分析），绘制其视图，标注其尺寸。形体分析和构型分析有联系，但决不能混同。它们的区别主要是零件的结构形状不能脱离开零件在机器中的功能，以及制造的可能与方便，不能单纯从几何角度去构型，必须了解零件的结构与其制造、装配、使用等之间的关系。因此从图样的完整性和正确性出发，结合本章有关机械及其设计的常识，学会运用构型分析是非常必要的。

2.1　机械零件的合理构型

■ 2.1.1　零、部件的基本概念

从制造的角度来看，任何机器都是由零件装配而成的，比较复杂的机器常常由零件和机构组成部件，再由部件和零件组成机器。

1. 零件

机器中每一个单独加工的单元体称为零件。

2. 部件

按功能划分的装配单元称为部件，每个部件中包含若干零件，各零件间有确定的相对位置，可能实现某种相对运动（机构），也可能相对静止（构件），它们为完成同一功能而协同工作。有少数零件在装配机器时，不参加任何部件而单独作为一个装配单元与其他部件一起直接装配在机器上。因此，机器由若干部件和零件组成，部件由零件组成。

■ 2.1.2　零件的合理构型

尽管零件的设计方法有区别，零件的形状也是各式各样，但构成零件形状的主要因素总是与零件的设计要求、加工方法、装配关系及使用和维护密切相关。也就是说，零件的构型不能脱离开零件在机器中的地位和作用，不能单纯从几何角度去构型。必须了解零件的形状与其加工过程、加工方法有何关系，零件之间通常有哪些装配关系等。在零件设计的实际过程中，除了考虑上述问题外，还应考虑强度、刚度和经济性等问题。由于在学习本书时，还

未学习与设计计算、校核计算有关的课程，所以本书主要讨论如何根据零件的功能合理构型。我们把确定零件的合理形状称为零件的合理构型，简称构型。所谓合理形状，是指在满足设计性能要求的前提下，尽可能使零件的形状简单、便于制造、结构紧凑、重量轻、成本低等。

1. **零件的构型原则**

（1）零件的形状、大小必须满足性能要求，即所设计的零件能在机器正常运转中，发挥它预期的作用。

（2）组成零件的各基本体应尽可能简单，一般采用常见的回转体（圆柱、圆锥、球、圆环）和各种平面立体，尽量不采用不规则曲面。

（3）构成零件的各基本体间应互相协调，使零件结构紧凑，便于制造，造型美观。

2. **零件的构型规律**

任何零件都不是孤立存在的，它必须与其他零件组合成机器或机构，完成一定的工作任务。因此零件间必须有连接、定位、协调、配合等要求。对大量零件进行构型分析的结果表明，尽管零件的形状各式各样，但大体上可以把它们分成三大组成部分，即工作部分、安装部分和连接部分。为了使零件满足一定的功能要求，零件必须要有工作部分；为了与其他零件连接、装配，还必须要有安装部分；工作部分和安装部分又通过连接部分连成一体。

如图 2-1 所示是一个齿轮油泵的泵体，其中空腔部分用于容纳齿轮及支承齿轮轴，可看成是工作部分；泵体下部的底板实现泵体与基座的连接，所以是泵体的安装部分；泵体左侧的凸缘及其上面的螺孔，实现泵体与泵盖的连接。

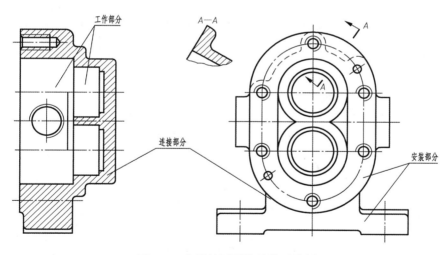

图 2-1　齿轮油泵泵体的构型分析

图 2-2 是两个支架类零件，它们也是由工作部分、安装部分和连接部分三部分组成的。

再例如轮盘类零件中的齿轮，其轮齿部分可看成是工作部分；带有轴孔和键槽的轮毂是安装部分；而轮辐（或辐板）则是连接部分。与其类似的带轮、链轮等各种轮盘类零件的总体构型思路是相同的，仅仅是工作部分有所变化。以此类推，轴类零件，其安装传动或操纵零件（如齿轮、手柄等）的部分可看作工作部分，通常这一部分的轴上带有键槽、平面等。支承在轴承上的部分是安装部分，其余可看作连接部分 [图 2-3（a）]。

　　但并不是所有的零件都具备上述三个部分，有时由于工作条件或空间的限制，零件中的这三个组成部分中会有一个或两个发生变形或退化（主要是连接部分），致使其特征不太明显，但其构型规律仍然不变。如图2-4所示的盖类零件，其工作部分就是零件的内腔，零件上的凸缘、凸台、平面是安装部分，其外部形状起到连接工作部分和安装部分的作用，可看作连接部分。又如图2-3（b）所示的套筒零件，只有工作部分和连接部分，其安装部分退化为台肩右侧的定位表面。有时若零件本身比较复杂，可能会有几个工作部分等。一般情况下，工作部分、安装部分、连接部分这三部分是机械零件共有的形体特征，是具有普遍意义的零件构型规律。

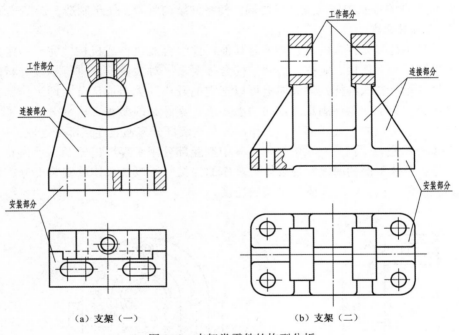

（a）支架（一）　　　　　　　　　　　（b）支架（二）

图2-2　支架类零件的构型分析

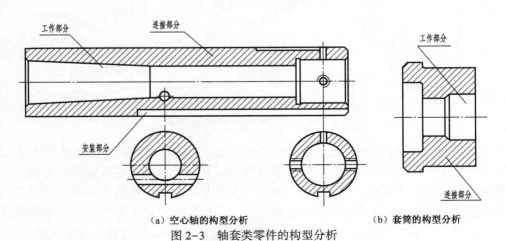

（a）空心轴的构型分析　　　　　　　　（b）套筒的构型分析

图2-3　轴套类零件的构型分析

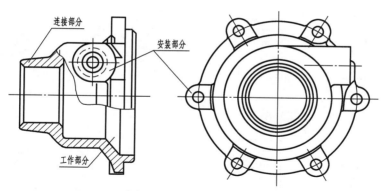

图 2-4　阀盖的构型分析

　　总之，零件的形状各种各样，构型的情况也各种各样，尽管如此，按照零件的构型规律，可对任何零件的组成进行分析。这一点很重要，它能使我们把握住哪怕是一个很复杂的零件的构型特征和过程，而不至于在设计零件时束手无策。这正是合理构型及构型分析观点给零件的形状、结构设计带来的好处。

2.2　与零件构型分析有关的几个问题

2.2.1　零件的工艺结构

　　零件的构型除需要满足上述功能设计要求外，其结构形状还应满足加工、测量、装配等制造过程所提出的一系列工艺要求，使零件具有良好的结构工艺性。

　　1. 毛坯制造的工艺结构

　　制造毛坯主要有铸造、锻造、焊接三种方法，机械工程中大多数零件的毛坯是通过铸造获得的。对于铸造毛坯，设计时应考虑：

扫一扫，看视频

　　（1）起模斜度。在铸造时，为了便于将木模从砂型中取出，在铸件的内外壁上沿起模方向设计出起模斜度［图 2-5（b）］。起模斜度的大小：木模通常为 1°～3°；金属模用手工造型时为 1°～2°，用机械造型时为 0.5°～1°。

　　绘制零件图时，起模斜度在图上一般不必画出，而在技术要求中用文字说明。若起模斜度已在某一个视图中画出且已表达清楚时，其他视图允许只按小端画出（图 2-6）。

　　（2）铸造圆角。为满足铸造工艺要求，防止砂型在尖角处落砂，避免金属冷却时，因应力集中产生裂纹和缩孔，在铸件两表面相交处应做出圆角（图 2-7）。

　　铸造圆角半径一般取壁厚的 0.2～0.4，也可从机械设计手册中查取。同一铸件圆角半径的种类应尽可能少（图 2-8）。铸造圆角半径在图中不标注，而是在技术要求中统一注写。

　　（3）铸件应壁厚均匀。铸件的壁厚不均匀时，由于厚薄部分的冷却速度不一样，容易形成缩孔或产生裂纹。所以在设计铸件时，壁厚应尽量均匀。

　　• 使各处壁厚尽量一致，防止局部肥大（图 2-9）。在设计时，可用作内切圆的方法来检

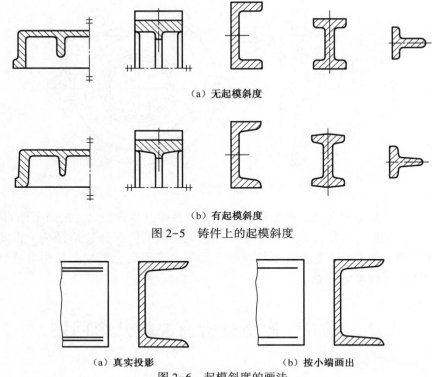

（a）无起模斜度

（b）有起模斜度

图 2-5　铸件上的起模斜度

（a）真实投影　　　　　　　（b）按小端画出

图 2-6　起模斜度的画法

验，内切圆的直径差别不能大于 20%（图 2-9）。

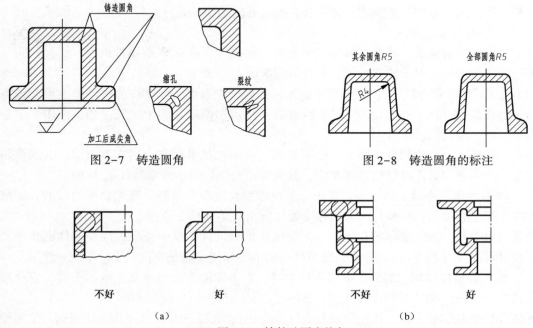

图 2-7　铸造圆角　　　　　　　　　　　图 2-8　铸造圆角的标注

不好　　　　　　　好　　　　　　　　　不好　　　　　　　好

（a）　　　　　　　　　　　　　　　　　　　（b）

图 2-9　铸件壁厚应均匀

- 不同壁厚的连接要逐渐过渡（图 2-10）。
- 内部的壁厚应适当减小，从而使整个铸件能均匀冷却（图 2-11）。

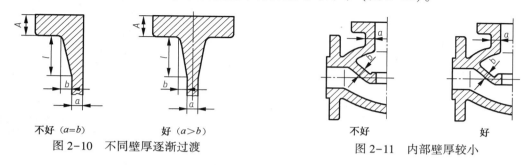

图 2-10　不同壁厚逐渐过渡　　　　　　　　图 2-11　内部壁厚较小

为补偿壁厚减薄后对铸件强度及刚度的影响，可增设加强肋（图 2-12）。肋的厚度通常为 0.7~0.9 壁厚，高度不大于壁厚的 5 倍。

（4）铸件各部分形状应尽量简化。为了便于制模、分型、清理，去除浇、冒口和机械加工，铸件外形应尽可能平直，内壁也应减少凸起或分支部分（图 2-13）。

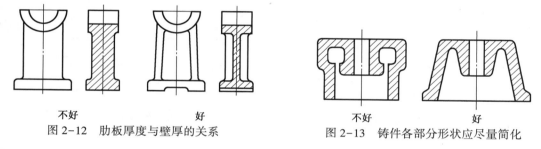

图 2-12　肋板厚度与壁厚的关系　　　　　　图 2-13　铸件各部分形状应尽量简化

（5）过渡线的形成及画法。由于铸件上有圆角、起模斜度的存在，铸件表面上相贯线就不十分明显了，这时相贯线称为过渡线（图 2-14）。过渡线用细实线绘制，实质上就是按没有圆角的情况求出相贯线的投影，即画到理论上的交点处（图 2-15）。

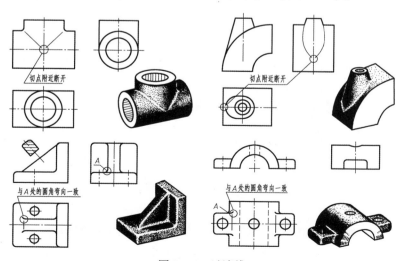

图 2-14　过渡线

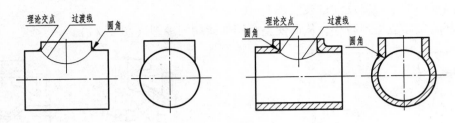

图 2-15　过渡线画法

铸件底板的上表面与圆柱面相交，当交线位置与圆柱圆心连线的圆心角大于或等于60°时，过渡线按两端带小圆角的直线画出［图 2-16（a）］；当交线位置与圆柱圆心连线的圆心角小于45°时，过渡线按两端不到头的直线画出［图 2-16（b）］。

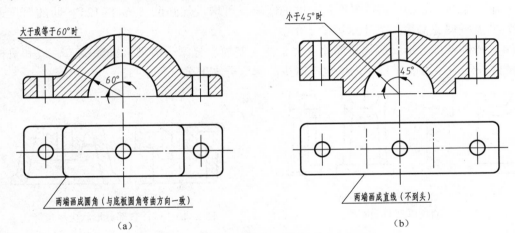

图 2-16　圆柱面与平面相交时过渡线的画法

零件上的肋板与圆柱和底板相交（或相切）时，过渡线的画法取决于肋板的断面形状，以及相交或相切的关系（图 2-17）。

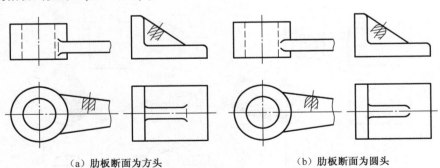

（a）肋板断面为方头　　　　　　（b）肋板断面为圆头

图 2-17　肋板过渡线的画法

2. 机械加工的工艺结构

（1）倒角。为了便于装配和保护装配表面，常将尖角加工成倒角。常见的倒角为45°，也有30°和60°的。倒角大小的确定可根据轴或孔的直径尺寸

扫一扫，看视频

查阅机械设计手册。倒角尺寸的常见注写方式如图 2-18 所示。

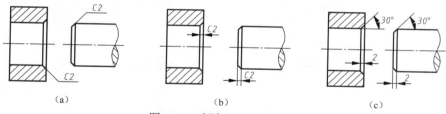

（a）　　　　　　　　（b）　　　　　　　　（c）

图 2-18　倒角的画法与标注

（2）退刀槽和砂轮越程槽。为了切削加工零件时便于退刀，以及在装配时使其与相邻零件保证靠紧，常在零件的台肩处预先加工出退刀槽和砂轮越程槽（图 2-19）。它们的结构尺寸可根据轴或孔的直径尺寸查阅机械设计手册，标注形式见表 3-1。

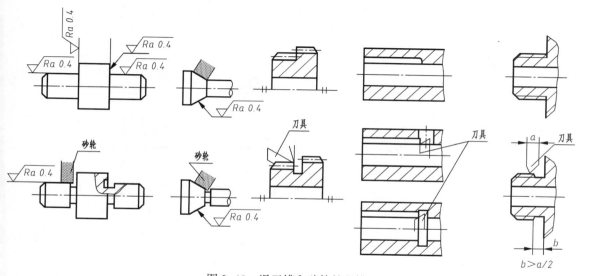

图 2-19　退刀槽和砂轮越程槽

（3）凸台、凹坑和沉孔。为了保证零件间的接触面接触良好，零件上凡与其他零件接触的表面一般都要加工，但为了减少加工面、降低加工费用并且保证接触良好，一般采用在零件上设计凸台或凹坑的方法尽量减少加工面（图 2-20）。为便于加工和保证加工质量，凸台应在同一平面上。

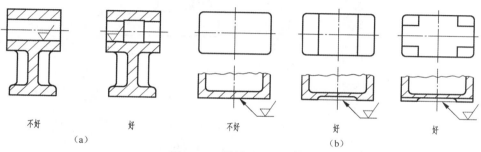

不好　　　　　　　好　　　　　　不好　　　　　　好　　　　　好

（a）　　　　　　　　　　　　　　（b）

图 2-20　尽量减少加工面

在螺纹连接的支承面上，常加工出凹坑或凸台，如图2-21（a）所示。图2-21（b）是螺栓连接常用的沉孔形式及其加工方法。图2-22是螺钉连接常用的沉孔形式。

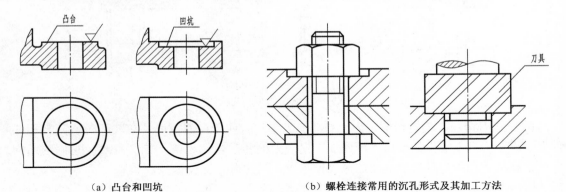

（a）凸台和凹坑　　　　　　（b）螺栓连接常用的沉孔形式及其加工方法

图2-21　凸台、凹坑和沉孔

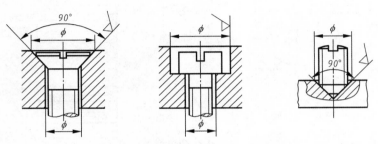

图2-22　螺钉连接常用的沉孔形式

（4）钻孔结构。

● 图2-23是用钻头加工盲孔（不通孔）和两直径不同的通孔时的加工过程、画法和尺寸注法。

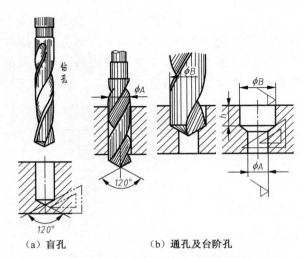

（a）盲孔　　　　　　（b）通孔及台阶孔

图2-23　钻头加工孔的过程和画法

● 用钻头在零件上钻孔时，要尽量使钻头垂直于被钻孔的零件表面，以保证钻孔准确和避免钻头折断。如遇有斜面或曲面，应预先做出凸台或凹坑（图 2-24），同时还要保证钻孔工具的工作条件（图 2-25）。

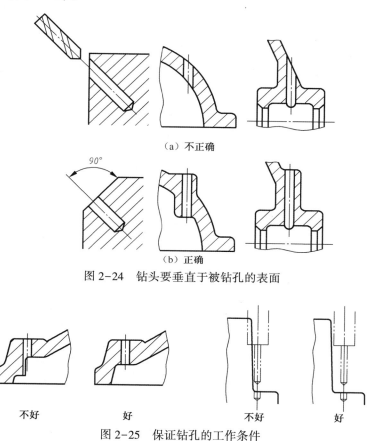

图 2-24　钻头要垂直于被钻孔的表面

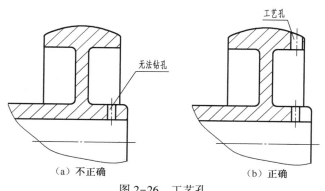

图 2-25　保证钻孔的工作条件

● 还需考虑钻孔加工的可能性，如图 2-26（a）所示小孔无法加工，此时可在其上方设计一工艺孔。图 2-27（b）所示的 C 孔无法加工，可将其一侧打通，加工好 C 孔后给工艺孔加堵塞。

（a）不正确　　　　　　　　　　　（b）正确

图 2-26　工艺孔

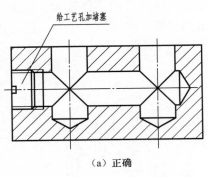
（a）正确

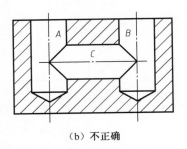
（b）不正确

图 2-27　工艺堵塞

（5）为了便于加工，应尽量避免在内壁上做出加工面（图 2-28）。同一轴线上的孔径不同时，必须依次递减，不应出现中间大两头小的情况（图 2-29）。

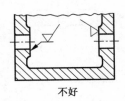
不好

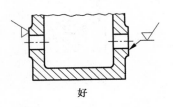
好

图 2-28　避免在内壁上做出加工面

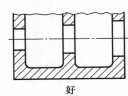
好

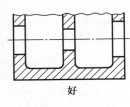
好

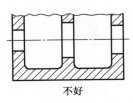
不好

图 2-29　同一轴线上的孔

▌2.2.2　零件的强度和刚度与构型

零件的形状与零件的受力状况也有密切关系，同一零件受力大的部分应该厚一些，或增设加强肋等。图 2-30（a）所示零件，由于左边凸出部分根部受力最大，因此外形设计成圆锥状，使壁厚逐渐变厚。而图 2-30（b）则将外形设计成圆柱状使壁厚相同，但增设加强肋必要时，也可将外形既设计成圆锥状，又增设加强肋。

图 2-31 是手柄、摇臂类零件，其构型采用与上述零件相同的思路，在受力较大的部位设计得宽厚一些。

▌2.2.3　零件的重量与构型

在保证零件有足够的强度、刚度的情况下，如何使零件的重量轻、用料省，也是设计人员构型时面临的一个必须考虑的问题。

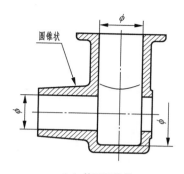
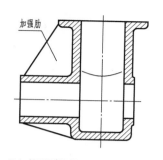

（a）外形圆锥状　　　　　　　（b）外形圆柱状并增设加强肋

图 2-30　零件的强度、刚度与合理构型

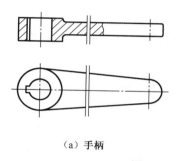
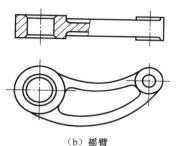

（a）手柄　　　　　　　　　　　（b）摇臂

图 2-31　手柄与摇臂的构型

1. 由内形定外形

箱体类和盖类零件的内腔形状确定后，根据内形向外扩展，采用相同壁厚［图 2-32（b）］，在某些情况下也是使零件的重量减轻的方法之一。

2. 局部加强与整体减薄

通常等壁厚对于减轻零件的重量是不理想的。应该使其受力部位加厚，其他部位减薄，如图 2-32（a）所示，这样从整体来说重量减轻了，而且构型也趋于合理。零件上的凸缘就是这种构型思路的结果。如图 2-33（b）是某个零件的凸缘，凸缘上有若干均布的螺栓孔，由于螺栓孔附近受力最大，为了保证足够的刚度和强度，以及减轻零件的重量，将螺栓孔附近局部加厚，而凸缘整体减薄，如图 2-33（a）所示。

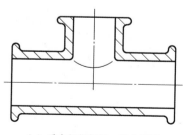
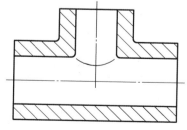

（a）受力部位加厚，整体减薄　　　　　（b）均匀壁厚

图 2-32　合理构型

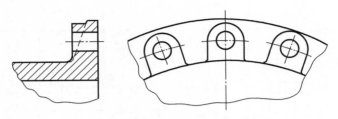

（a）受力部位加厚，整体减薄

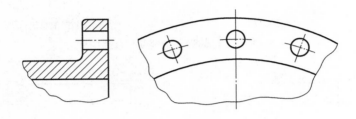

（b）均匀壁厚

图 2-33 螺栓孔的局部合理构型

3. 去掉多余金属

图 2-34 的零件原型是一个直径较大的圆柱凸缘，为了减轻零件的重量，在不影响强度和刚度的情况下，可考虑去掉多余部分，图 2-34 的几种构型方案都比较好。又如，轮盘类零件采用辐条、辐板形式，以及在辐板上开设减轻孔（图 2-35）都是相同的构型思路。

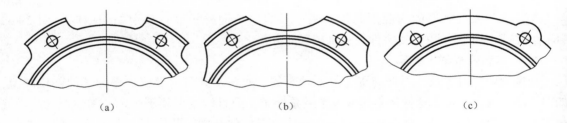

（a）   （b）   （c）

图 2-34 凸缘的几种合理构型

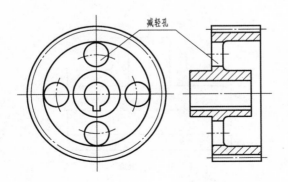
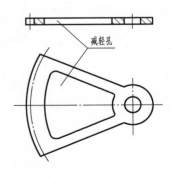

图 2-35 减轻孔的作用

■ 2.2.4　零件的使用寿命与构型

机器中有些零件经常磨损，如何提高这类零件的寿命是提高整机寿命的关键问题。如图 2-36（a）所示调压阀，由于阀瓣在工作中常上下跳动，与阀体撞击，阀体易于损坏。为此，在阀体内嵌入一个阀座［图 2-36（b）］，需要时更换小阀座即可，这无形中提高了阀体的寿命。

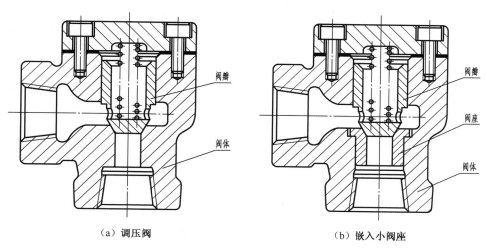

（a）调压阀　　　　　　　　　　　（b）嵌入小阀座

图 2-36　易损零件的合理构型（一）

图 2-37（a）是一铝制零件的连接凸缘，由于经常拆卸，螺纹部分极易损坏，致使整个零件报废。如果在铝制零件上嵌入一钢制螺套［图 2-37（b）］，可相应提高整个零件的寿命。

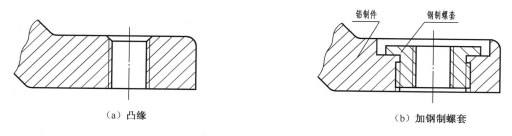

（a）凸缘　　　　　　　　　　　　（b）加钢制螺套

图 2-37　易损零件的合理构型（二）

有时为了使零件［图 2-38（c）］耐磨，还可先在零件上加工出一个环形槽［图 2-38（b）］，然后在槽中浇铸一层耐磨合金［图 2-38（a）］，以提高零件寿命。

任何一个零件都不是孤立存在的，它一定要与其他零件发生某种联系，这种联系体现在零件间的装配关系或某些特殊要求上，即零件间的配合关系、连接关系、传动关系以及定位、锁紧、密封等。因此，零件的构型与其装配关系有密切的联系，关于装配结构及其合理性和与装配有关的构型问题，见 6.3 节的相关内容。

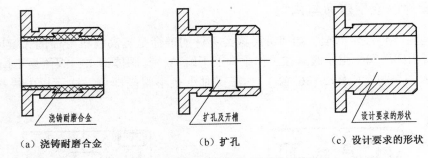

（a）浇铸耐磨合金　　　　　（b）扩孔　　　　　（c）设计要求的形状

图 2-38　易损零件的合理构型（三）

复习思考题

1. 零件上常见的工艺结构有哪些？
2. 为什么要进行结构分析？找一个零件，试分析其各个结构的功能。

第 3 章

零 件 图

在生产中，根据零件图制造零件，根据装配图把零件装配成机器或部件。因此，零件图是表达机器零件结构形状、尺寸及其技术要求的图样，是设计部门提交给生产部门的重要技术文件之一，是制造和检验零件的技术依据。本章主要讨论零件的表达、零件图中尺寸的合理标注、技术要求的标注以及典型零件的表达和构型等。

3.1 零件的表达

■ 3.1.1 零件工作图的内容

扫一扫，看视频

一张完整的零件图（图 3-1）应包括四项内容。

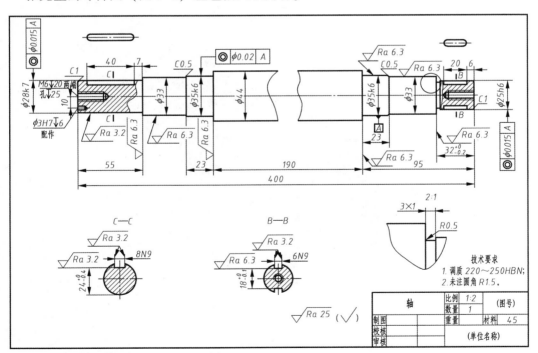

图 3-1 轴的零件图

1. 一组视图

用一组视图（包括视图、剖视图、断面图、局部放大图和简化画法等）完整、清晰地表达零件各部分的结构形状。

2. 完整的尺寸

零件图中应正确、完整、清晰、合理地标注出制造零件所需要的全部尺寸，以确定零件各部分的大小及其相对位置。

3. 技术要求

零件图中必须用规定的代号、符号标注出，或用文字简要地说明零件在制造时应达到的一些技术要求，如表面结构、尺寸公差、几何公差、材料的表面处理和热处理要求等。

4. 标题栏

标题栏的位置在零件图的右下角，标题栏中填写该零件的名称、材料、比例、图号，以及设计、制图、校核人员签名等内容。

■ 3.1.2 零件的分类

根据零件的用途和作用把零件划分为以下三大类。

1. 一般零件

如图 3-2 所示的铣刀头由 18 种零件组成，其中 V 带轮、转轴、座体等都是一般零件。按照零件的结构特征，一般零件又可细分为轴套类零件（如转轴）、箱体类零件（如座体）、轮盘类零件（如 V 带轮）和叉架类零件。

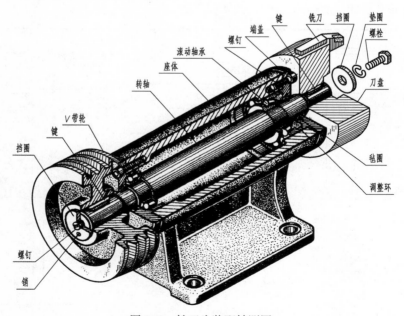

图 3-2　铣刀头装配轴测图

2. 常用件

如齿轮、弹簧等，这类零件的部分结构要素已经标准化，并要遵循规定画法。

3．标准件

如螺栓、螺钉、螺母、垫圈、键、销、滚动轴承、密封圈等，这类零件主要起连接、密封等作用。

标准件由标准件厂专门生产，用户只需购买即可使用，至于标准件的所有尺寸，只要根据其规定标记从设计手册查阅即可，所以不需要绘制零件图。至于一般零件以及常用件，则都需要绘制其零件图。

3.2　零件图的视图选择原则

扫一扫，看视频

在表达零件时，应根据零件的结构特点，用恰当的表达方法及适当的图形数量正确、完整、清楚地表达零件内、外部结构形状，这一过程即零件表达方案的确定。所选的方案应力求制图简单，读图容易。为零件确定一个较好的表达方案，一般需要经过零件结构分析、主视图的选择以及其他视图的选择等。

▌3.2.1　零件的结构分析

零件的结构取决于零件在机器或部件中的功能以及零件的制造工艺要求。图 3-1 所示的轴是图 3-2 所示铣刀头中的一个主要零件，在铣刀头中，由 V 带轮通过键连接，将扭矩传递给该轴，在左右滚动轴承的支承下，轴上的动力通过双键连接传递给铣刀盘，从而实现铣刀的铣削加工。根据其作用，铣刀轴左、右端均需加工出键槽，以便连接 V 带轮与铣刀盘，V带轮右端定位需在轴上该处设计出轴肩，铣刀盘左端定位需在轴上该处设计出轴肩，考虑工艺要求，在此处还设计出退刀槽。V 带轮左端定位是通过螺钉连接挡圈起定位作用，而铣刀盘右端是通过螺栓连接挡圈起定位作用，所以，该轴的最左、最右两侧需加工出中心螺孔，最左端还需加工出销孔，以便于用销起到定位挡圈的作用；为了轴与轴承的配合，在配合处需加工出适当尺寸（$\phi35$）的轴颈，并设计出向内的轴肩定位，轴承向外通过端盖定位，所以，通过校核设计出 $\phi33$ 的轴颈。

▌3.2.2　主视图的选择

主视图是一组视图的核心，主视图选择得是否合理，直接关系到其他视图的选择以及是否易于画图和便于读图。选择主视图时，应考虑下述两个方面的问题。

1．确定零件的安放位置

一般零件的安放位置有两种：一种是零件在机器或部件中的工作位置；另一种是零件主要工作部位所处的主要加工位置。不管采用哪一种方式，都应使主视图尽量多地反映该零件的形状特征。

（1）工作位置安放原则。工作位置安放原则是按零件在机器或部件中工作时所处的位置确定的。如图 3-3（a）所示尾座，主视图所反映的零件安放位置与零件在整台机器（图 3-4）中的工作位置一致。该方法适用于结构复杂、加工工序较多、加工过程中装夹位置经常变化的零件，如支架类、箱体类零件。选择这种安放位置便于将零件图与装配图、零件和机器（部件）联系起来，分析零件的结构特征和尺寸。

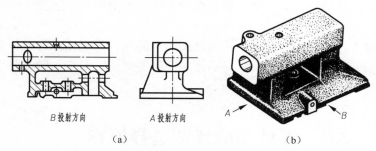

B 投射方向   A 投射方向

（a）   （b）

图 3-3   确定主视图的投射方向

尾座

图 3-4   轴类零件的加工位置

值得指出的是，有些零件的工作位置处于倾斜位置，如按其倾斜位置安放主视图则会给绘图与看图带来不便，所以一般将这些零件放正画出，并尽量使零件上的较多表面处于基本投影面的平行面的位置。

（2）加工位置安放原则。加工位置安放原则是从制造过程中，特别是切削加工中，零件在机床上的装夹位置来考虑零件的放置位置。此原则适用于主要结构为回转体的零件，如轴、套、轮和盘等零件，主要结构都在车床或磨床上加工完成。如图 3-4 所示为轴类零件的加工位置，如图 3-1 所示轴类零件的主视图所反映的零件安放位置符合加工位置原则，从而使零件在加工中看图方便，减少差错。

2. 确定投射方向

在确定零件的安放位置后，主视图的投射方向应按照国家标准规定的原则：将尽量多的反映零件结构特征的那个方向作为主视图的投射方向，也就是较明显反映零件的主要结构形状和各部分相对位置的投影作为主视图的投射方向。如图 3-3 所示是机床尾座零件，主视图投射方向应选择 B 投射方向。

■3.2.3   其他视图的选择

主视图确定后，一般来说还要根据零件的形状、结构特征选择其他视图，只有这样才能完整地将零件表达清楚。其他视图的选取应按下列原则进行：

（1）优先选用基本视图，并尽可能地在基本视图上做适当的剖视、断面，在表达清楚的前提下，使视图数量越少越好。

（2）基本视图之间以及采用局部视图或局部剖视图、断面图时，应尽量按投影关系配置。

（3）尽量避免使用虚线表达零件的轮廓。

（4）避免重复表达零件结构；另外，通过标注尺寸能表达清楚的结构，可考虑不再用视图重复表达，如图 3-1 中的中心孔结构。

根据以上原则，在制定零件图的表达方案时，首先应确定主视图，之后运用组合体形体分析的方法，分析该零件中还有哪些结构尚未表述清楚，针对这些结构选定所需的其他视图。每个视图的表达要有重点，基本视图没有表达清楚的次要结构、细小结构和局部形状可用局部视图、局部放大图、断面图等方法补充表达。

■ 3.2.4　表达方案选择举例

例 3-1　试选择图 3-5 所示零件的表达方案。

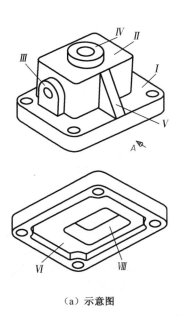

（a）示意图　　　　　　　　　　（b）视图表达方案

图 3-5　视图表达方案选择举例

【分析】分析、了解零件的形状、结构特征。图 3-5 所示零件由 5 个简单形体组成，零件左右对称，底板下部有凹槽，属箱体类零件，内、外部结构形状都需表达。

【选择表达方案】

（1）主视图的投射方向按图 3-5（a）中箭头 A 的方向，并按零件的自然位置放置。

（2）共选用 4 个基本视图（主、俯、仰、左）、1 个断面图和 1 个放大视图来表达该零件，如图 3-5（b）所示。由于零件左右对称，所以主视图采用半剖视图，在一个视图上同时表达零件的内、外部结构形状，主视图左侧的局部剖视图表达了底板上的通孔；俯、仰、左三个视图方向上均未做剖切，采用视图来表达，俯视图的表达重点是底板及基本体 II 的形状特征，仰视图重点表达底板的凹槽和基本体Ⅱ的内腔形状，左视图重点表达基本体Ⅲ和肋板的形状特征；并用移出断面图（重合断面图也可）表达肋板的断面形状。

【讨论】当零件的几个部分按同一方向投射均未被遮住时，用一个视图就可以表达清楚，如图3-5（b）中的主视图。当同一投射方向上，零件的某一部分被遮住时，则应增加视图才能表达清楚。例如在图3-5（a）所示零件的内腔左、右两侧各加一凸台，则左视图方向就得再增加一个视图，视图数量及表达方法如图3-6所示。

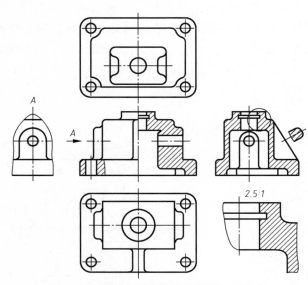

图3-6　添加内部结构后的视图表达方案

例3-2　试选择确定图3-7所示零件的表达方案。

【分析】该零件由8部分简单形体组成，零件的内、外结构形状均较复杂，其外形前后相同，左右各异，上下不完全一样，而零件的内部结构形状也是前后基本相同，左右各异，因此在选择视图数量和表达方法时，最好将外形与内形结合起来表达。

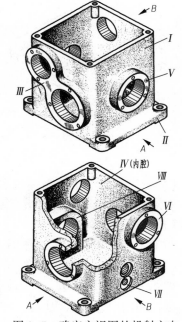

【选择表达方案】

（1）主视图的投射方向，即图3-7中箭头A的方向。零件安放位置按工作位置放置。

（2）其他视图的选择，共选用7个视图（主、俯、左、C—C、D、E、F）来表达（图3-8）。零件的前后方向，即主视图采用A—A剖切并画成局部剖视图，同时兼顾零件在该投射方向上内、外部结构的表达。用左视图（B—B全剖视图）、C—C局部剖视图、D向和E向局部视图共同表达零件左右各异的内、外部结构。俯视图画成局部剖视图表达了零件上下方向的内、外部主要结构、形状，添加F向局部视图补充表达其底部的凸台。

图3-7　确定主视图的投射方向

【讨论】当某个投射方向上，零件的内、外部结构形状都需表达，在选择视图数量和表达方法时，应首先考虑是否可采用半剖视图或局部剖视图，将零件的内、外形结合起来表达，如图 3-8 中的主视图。若内、外形不能兼顾，则需增加视图（包括剖视图）。如图 3-8 所示零件，在左视图上用 B—B 全剖视图主要表达了零件的内部结构形状，添加 D 向局部视图补充表达该投射方向上零件的外部结构形状。在某一投射方向上，究竟是以视图为主，还是以剖视图为主，需根据零件的结构形状特点来决定。若内部结构较复杂，一般以剖视图为主；若外部形状较复杂，一般以视图为主。是采用完整的基本视图还是局部视图，也需根据零件的结构形状特点来决定。若在某个投射方向上，零件的大部分结构、形状未表达清楚，一般应采用完整的基本视图；若仅是部分形状未表达清楚，则采用局部视图。如图 3-8 中，用 C—C 局部剖视图来表达尚未表达清楚的内部结构形状Ⅷ；用 E 向和 F 向局部视图分别表达尚未表达清楚的外部结构形状Ⅶ和底座凸台；主视图中用虚线表达出内部结构和右壁上螺孔（Ⅶ）的结构及其位置关系。

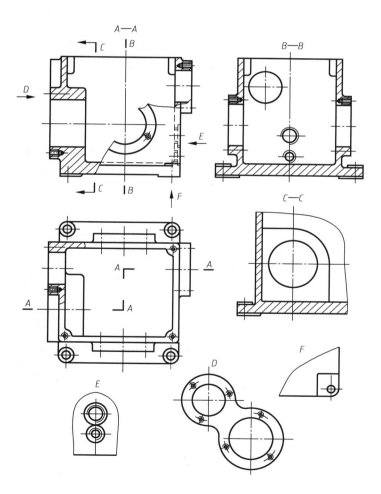

图 3-8　确定表达方案

■ 3.2.5 特殊问题的处理

在选择确定零件的表达方案时，应处理好下面三个问题。

1. 零件内、外部结构形状的表达问题

当零件无对称平面，且外部结构形状简单时，宜采用全剖视图，如图3-6中的左视图；当零件有对称平面，且内、外部结构形状都很复杂时，宜采用半剖视图，在同一视图中，兼顾零件内、外形状的表达，如图3-5中的主视图；当零件无对称平面，内、外部结构形状都很复杂，但内、外形投影不重叠时，宜采用局部剖视图，如图3-8中的主视图；若内、外形投影重叠，则应分别表达，如图3-8中的"D"局部视图与B—B全剖视图。

2. 集中与分散的表达问题

当局部视图、局部剖视图、斜视图等分散表达的图形，处于同一投射方向时，应尽可能地、适当地集中表达，并优先选用基本视图。当某一投射方向仅有一部分结构未表达清楚时，若采用局部视图分散表达，则更加清晰和简明，且重点突出。

3. 是否用虚线表达的问题

一般情况下，为了便于看图和标注尺寸，不提倡用虚线表达。但如果零件上的某部分结构的大小已确定，仅形状或位置没有表达完全，且不会造成看图困难时，可用虚线表达，如图3-8中的主视图。

■ 3.2.6 零件表达方案的比较分析

零件的表达方案并不是唯一的，对于任一具体零件来讲，应该灵活应用上述原则选择表达方案，做到正确、完整、清晰和简洁地表达零件。在表达正确、完整的基础上，还要力求做到清晰和简洁，以便看图和画图。

例3-3 试比较图3-9所示蜗轮减速器箱体的三个表达方案。

方案一（图3-10）：共用了四个视图，包括剖视图以及一个重合断面图。其中主视图采用全剖视图，主要反映了箱体的结构特征；俯、左视图均采用半剖视图，将内、外形结合起来表达，在左视图中，还用了简化画法表达前、后端面上螺孔的分布情况；"C"局部视图采用简化画法表达安装部分底板的凹槽。在此方案中视图配置简明、重点突出，是一个较优的表达方案。

方案二（图3-11）：共用了六个视图，包括剖视图以及一个重合断面图。其主视图主要反映了零件的形状特征，但采用了较多的局部视图，所以整个方案视图数量较多，显得零散，不够简明。

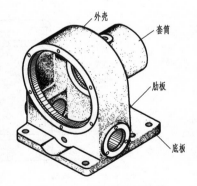

图3-9 蜗轮减速器箱体

方案三（图3-12）：共用了四个视图和一个重合断面图。主视图与方案一相同，俯视图采用半剖视图表达箱体内腔底部的凸台，并用虚线表达了安装底板的凹槽，因此少用了一个局部视图。

对蜗轮减速器箱体来讲，还会有第四种、第五种方案，所以零件可选择的表达方案不是唯一的，确定表达方案时，应进行比较，择优而取。

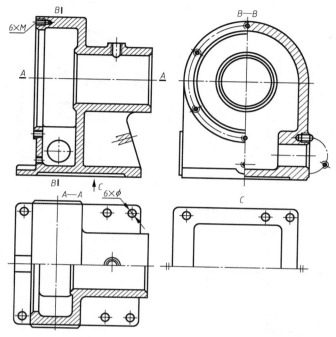

图 3-10 蜗轮减速器表达方案一

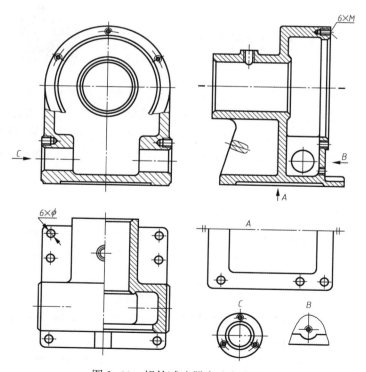

图 3-11 蜗轮减速器表达方案二

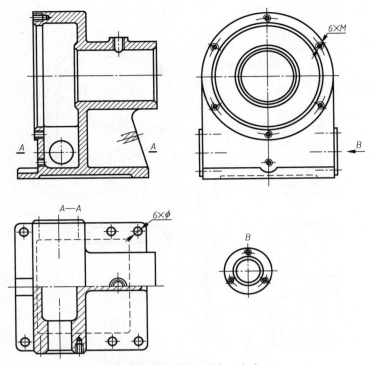

图3-12　蜗轮减速器表达方案三

3.3　零件图的尺寸标注

扫一扫，看视频　　扫一扫，看视频

在零件图上标注尺寸，除了要符合正确、完整、清晰的要求外，还应尽可能做到合理，使之不但能符合设计要求，保证机器的使用性能，还能满足加工工艺要求，符合生产实际，便于零件的加工、测量和检验。所以在标注零件尺寸时，必须对零件进行构型分析，结合具体情况合理地选择零件的尺寸基准、标注形式，从而保证尺寸标注完整而且尽可能合理。

■ 3.3.1　尺寸基准

尺寸基准是量度尺寸的起点。在标注尺寸时，应在零件的长、宽、高三个方向上至少各选一个基准。零件上较大的加工面、对称面、重要的端面、与其他零件的结合面、轴肩、轴和孔的轴线、对称中心线、圆心等都可作为尺寸基准，即基准可以是点、线、面等几何元素。

1. 尺寸基准的分类

零件的尺寸基准通常分为两类：设计基准和工艺基准。

（1）设计基准。根据零件在机器中的作用、装配关系以及机器的结构特点，以及对零件的设计要求等所选定的基准称为设计基准。

（2）工艺基准。满足零件在加工、测量和检验等方面的要求所选定的基准称为工艺基准。

零件有长、宽、高三个方向的尺寸，因此，每个方向应至少选一个尺寸基准为主要基准（一般是设计基准），另外，根据加工、测量等的需要，还需选用一个或几个辅助基准（一般是工艺基准）。主要基准与辅助基准之间应有尺寸联系。

2. 尺寸基准的选择举例

在如图 3-2 所示的铣刀头座体中，因为转轴通常需要两个轴承座孔（$\phi80$）支承，因此，底面 A 为箱体高度方向的设计基准，轴承孔的中心高必须从设计基准出发直接标注，以保证轴承座孔到底面的高度；而宽度方向的设计基准为箱体的前后对称面 B，因此，在标注底板上两对安装孔的定位尺寸时，应以对称面为基准进行标注，以保证其对轴承座孔的对称关系。底面 A 和对称面 B 都是满足设计要求的基准，该基准是为了实现铣刀头座体的功能及装配时的要求，所以是设计基准；但为了加工时有利于测量，底板上的四个安装孔的锪平孔的孔深尺寸（尺寸 2）则不必从设计基准出发标注，而应从底板的顶面直接注出，因此顶面 C 为工艺基准，高度方向的设计基准（主要基准）与工艺基准（辅助基准）有尺寸联系（尺寸 18）；箱体长度方向的基准为左右两端面，如图 3-13 所示。

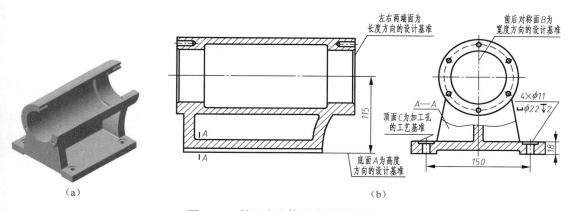

图 3-13　铣刀头座体尺寸基准的选择

3.3.2　合理标注尺寸

1. 零件的主要尺寸应直接注出

零件的尺寸一般分为主要尺寸和非主要尺寸。主要尺寸一般指零件的规格尺寸、确定该零件与其他零件相互位置的尺寸、有配合要求的尺寸、连接尺寸和安装尺寸等。主要尺寸是为了保证零件在机器中的正确位置和装配精度，以保证零件的使用性能。零件上的主要尺寸直接注出，能够直接提出尺寸公差、几何公差的要求，以保证设计要求。如图 3-13 中轴承孔的中心高是主要尺寸，因此必须从底面（高度方向的设计基准）直接注出尺寸 115。同理，为了保证座体上的孔（$4\times\phi11$）与基座上的孔准确装配，该孔的定位尺寸也应从尺寸基准（前后对称面）直接标注尺寸 150。

2. 避免注成封闭尺寸链

封闭尺寸链是头尾相连，绕成一整圈的一组尺寸，每个尺寸是尺寸链中的一环，如图 3-14（a）所示。

从加工角度来看，在一个尺寸链中，总有一个尺寸是在加工完其他尺寸后自然形成的，因此，应选其中一个不重要的尺寸空出不注，作为开口环，如图3-14（b）所示，这样，使尺寸误差集中在开口环上，以保证重要尺寸的精度。而注成封闭尺寸链，会使零件在加工时难以保证设计要求。有时为了设计或加工的需要，也可注成封闭尺寸链，但应根据需要把某一环的尺寸数字加括号，作为参考尺寸，如图3-15所示。

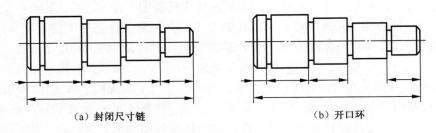

（a）封闭尺寸链　　　　　　　　　　（b）开口环

图3-14　尺寸链

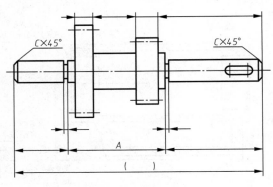

图3-15　参考尺寸

3. 考虑工艺要求

非主要尺寸是指不影响零件的工作性能和装配精度的尺寸。这类尺寸应从便于加工、测量方面考虑标注。

（1）标注尺寸要符合加工顺序。图3-16中的小轴是按加工顺序标注尺寸的，这样便于加工和检测。考虑到该零件在车床上要调头加工，因此其轴向尺寸分别以两端面为基准，而尺寸51 ± 0.1则是主要尺寸（长度方向），需直接注出。图3-17所示为该轴的加工工序。

（2）同一加工方法的相关尺寸尽量集中标注。一个零件一般要经过几种加工方法（如车、铣、刨、磨、钻等）才能制成。标注尺寸时，应尽量将同一加工方法的相关尺寸集中标注。如图3-16轴上的键槽是铣削加工的，所以键槽的尺寸集中在两处（主视图上的3、45和断面图上的12、35.5）标注，这样便于加工时阅读和测量。

（3）标注尺寸应考虑测量方便。标注尺寸时，在满足设计要求的前提下，应尽量考虑使用通用测量工具进行测量，避免或减少使用专用量具。如图3-18（a）中所注高度方向尺寸A在加工和检验时测量均较困难。图3-18（b）的标注形式，则使测量较为方便。又如图3-18（a）中的键槽尺寸，测量困难，若标注成图3-18（b）的形式，则便于测量。

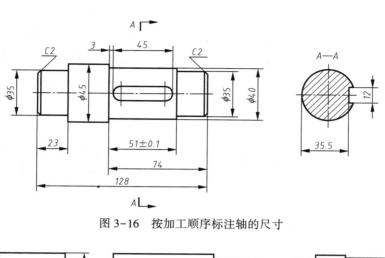

图 3-16 按加工顺序标注轴的尺寸

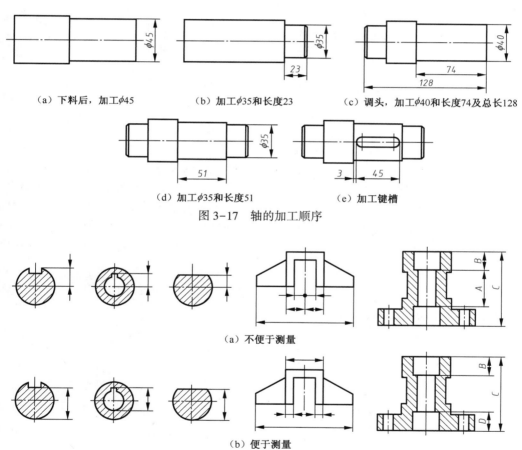

（a）下料后，加工 ϕ45 　　（b）加工 ϕ35 和长度23 　　（c）调头，加工 ϕ40 和长度74及总长128

（d）加工 ϕ35 和长度51 　　（e）加工键槽

图 3-17 轴的加工顺序

（a）不便于测量

（b）便于测量

图 3-18 考虑测量方便的尺寸注法

（4）加工面与非加工面之间应按两组尺寸分别标注。毛坯面之间的尺寸一般应按基本体单独注出，不但便于铸造毛坯时制作木模，而且可使毛坯的尺寸精度得到保证。对于经铸、段后再机械加工的零件，毛坯面与加工基准面间最好只有一个尺寸联系。如图 3-19（b）为合理注法，其中 88 和 8 为铸造尺寸，毛坯面只有一个尺寸 20 与加工基准面相联系。图 3-19 （a）为不合理注法，因为所有尺寸都以零件的右端面为基准，而且不是同一种加工方法，当 加工右端面时，要同时满足 18、20、100、108 和 120 几个尺寸的精度是困难的。

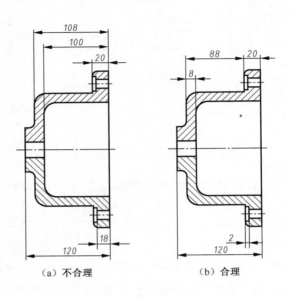

（a）不合理   （b）合理

图 3-19　毛坯面尺寸单独注出

（5）考虑刀具尺寸及加工的可能性。凡由刀具保证的尺寸，应尽量给出刀具的相关尺寸，刀具轮廓可用双点画线画出，如图 3-20 所示的衬套，在其左视图中给出了铣刀直径。

图 3-21 为加工斜孔时标注尺寸的实例。根据加工的可能性，孔 A 的定位尺寸 5 最好从外面标注，因钻头只能从外面加工；孔 B 则应从里面标注定位尺寸 2.4，因钻头只能从里面进行加工。如果将孔的定位尺寸标注成图 3-21 中的尺寸 A_1 和 B_1 的形式，将给加工造成困难。

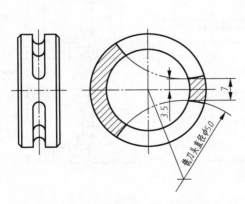

图 3-20　考虑刀具尺寸

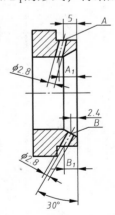

图 3-21　考虑加工的可能性

（6）对于一些装配后一起加工的零件，在零件图上标注相应尺寸时需加以说明，如图 3-22 所示。

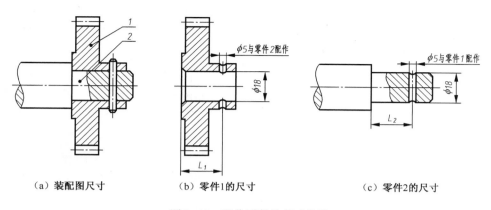

| （a）装配图尺寸 | （b）零件1的尺寸 | （c）零件2的尺寸 |

图 3-22　配作零件的尺寸注法

4. 零件中标准结构要素的标准

零件中的标准结构要素，如倒角、退刀槽和孔，应按有关标准规定的形式标注，见表 3-1 和表 3-2。

表 3-1　零件中的标准结构要素的标注（一）

结构类型		标注示例	说明
倒角	45°倒角注法		倒角 45°时，可与倒角的轴向尺寸连注，如 C1 或 1×45°，倒角不是 45°时，要分开注出
	30°倒角注法		
退刀槽、越程槽注法			退刀槽宽度应直接标出，其直径 φ8 可直接标出，也可注出切入深度

表 3-2　零件中的标准结构要素的标注（二）

类型	旁注法		普通注法	说明
光孔	4×φ4↓10　C1	4×φ4↓10　C1	4×φ4　C1	"↓"为孔深符号，"C"为 45°倒角符号
	4×φ4H7↓10　孔↓12	4×φ4H7↓10　孔↓12	4×φ4H7↓10	钻孔深度为 12mm，精加工（铰孔）深度为 10mm，H7 表示孔的配合要求

（续）

类型	旁注法		普通注法	说明
螺孔	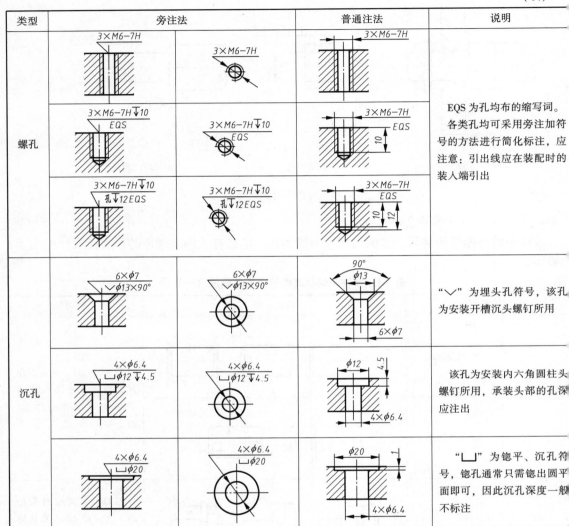			EQS 为孔均布的缩写词。 　各类孔均可采用旁注加符号的方法进行简化标注，应注意：引出线应在装配时的装入端引出
沉孔				"∨" 为埋头孔符号，该孔为安装开槽沉头螺钉所用
				该孔为安装内六角圆柱头螺钉所用，承装头部的孔深应注出
				"⊔" 为锪平、沉孔符号，锪孔通常只需锪出圆平面即可，因此沉孔深度一般不标注

■ 3.3.3　合理标注尺寸的步骤

零件不同于经过几何抽象的组合体，零件每一部分的形状和结构都与设计要求、工艺要求有关。因此，标注零件尺寸时，既要进行形体分析，把零件抽象成组合体，考虑各部分的定形和定位尺寸，以保证零件的尺寸"完整、清晰"，还要对零件进行构型分析，考虑该零件与其他零件的装配关系及该零件与加工工艺的关系，使零件的尺寸与其他零件的尺寸配合协调且符合加工要求等，以满足尺寸标注合理的要求。

总之，要做到合理标注尺寸，必须具备一定的生产实际经验和专业知识，合理标注零件尺寸的方法和一般步骤可归纳如下：

（1）确定尺寸基准。

（2）考虑设计要求，直接标注主要尺寸。

（3）考虑工艺要求，标注一般结构尺寸。

（4）用形体分析法检查尺寸是否完整，补齐尺寸，避免产生封闭尺寸链。

例 3-4 标注铣刀头轴（图 3-1）的尺寸。

【分析】铣刀头轴的形体分析较简单，都是同轴回转体，构型分析如图 3-23（a）所示。

【标注分析】如图 3-23（a）所示，由于四段轴颈处（ϕ35、ϕ28、ϕ25）需要安装滚动轴承、V 带轮和铣刀盘，所以这四个尺寸是主要径向尺寸，并有尺寸公差的要求。为了使轴转动平稳，则要求这四段圆柱体在同一轴线上，因此，径向设计基准为轴线，而加工轴的工艺基准也为此轴线。所以，一般来说，标注轴套类零件的尺寸时，常以它的轴线为径向主要基准；而轴套类零件轴向设计基准常选择重要的端面、轴肩等。在铣刀头轴上 ϕ35 处轴颈是安装轴承的，轴承的轴向位置（由两处轴肩来保证）是保证该轴平稳转动的重要因素，因此，该处轴肩为轴向的设计基准（主要基准），从设计基准出发直接标注轴向主要尺寸 190，轴向方向的其余尺寸按加工顺序标注，其他基准均为轴向方向的辅助基准，如以右端面为辅助基准，标注总长 400、95、32，以左端面为辅助基准标注 55，如图 3-23（b）所示。

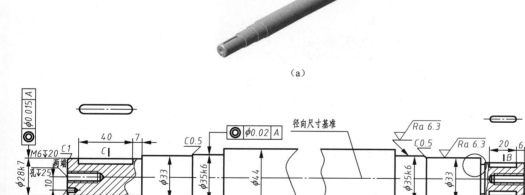

（a）

（b）

图 3-23 铣刀头轴的尺寸标注

例 3-5 标注铣刀头座体的尺寸（图 3-24）。

【标注步骤】

（1）根据图 3-2 可知该座体零件在部件中的作用及装配关系，零件的结构形状特征如图 3-13（a）所示。据此确定零件长、宽、高三个方向的主要基准，如图 3-24 所示。

（2）分析座体与相邻零件的装配关系，直接标注主要尺寸 115、ϕ80、155、150、ϕ98。

（3）采用形体分析法标注分析每部分的定形、定位尺寸，标注一般结构尺寸应遵照国家

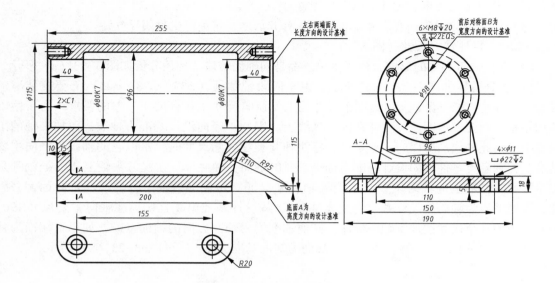

图 3-24　铣刀头座体的尺寸标注

标准规定，如倒角尺寸、安装孔等。

1）标注底板尺寸 200、R20、190、4×φ11、18、110、5。

2）标注支撑板、肋板尺寸 120、15、96、10、6、R95、R110。

3）标注水平大圆筒尺寸 φ115、φ96、255、40、2×C1、6×M8。

4）标注总体尺寸，注意不要注成封闭尺寸链。

3.4　零件图中的技术要求

在零件图中，除了表达零件结构形状与大小的视图和尺寸标注外，还要注写出制造零件应达到的一些机械加工的质量指标，这些质量指标我们统称为技术要求，技术要求是为了保证加工制造零件时的加工精度。在加工零件时，要使每个尺寸绝对准确，表面绝对平滑，这在制造工艺上是不可能做到的，同时在使用中也没有必要。对尺寸的准确度要求越高，表面要求越平滑，会使零件的制造成本大大地增长。如何既保证零件的加工质量，又要降低成本，是零件设计制定技术要求时必须考虑的问题。

零件的加工精度主要包括：表面结构、尺寸精度、几何精度等。

■ 3.4.1　零件的表面结构

1. 表面结构的基本概念

扫一扫，看视频

肉眼看到的零件表面不管加工得多么平滑，在微观条件下（放大镜或显微镜）观察都是高低不平的，如图 3-25 所示。实际表面的结构轮廓包含：表面粗糙度轮廓（R 轮廓）、表面波纹度轮廓（W 轮廓）和表面原始轮廓（P 轮廓）三类结构特征。

（1）表面粗糙度轮廓。粗糙度轮廓是表面轮廓具有较小间距和峰谷的那部分，它所具有的微观几何特征称为表面粗糙度，它是由加工过程中刀具和零件被加工表面之间的摩擦、切削分离时的塑性变形等因素所引起的。通常波距在 1~10mm，呈周期性变化。

（2）表面波纹度轮廓。波纹度轮廓是表面轮廓中平面度的间距比粗糙度轮廓大得多的那部分，它通常包含工件表面加工时由意外因素（例如工件或刀具的失控运动）引起的那种平面度。通常波距在 1~10mm，呈周期性变化。

图 3-25　表面轮廓

（3）表面原始轮廓。原始轮廓是忽略了表面粗糙度轮廓和波纹度轮廓之后的总轮廓，它主要是由机床、夹具本身所具有的形状误差所引起的。通常波距大于 10mm，无周期性变化，属于形状误差，如平面不平、圆截面不圆等。三类轮廓如图 3-26 所示。

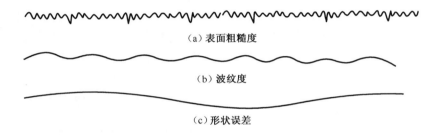

（a）表面粗糙度

（b）波纹度

（c）形状误差

图 3-26　表面粗糙度、波纹度、形状误差的区别

2. 评定表面结构常用的轮廓参数

零件的表面结构特性是粗糙度、波纹度和原始轮廓特性的统称。它是通过不同的测量与计算方法得出的一系列参数进行评定的，本书仅介绍评定粗糙度轮廓的主要参数。

（1）轮廓算术平均偏差 Ra。如图 3-27 所示，在零件表面的一段取样长度（用于判别具有表面粗糙度特征的一段基准线长度）内，轮廓偏距 y（表面轮廓上的点至基准线的距离）绝对值的算术平均值，称轮廓算术平均偏差，用 Ra 表示。

$$Ra = \frac{1}{l} \int_0^l |y(x)| \, dx$$

或近似表示为：

$$Ra = \frac{1}{n} \sum_{i=1}^{n} |y_i|$$

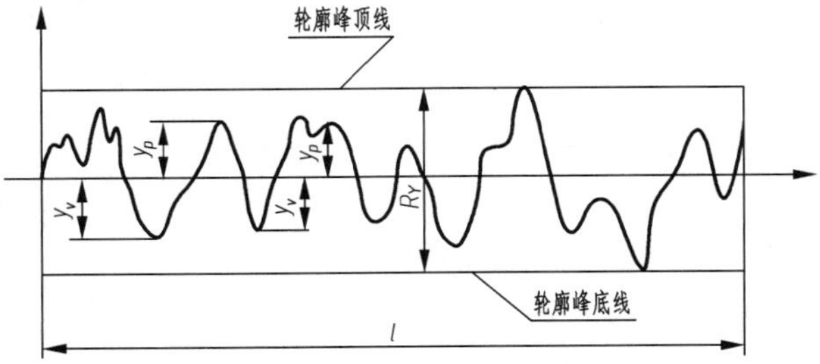

图 3-27　轮廓的形状曲线和表面粗糙度参数

（2）轮廓最大高度 Rz。如图 3-27 所示，在取样长度内，五个最大轮廓峰高（y_p）的平均值与五个最大轮廓谷深（y_v）的平均值之和，用 Rz 表示。

$$Rz = \sum_{i=1}^{5} y_{pi}/5 + \sum_{i=1}^{5} y_{vi}/5$$

3. 表面结构参数值的选用

零件表面结构参数值的选用，应该既满足零件表面的功用要求，又要考虑经济合理性。具体选用时，可参照生产实例，用类比法确定。轮廓算术平均偏差（Ra）是目前生产实际中评定表面结构采用最多的参数，它用电子轮廓仪测量，运算过程由仪器自动完成。Ra 值的优先选用值为 0.4、0.8、1.6、3.2、6.3、12.5、25，单位为 μm。Ra 值越小，表面质量就越高，但加工成本也越高。选用时应考虑下列问题：

（1）在满足使用要求的前提下，尽量选用较大的 Ra 值，以降低生产成本。

（2）在同一零件上，工作表面的 Ra 值应小于非工作表面的 Ra 值。

（3）受循环载荷的表面及容易引起应力集中的表面（如圆角、沟槽），Ra 值相对较小。

（4）尺寸和表面形状要求精确程度高的表面，Ra 值相对较小。配合性质相同时，小尺寸表面比大尺寸表面的 Ra 值相对较小；同一公差等级下，小尺寸比大尺寸、轴比孔的 Ra 值相对较小。

（5）运动速度高、单位压力大的摩擦表面比运动速度低、单位压力小的摩擦表面的 Ra 值相对较小。

不同表面 Ra 值的外观情况以及与之对应的加工方法和应用举例见表 3-3，供选用时参考。

表 3-3　Ra 参数值与应用举例

Ra/μm	表面特征	主要加工方法	应用举例
50、100	明显可见刀痕	粗车、粗铣、粗刨、钻、粗纹锉刀和粗砂轮加工	粗糙度最低的加工面，或称没有要求的自由表面，一般很少使用
25	可见刀痕		
12.5	微见刀痕	粗车、刨、立铣、平铣、钻	不接触表面、不重要的接触面，如螺孔、倒角、机座底面等
6.3	可见加工痕迹	精车、精铣、精刨、铰、镗、粗磨等	没有相对运动的零件接触面，如箱、盖、套筒、要求紧贴的表面、键和键槽工作表面；相对运动速度不高的接触面，如支架孔、衬套、带轮轴孔的工作表面等
3.2	微见加工痕迹		
1.6	看不见加工痕迹		
0.8	可辨加工痕迹方向	精车、精铰、精拉、精镗、精磨等	要求很好密合的接触面，如滚动轴承的配合表面、锥销孔等；相对运动速度较高的接触面，如滑动轴承的配合表面、齿轮轮齿的工作表面等
0.4	微辨加工痕迹方向		
0.2	不可辨加工痕迹方向		
0.1	暗光泽面	研磨、抛光、超级精细研磨等	精密量具的表面、极重要零件的摩擦面，如汽缸的内表面、精密机床的主轴颈、坐标镗床的主轴颈等
0.05	亮光泽面		
0.025	镜状光泽面		
0.012	雾状镜面		

4. 表面结构的图形符号、代号及其标注方法

（1）表面结构的图形符号。表面结构的各种符号及其含义见表 3-4；各符号的比例、画法如图 3-28 所示。

表 3-4　表面结构符号及其含义

符号	含义及说明
√	基本图形符号（简称基本符号），表示表面可用任何方法获得的。当不加注表面结构参数值或有关说明（例如表面处理、局部热处理状况等）时，仅适用于简化代号标注
√	扩充图形符号（简称扩充符号），基本符号加一短横线，表示表面是用去除材料的方法获得的。例如车、铣、钻、刨、磨等
√	扩充图形符号（简称扩充符号），基本符号加一小圆，表示表面是用不去除材料的方法获得的。例如铸、锻、热轧、冲压变形、粉末冶金等；也可用于保持原供应状况的表面（包括保持上道工序的状况）
√ √ √	完整图形符号（简称完整符号），在上述三个符号的长边上加一横线，用于标注表面结构特征的补充信息
√ √ √	带有补充注释的图形符号，在完整图形符号上加一小圆，表示构成封闭轮廓的各表面具有相同的表面结构参数要求

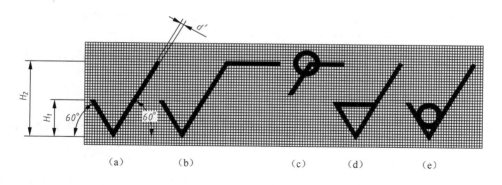

图 3-28　表面结构图形符号、代号的画法

（2）表面结构代号。表面结构代号由完整图形代号、参数代号（如 Ra、Rz）和参数值组成，如图 3-28 所示，其中 $d' = h/10$，$H_1 = 1.4h$，$H_2 = 2H_1$，h 为字高，d' 为符号的线宽。在必要时，表面结构代号中还应标注补充要求，如取样长度、加工工艺、表面纹理及方向、加工余量等，如图 3-29 所示。

图中各字母位置注写内容如下：

位置 a——注写参数代号、极限值、取样长度（或传输带）等，在参数代号与极限值间应插入空格（单位 μm）；

位置 b——注写两个或多个表面结构要求，如位置不够，图形符号应在垂直方向扩大；

位置 c——注写加工方法、镀覆、涂覆、表面处理或其他说明等；

位置 d——注写加工纹理方向符号，如"="" ⊥ "等；

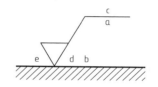

图 3-29　补充要求的注写位置

位置 e——注写所要求的加工余量（单位 mm）。

说明：

1）传输带是评定时两个滤波器之间的波长范围，通常波距<1 mm 属于粗糙度轮廓，波距在 1~10 mm 时属于波纹度轮廓，波距>10 mm 属于原始轮廓。一般情况，若采用默认传输带，则 传输带或取样长度 一项省略不注。

2）参数极限值的标注规则。

a. 当只标注一个参数值时，默认为参数的上限值，若要表达参数的单项下限值，参数代号前应加注 L，如 LRa 1.6；同时表达双向极限时，上限值在上方，参数代号前应加注 U，下限值在下方，参数代号前应加注 L。在不引起分歧的情况下，也可不标注 U、L，见表 3-5。

表 3-5　表面结构代号示例及含义

代号示例	含　义
$\sqrt{}$ Ra 0.8	表示不允许去除材料，Ra 的单项上限值为 0.8μm
$\sqrt{}$ Ra 1.6	表示去除材料，Ra 的单项上限值为 1.6μm
$\sqrt{}$ Ra max1.6	表示去除材料，Ra 的所有实测值不超过 1.6μm
$\sqrt{}$ URa 3.2 LRa 1.6	表示去除材料，Ra 的双向极限值，上限值为 3.2μm，下限值为 1.6μm

b. 默认情况下，允许全部实测值的 16% 的测值超差，当要求所有的实测值均不超过规定值时，应在参数代号后面加注"max"的标记。

5. 表面结构在图样上的标注方法

在同一图样上，表面结构要求，每一表面一般只标注一次，并尽可能靠近有关的尺寸或公差。

（1）表面结构可标注在轮廓线或该轮廓的指引线上，其数值的注写应与尺寸数字的注写一致，如图 3-30（a）所示；必要时，表面结构也可用带箭头或黑点的指引线引出标注，如图 3-30（b）所示。

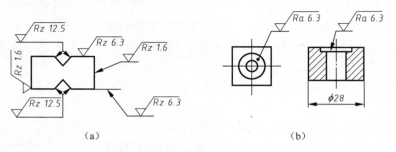

（a）　　　　　　　　　　　　　（b）

图 3-30　表面结构的注写方向

（2）在不致引起误解时，表面结构可以标注在尺寸线上，如图 3-31（a）所示，也可标注在几何公差的框格上方，如图 3-31（b）所示。

（3）棱柱和圆柱表面的表面结构要求只标注一次，如图 3-32（a）所示；如果每个棱柱

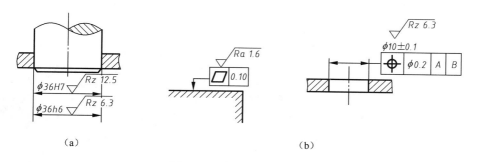

（a）　　　　　　　　　　　　　　　（b）

图 3-31　表面结构的标注

表面有不同的表面结构要求，则应分别单独标注，如图 3-32（b）所示。

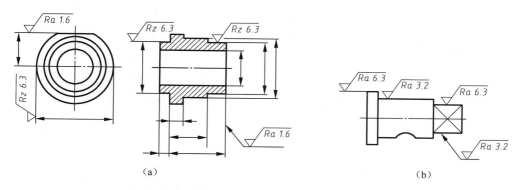

（a）　　　　　　　　　　　　　　（b）

图 3-32　棱柱和圆柱表面的表面结构的注法

（4）表面结构要求的简化注法。

1）工件全部表面的表面结构相同时，可将其要求统一标注在图样的标题栏上方；如果多数表面具有相同的表面结构要求，也可将其标注在图样标题栏的上方，但要在其后加注圆括弧。括弧内容可采用两种形式，一种如图 3-33（a）所示，圆括弧内给出基本图形符号；另一种如图 3-33（b）所示，圆括弧内给出不同的表面结构要求，且不同的表面结构要求应标注在图中。

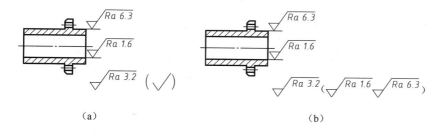

（a）　　　　　　　　　　　　　　（b）

图 3-33　相同表面结构的简化注法

2）当多个表面具有相同的表面结构要求或标注空间有限时，可用带字母的完整符号标注在视图中，另外，应在图形或标题栏附近以等式的形式写出表面结构的对应值，如图 3-34 所示。

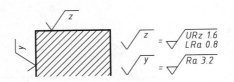

图 3-34　标注空间有限时的简化注法

■3.4.2　极限与配合

1. 基本概念

（1）零件的互换性。在同一规格的一批零件中任取其一，不需要任何挑选或附加修配就能装到机器上，达到规定的性能要求，这样的一批零件就称为具有互换性的零件，例如自行车、手表的零件，就是按互换性要求生产的。当自行车或手表零件损坏后，修理人员很快就可用同样规格的零件换上，恢复手表和自行车的性能。零件具有互换性，不但给机器的装配、修理带来方便，更重要的是为机器的专业化、批量化生产提供了可能性。

零件具有互换性，必然要求零件尺寸的精确度，但这并不是要把尺寸制成独一的尺寸，而是要将其限定在一个合理的范围内，由此就产生了"极限与配合"制度。

（2）相关术语（图 3-35）。

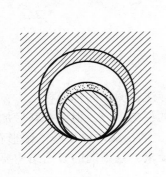

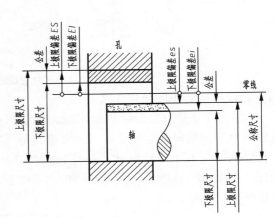

图 3-35　公差的有关术语

1）公称尺寸：设计时确定的尺寸。

2）实际尺寸：实际测量获得的尺寸。

3）极限尺寸：允许尺寸变化的两个极限值。两个极限尺寸中较大的一个称为上极限尺寸，较小的一个称为下极限尺寸。

4）尺寸偏差（简称偏差）：某一尺寸减其公称尺寸的代数差。上极限尺寸减其公称尺寸的代数差称为上极限偏差；下极限尺寸减其公称尺寸的代数差为下极限偏差；上、下极限偏差统称为极限偏差。偏差可以为正值、负值或零。

国家标准规定：孔的上极限偏差代号为 ES，下极限偏差代号为 EI；轴的上极限偏差代号为 es，下极限偏差代号为 ei。

5）尺寸公差（简称公差）：尺寸的允许变动量。公差等于上极限尺寸与下极限尺寸的代数差的绝对值，也等于上极限偏差与下极限偏差的代数差的绝对值。

6）公差带和公差带图。为便于分析，将尺寸公差与公称尺寸的关系按比例放大画成简图，称为公差带图（图3-36）。在公差带图中，上、下极限偏差的距离应成比例，公差带方框的左右长度则根据需要任意确定。一般用斜线表示孔的公差带，加点表示轴的公差带，如图3-36所示。在公差带图中，代表公称尺寸的一条直线称为零线，正偏差位于上方，负偏差位于下方，由代表上、下极限偏差的两条直线所限定的一个区域，叫公差带。在国家标准中，公差带包括"公差带大小"与"公差带位置"两个特征，前者由标准公差等级确定，后者由基本偏差确定。

7）公差等级及标准公差：确定尺寸精确的等级称为公差等级。国家标准将公差等级分为18级：IT1，IT2，IT3，…，IT18，IT表示标准公差，公差等级代号用阿拉伯数字表示。从IT1至IT18，尺寸精度等级依次降低，而相应的标准公差数值依次增大。标准公差是公称尺寸的函数，对于一定的公称尺寸，公差等级越高，标准公差值越小，尺寸的精确程度越高。国家标准把≤500mm的公称尺寸范围分成13段，按不同的公

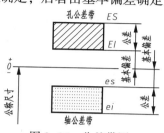

图 3-36　公差带图

差等级列出了各段公称尺寸的公差值，可从附录中查取，其中，IT1～IT12用于配合尺寸，IT12～IT18用于非配合尺寸。

8）基本偏差：用来确定公差带相对于零线位置的上极限偏差或下极限偏差，一般指靠近零线的那个偏差。当公差带位于零线上方时，基本偏差为下极限偏差；当公差带位于零线下方时，基本偏差为上极限偏差。根据实际需要，国家标准分别对孔和轴各规定了28个基本偏差代号，如图3-37所示。

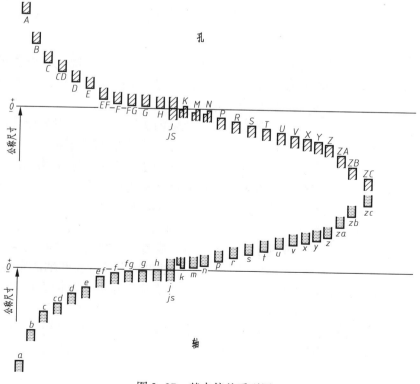

图 3-37　基本偏差系列图

由图 3-37 所示的基本偏差系列图可知：

a. 基本偏差用拉丁字母（一个或两个）表示，大写字母代表孔，小写字母代表轴。轴的基本偏差从 a~h 为上极限偏差，从 j~zc 为下极限偏差。js 的上、下极限偏差分别为+IT/2 和 -IT/2。h 的基本偏差为零，用于基轴制的基准轴。

b. 孔的基本偏差 A~H 为下极限偏差，J~ZC 为上极限偏差。JS 的上、下极限偏差分别为+IT/2 和-IT/2。H 的基本偏差为零，用于基孔制的基准孔。

c. 基本偏差系列图只表示公差带的位置，不表示公差带的大小，因此，公差带只画出属于基本偏差的一端，另一端是开口的，即公差带的另一端由标准公差来限定。

9）孔、轴的公差带代号：公差带的位置由基本偏差确定，公差带的大小由标准公差等级确定，因此，基本偏差代号与标准公差等级的组合称为孔或轴的公差带代号。例如 ϕ50H8 表示孔的公差带代号，公称尺寸为 50，基本偏差代号为 H（即基准孔），公差等级为 8 级，如图 3-38（a）所示。ϕ50f7 表示轴的公差带代号，公称尺寸为 50，基本偏差代号为 f，公差等级为 7 级，如图 3-38（b）所示。

（a）　　　　　　　　　　　　（b）

图 3-38　孔、轴的公差带代号

2. 配合

在机器装配中，将公称尺寸相同的孔和轴装配在一起，其孔、轴公差带之间的关系称为配合。在实际生产中，由于孔和轴实际尺寸不同，装配后可能出现不同的松紧程度，国家标准把配合反映的松紧程度分为"间隙"和"过盈"。

（1）间隙配合。孔轴装配时，孔的实际尺寸比轴的实际尺寸大为间隙配合。此时孔的公差带完全在轴的公差带之上，任取其中一对孔和轴相配都成为具有间隙的配合（包括最小间隙为零的配合），如图 3-39（a）所示。由于孔和轴有公差，所以实际间隙量的大小随孔和轴的实际尺寸而变化。孔的上极限尺寸减轴的下极限尺寸所得的代数差，称为最大间隙；孔的下极限尺寸减轴的上极限尺寸所得的代数差，称为最小间隙。

（2）过盈配合。孔轴装配时，孔的实际尺寸比轴的实际尺寸小为过盈配合。此时孔的公差带完全在轴的公差带之下，任取其中一对孔和轴相配都成为具有过盈的配合（包括最小过盈为零的配合），如图 3-39（b）所示。同理，实际过盈量也随着孔和轴的实际尺寸而变化。孔的下极限尺寸减轴的上极限尺寸所得的代数差，称为最大过盈；孔的上极限尺寸减轴的下极限尺寸所得的代数差，称为最小过盈。

（3）过渡配合。孔和轴的公差带相互交叠，任取其中一对孔和轴相配，其配合可能具有间隙，也可能具有过盈，如图 3-39（c）所示。在过渡配合中，配合的极限情况是最大间隙和最大过盈。

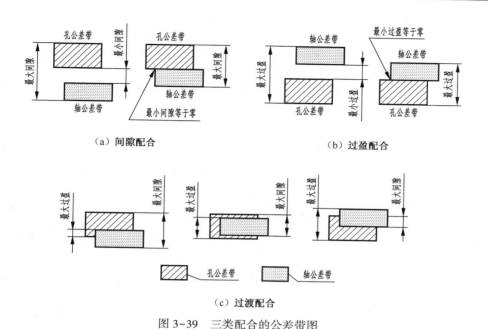

（a）间隙配合　　　　　　　　　　　（b）过盈配合

（c）过渡配合

图 3-39　三类配合的公差带图

3. 配合制

为了得到孔和轴之间各种不同性质的配合，需要制定孔与轴的公差带，而如果孔与轴公差带都可以任意变动，则变化情况太多，不便于零件的设计与制造。为此，国家标准对配合规定了两种配合制，即基孔制配合与基轴制配合。

（1）基孔制配合。基本偏差为一定的孔的公差带，与具有不同基本偏差的轴的公差带形成各种配合。基孔制的孔为基准孔，如图 3-40 所示。国家标准规定基准孔的基本偏差代号为"H"，即孔的下极限偏差为零的一种配合制。

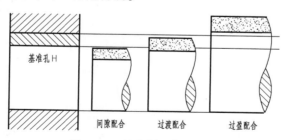

图 3-40　基孔制配合示意图

（2）基轴制配合。基本偏差为一定的轴的公差带，与具有不同基本偏差的孔的公差带形成各种配合。基轴制的轴为基准轴，如图 3-41 所示。国家标准规定基准轴的基本偏差代号为"h"，即轴的上极限偏差为零的一种配合制。

4. 公差与配合的选用

（1）配合制度的选用。一般情况下，优先选用基孔制。因为加工孔比加工轴困难，所用的刀和量具的尺寸规格也较多。采用基孔制，可大大缩减定制刀、量具的规格和数量。只有在具有明显经济效果或在同一公称尺寸的轴上装配几个不同配合的零件时，才采用基轴制。

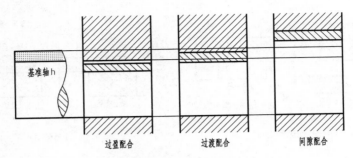

图 3-41　基轴制配合示意图

与标准件配合时，基准制的选择通常依标准件而定。如与滚动轴承内圈配合的轴应采用基孔制；与滚动轴承外圈配合的孔应采用基轴制。

（2）公差等级的选用。由于孔比同级轴加工困难，一般在配合中选用孔比轴低一级的公差等级，如 H8/h7。

为降低加工成本，在满足使用要求的前提下，尽量扩大公差值，即选用较低的公差等级。

5. 公差与配合的标注

（1）在装配图中的标注方法。配合代号由两个相互配合的孔和轴的公差带代号组成，用分数形式表示，分子为孔的公差带代号，分母为轴的公差带代号，通用形式如图 3-42（a）、图 3-43（a）、图 3-45（a）所示。

（2）在零件图中的标注方法。

1）标注公差带代号，如图 3-42（b）所示。这种标注法常与采用专用刀具、量具加工和检验零件统一起来，以适应大批量生产的需要。

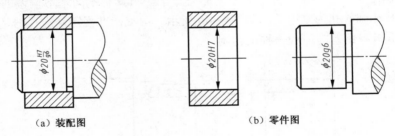

（a）装配图　　　　（b）零件图

图 3-42　用代号标注公差配合

2）标注极限偏差值，如图 3-43（b）所示。上极限偏差注在公称尺寸的右上方，下极限偏差注在公称尺寸的右下方，偏差的数字应比公称尺寸数字小一号，并使下极限偏差与公称尺寸在同一底线上。如果上、下极限偏差数值相同，则在公称尺寸之后标注"±"符号，再填写一个极限偏差数值，这时，极限偏差数值与公称尺寸数值同字号，如图 3-44 所示。这种情况主要用于少量或单件生产，由于标注的数值与量具（游标卡尺或千分尺）的读数一致，所以便于加工和检验。

3）同时标注公差带代号和极限偏差数值，如图 3-45（b）所示，该注法适合产品试制阶段。

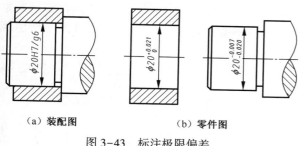

（a）装配图　　　　　　　　（b）零件图

图 3-43　标注极限偏差

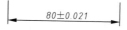

图 3-44　上、下极限偏差数值相同时

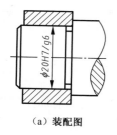　　　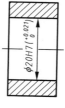　　　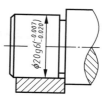

（a）装配图　　　　　　　　　　　　　（b）零件图

图 3-45　既标注代号又标注偏差值

3.4.3　几何公差的标注

扫一扫，看视频

1. 基本概念

几何公差是指其零件的实际形状和位置对理想形状和位置的变动量。一般情况下，零件的几何公差可由尺寸公差、机床的精度和加工工艺加以保证。因此，只有要求较高的零件部位才在图样上标注几何公差。几何公差包括形状、方向、位置和跳动公差。

2. 几何公差的标注

（1）几何公差的特征项目及符号。国家标准所规定的几何公差的特征项目与符号见表3-6。

表 3-6　几何公差的几何特征与符号

公差类别	几何特征	符号	有无基准要求	公差类别	几何特征	符号	有无基准要求
形状公差	直线度	—	无	方向公差	平行度	∥	有
	平面度	▱	无		垂直度	⊥	有
	圆度	○	无		倾斜度	∠	有
	圆柱度	⌭	无	位置公差	位置度	⌖	有
形状或位置公差	线轮廓度	⌒	有或无		同轴度	◎	有
					对称度	═	有
	面轮廓度	⌓	有或无	跳动公差	圆跳动	↗	有
					全跳动	↗↗	有

（2）几何公差框格。在图样中，几何公差应以框格的形式进行标注，其标注内容及框格等的绘制如图 3-46（a）所示。

构成零件几何特征的点、线、面统称为要素，要素分为基准要素与被测要素，被测要素用带箭头的指引线与框格相连，基准要素用字母注写在框格的最后项内，并在视图上作出相应标记，如图 3-46（b）所示。

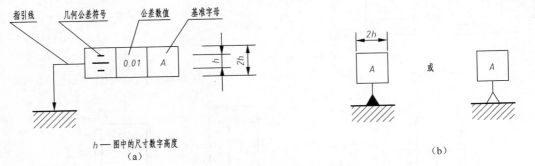

图 3-46　几何公差代号与基准符号

公差值一般为线性值，如果公差带是圆形或圆柱形的，则在公差值前加注"ϕ"；若公差带是球形，则加注"$S\phi$"；根据需要，还可用一个或多个字母表示基准要素，如图 3-47（b）所示。

当有一个以上要素作为被测要素时，应在框格上方标明，如图 3-47（c）中的 6×ϕ；如果对同一被测要素有一个以上公差特征项目要求，为方便起见，可将一个框格放在另一框格的下面，如图 3-47（d）所示。

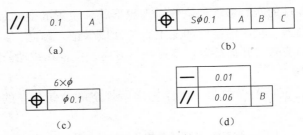

图 3-47　公差值、被测要素、基准要素的注法

（3）被测要素的标注。被测要素与公差框格之间用一带箭头的指引线相连，如图 3-48（a）所示。

1）当被测要素是轮廓线或表面时，将箭头置于被测要素的轮廓线或轮廓线的延长线上，但必须与尺寸线明显分开（图 3-48）。

图 3-48　被测要素为轮廓线或表面时

2）当被测要素为实际表面时，箭头可置于带点的参考线上，该点应在实际表面上（图 3 -49）。

3）当被测要素是轴线、中心平面或带尺寸要素确定的点时，则带箭头的指引线应与尺寸线的延长线重合（图 3-50）。

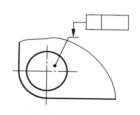

图 3-49 被测要素为实际表面时

（4）基准要素的标注。基准的表示如图 3-46（b）所示。表示基准的字母标注在基准方框内，该方框与一个涂黑的或空白的三角形相连。

1）当基准要素是轮廓线或轮廓表面时，基准三角形应放置在要素的外轮廓线上或它的延长线上，但应与尺寸线明显错开，另外，基准三角形还可放置在该轮廓面引出线的水平线上，如图 3-51 所示。

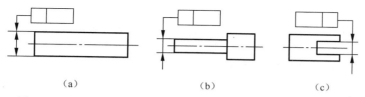

（a）　　　　　　　（b）　　　　　　　（c）

图 3-50 被测要素为轴线、中心平面或带尺寸要素确定的点时

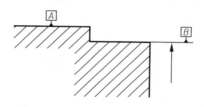

图 3-51 基准要素为轮廓表面时

2）当基准要素是轴线、中心平面（线）或由带尺寸的要素确定的点时，则基准三角形应与尺寸线对齐（图 3-52）。如尺寸线处安排不下两个箭头，则另一箭头省略（图 3-53）。

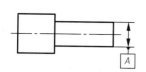

图 3-52 基准要素为轴线或中心平面

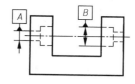

图 3-53 用短横线代替箭头

3. 几何公差的识读

如图 3-54 所示的几何公差综合标注实例，图中各代号含义如下：

（1）基准 A 为 $\phi16$ 圆柱的轴线。

（2）$\phi16f7$ 圆柱面的圆柱度公差为 0.005mm。

（3）M8×1 的轴线相对于基准 A 的同轴度公差为 $\phi0.1$。

（4）$\phi36_{-0.34}^{0}$ 的右端面对基准 A 的垂直度公差为 0.25mm。

（5）$\phi14_{-0.24}^{0}$ 的右端面对基准 A 的圆跳动公差为 0.1mm。

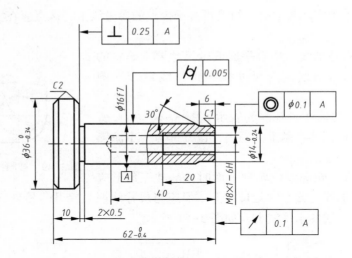

图 3-54 几何公差的综合标注举例

■ 3.4.4 零件的常用材料及其表示法

1. 常用材料

制造零件的材料不仅影响机器的制造成本，还影响机器的工作性能和使用寿命。因此在设计机器时，为满足零件的使用要求、工艺要求及经济指标，应合理地选择制造零件的材料。

（1）铸铁。铸铁是碳的质量分数大于2%的铁碳合金。铸铁是脆性材料，不能进行轧制和锻压，但具有良好的液态流动性，形状复杂的零件毛坯都是用铸铁以铸造的方法制造出的。另外，铸铁的减振性、可加工性、耐磨性都比较好且价格低廉，因此，应用较为广泛。常用铸铁的名称、牌号、分类及用途见附表5-1。

（2）碳钢与合金钢。钢是碳的质量分数小于2%的铁碳合金。一般来说，钢的强度高、塑性好，可以锻造，而且通过不同的热处理或化学处理可改善和提高其力学性能，以满足不同的使用要求。钢的种类很多，有不同的分类方法：按碳的质量分数可分为低碳钢（$w_c \leqslant$ 0.25%）、中碳钢（$w_c > 0.25\% \sim 0.60\%$）、高碳钢（$w_c > 0.60\%$）；按化学成分可分为碳素钢、合金钢；按质量可分为普通钢、优质钢；按用途可分为结构钢、工具钢、特殊钢等。常用钢的名称、牌号、分类及用途见附表5-2。

（3）有色金属合金。通常将钢、铁称为黑色金属，将其他金属统称为有色金属。纯有色金属在机械制造中应用较少，一般使用的是有色金属合金。有色金属与黑色金属相比价格昂贵，因此，仅用于减摩、耐磨、耐腐蚀等有特殊要求的情况下。常用的有色金属合金是铜合金和铝合金等，它们的名称、牌号、分类及用途见附表5-3。

（4）非金属材料。常用的非金属材料有铸型尼龙、工程塑料、橡胶等，其性能及应用请查阅有关手册。

（5）复合材料。复合材料是由两种或两种以上的金属或非金属材料复合而成的一种新型材料。复合材料目前成本尚高，但它是材料工业发展的方向之一，相信随着发展和不断完善，复合材料将得到广泛的应用。

2. 热处理与化学处理简介

（1）热处理。所谓热处理是指将钢在固态下加热到一定温度，保温一定的时间，然后在介质中以一定的速度冷却，从而获得所需性能的工艺过程。图3-55是热处理方法规范示意图。热处理是将加热温度、保温时间、冷却速度和介质等方法有机配合，从而改变金属材料的内部金相组织，改善其力学性能和机械性能的一种工艺方法，它一般不改变零件的化学成分或形状。常用的热处理方法及用途详见附表5-4。

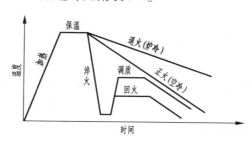

图 3-55 热处理方法规范示意图

（2）化学热处理。化学热处理就是将零件在化学介质中加热到一定温度，使介质中某些元素的原子渗入其表层，以改变零件表层的化学成分和结构，从而提高零件表面的硬度、耐磨性、耐腐蚀性和表面的美观程度等，而心部仍保持原来的力学性能。经化学热处理的零件一般可以获得"外硬内韧"的性能。常用的化学热处理方法有渗碳、渗氮、碳氮共渗等，其具体处理方法及用途详见附表5-4。

3. 金属的表面处理

表面处理是在金属表面增设保护层的工艺方法。它起着耐蚀、装饰和改善表面的机械物理性能（耐磨、导电、绝缘、反光等）的作用。

（1）钢制件的保护层。

1）镀锌。镀锌零件在空气中有良好的耐蚀性，且费用低，应用广泛。有时为了避免使钢件直接与铝、镁或铜合金接触，常使用镀锌法保护。锌本色日久变暗，故不作装饰之用。

2）镀镉。镀镉件比镀锌件稳定，在海水及其蒸汽中有很强的耐蚀性。镀镉层柔软，且有弹性，对零件贴合封严极有利，但镉层不耐磨，镉盐有毒且稀少，应慎用。

3）镀镍。镍在大气、海水中有良好的耐蚀性。镍层抛光后外表美观。

4）发蓝（发黑）。使钢件表面形成一层氧化膜。发蓝主要用于良好大气条件下工作的零件，涂油可提高其防护性能。氧化膜极薄，对零件表面结构和尺寸精度影响很小，所以常用于尺寸精确或需黑色表面的零件。

（2）铝、镁合金的保护层。铝、镁合金表面处理的方法主要是阳极化，即将零件作为直流电路的阳极，进行氧化处理。阳极化可提高铝、镁合金的防蚀和耐磨能力。由于氧化膜可以呈黄、黑、蓝、红、绿或紫色，所以它具有装饰性。

（3）铜合金的保护层。铜合金保护层基本上与钢相似，可以镀锌、镉、铬、镍或锡等，还可予以钝化处理，使铜合金表面形成氧化膜。

零件的热处理、表面处理要求一般均用文字在零件图的技术要求中加以说明。

3.5　各类零件的表达特点及构型

扫一扫，看视频

▌3.5.1　轴、套类零件

1. 轴、套类零件的结构特点和构型分析

所有做回转运动的传动零件（如齿轮等），都必须安装在轴上才能进行运动和动力的传递，所以轴的主要功用是支承传动零件及传递运动和动力。套一般安装在轴上，起轴向定位、传动或连接作用。因此，轴、套类零件一般由若干段同轴回转体组成，为了轴上零件的固定和密封以及便于安装和加工，轴上还有倒角、圆角、退刀槽、键槽等结构（图3-1）。

2. 轴、套类零件的视图选择及表达特点

（1）轴、套类零件一般在车床上加工，加工方法单一，所以应按加工位置确定零件的安放位置，即轴线为侧垂线。用一个基本视图（主视图）表达各段回转体在轴向上的相对位置，及轴上键槽、退刀槽等结构的形状和位置。

（2）用断面图、局部剖视图、局部视图、局部放大图等，补充表达键槽、退刀槽、砂轮越程槽和中心孔等局部结构。对长度方向无变化或有规律变化的较长零件，还可用折断等简化画法表达。

（3）空心轴、套可用全剖视图、半剖视图或局部剖视图表达其内部结构形状；当内部结构简单时，也可用虚线表达。

3. 轴、套类零件的尺寸标注

（1）轴套类零件均以轴线作为径向尺寸基准（即高度和宽度方向的主要基准），重要的轴肩端面是长度方向的主要基准，如图3-1中ϕ35轴肩的右端面是轴向尺寸的主要基准，轴的左、右两端面是轴向尺寸的辅助基准之一。

（2）重要尺寸如轴上与轮毂有配合关系的轴径、轴径长度以及与安装零件的宽度有关的尺寸，必须直接标注出来，必要时还可注出其偏差值。其余尺寸多按加工顺序标注。

（3）零件上的标准结构（如倒角、退刀槽、砂轮越程槽、键槽）等，应查阅相应的设计手册按结构的标准尺寸标注。

4. 轴、套类零件的技术要求

（1）有配合要求的表面，其表面结构参数值较小，重要的表面可取 Ra 0.8μm 或 Ra 1.6μm，一般表面可取 Ra 1.6μm 或 Ra 3.2μm。无配合要求的表面，其表面结构参数值较大可取 Ra 6.3μm 或 Ra 12.5μm。

（2）有配合要求的轴颈尺寸公差等级较高，公差较小。无配合要求的轴颈尺寸公差等级较低，或不需要标注公差。

（3）有配合要求的轴颈和重要的端面应有几何公差的要求。

5. 轴、套类零件的构型

轴的结构取决于轴的受力情况、轴上零件的布置和固定方式，以及轴的支座类型等条件由于影响轴结构的因素很多，构型时必须根据不同情况进行具体分析。一般来说，轴的构型应满足下列要求：轴和装配在轴上的零件要有准确的工作位置；轴上零件应便于装拆和调整，轴应有良好的制造和装配工艺性，以及应使轴受力合理、有利于节约材料和减轻重量等。

轴的结构是多种多样的，没有统一的标准，现以图 3-56 所示的一级减速器中的低速轴为例，说明轴的结构特点与构型规律间的关系。

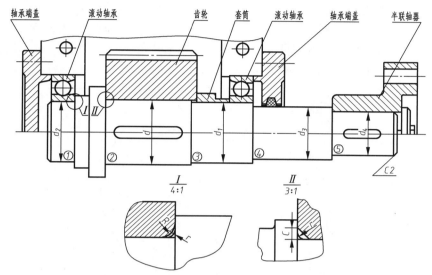

图 3-56　轴上零件装配与轴的结构示例

图 3-56 中轴的 d_1、d_2 两轴段装配在滚动轴承中，并通过滚动轴承支承在箱体上，这两个轴段称为轴颈，轴的支承部分，按构型规律分析可看作轴的"安装部分"；轴的 d、d_4 两轴段上安装着齿轮和联轴器，称为轴头，可看作轴的"工作部分"；将轴颈和轴头连接在一起的 d_3 及其他轴段则称为轴身，可看作轴的"连接部分"。

从便于加工的角度出发，轴的外形越简单越好，最简单的轴是一根光轴。但由于轴上要依次安装联轴器、齿轮等零件，为了满足强度要求和便于轴上零件的装拆与固定，实际上必须设计成阶梯轴，如图 3-56 所示。

轴的台阶称轴肩，轴肩分为定位轴肩（图 3-56 中的轴肩①、②、⑤）和非定位轴肩（图 3-56 中的轴肩③、④）两类。为避免轴肩处因截面突变而引起应力集中，常加工成圆角。为了使轴上零件的端面能紧靠轴肩，轴肩处的圆角 r 应小于配合孔的倒角 C 或圆角 R（图 3-56），而轴肩高度 a 不能小于配合孔的倒角、圆角，尺寸可由有关标准或手册中查取。

为了安装时便于对中及防止锐边伤手和安装表面，轴的端部要加工成 45° 倒角（图 3-56），倒角尺寸可根据轴径从有关标准或手册中查取。

为了便于加工，轴上常有退刀槽和砂轮越程槽，这些结构的尺寸也可根据轴径查阅有关标准和手册。

3.5.2　盘、盖类零件

1. 盘、盖类零件的结构特点和构型分析

盘、盖类零件包括手轮、带轮、齿轮、端盖、阀盖等。盘（如齿轮）一般用来传递动力和扭矩，盖（如轴承端盖）主要起支承、轴向定位以及密封等作用。盘、盖类零件的基本组成部分为回转体，其上常有一些沿圆周分布的孔、肋、槽和齿等结构。这类零件常采用铸（锻）造毛坯再经机械加工的方法，主要在车床和钻床上加工。

2. 盘、盖类零件的视图选择及表达特点

盘、盖类零件常采用两个基本视图，多按主要加工工序的位置安放零件，即轴线为侧垂线，一般取非圆视图为主视图，并采用旋转剖或复合剖切的全剖视图。若圆周上分布的肋、孔等结构不在对称平面上，则采用简化画法（图3-57）或旋转剖切（图3-58）；另外，在视图表达中还采用局部视图表达那些凸台、凹槽及倾斜结构等（图3-58）。对于轮、盘类零件上的轮辐、肋等结构的截面，多用移出断面图或重合断面图表达（图3-57）。

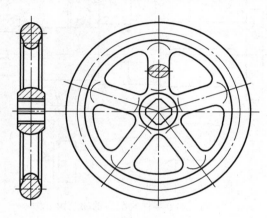

图 3-57 手轮

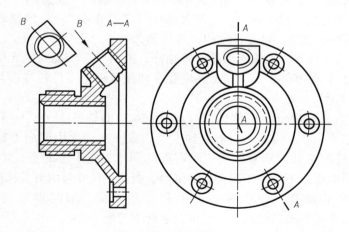

图 3-58 泵盖

3. 盘、盖类零件的尺寸标注

（1）盘、盖类零件一般以轴线作为径向尺寸基准（即宽度和高度方向的主要基准），长度方向的主要基准是需经机械加工的大端面，如图3-59所示为机车轴箱装配外盖的右端面。

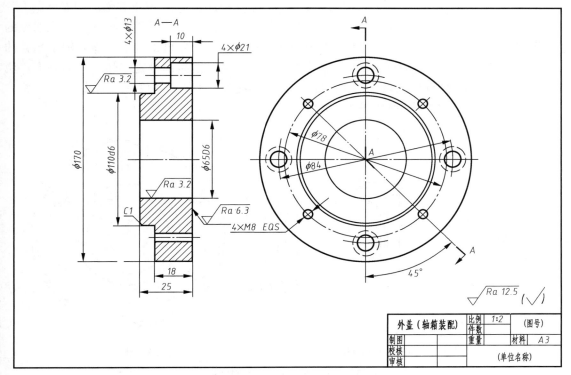

图 3-59 外盖零件图

（2）重要尺寸主要指轮毂的内径和长度，以及在圆周上分布的孔、槽等结构的定形和定位尺寸。多个小孔、槽的定形尺寸，一般采用图 3-59 中的 4×M8 的形式标注，意味着 4 个 M8 的螺孔均匀分布在圆周上。盘、盖类零件上均匀分布的孔槽，当其中某一孔槽在圆周的中心线上时，则不必标注孔槽的角度定位尺寸。

（3）其他尺寸应按形体分析法标注，以保证尺寸完整。内、外形结构尺寸最好分开标注。

（4）零件上的螺孔、键槽等，应按相应的标准标注尺寸。

4. 盘、盖类零件的技术要求

（1）有配合的内、外表面及轴向定位的端面（即零件的轴向基准），表面结构的参数值相应较小（图 3-59）。

（2）有配合的孔和轴的尺寸公差相应较小；与其他零件相接触的表面一般有平行度、垂直度、同轴度等几何公差方面的要求（图 3-59）。

5. 盘、盖类零件的构型举例

盘类零件和盖类零件从形体分析的角度讲，由于基本体多为回转体，所以差别不大，但从构型观点出发，由于它们的工作部分在机器或部件中起的作用不同，所以构型特点也完全不同。按照构型规律，盘类零件如齿轮，其轮齿部分是其工作部分；轮毂部分是安装部分；而轮辐部分则可看作连接部分。而盖类零件的内形则为其工作部分；连接用的凸缘和螺孔为其安装部分；连接部分是工作部分的外形。

例 3-6　图 3-60（c）是一轴承端盖，以其构型过程为例，说明盖类零件的构型特点。

（1）功能及构型特点。零件的构型一般是根据使用要求和加工条件进行的。轴承端盖的主要作用（即考虑使用要求）是支承、轴向定位及密封。按照零件的构型规律，轴承端盖的内形即为其工作部分；连接用的凸缘和螺孔为其安装部分；连接部分是工作部分的外形，所以其构型特点是由内形定外形。凸缘右端面的退刀槽是考虑了加工条件后添加的。

（2）构型过程。构型过程如图 3-60（a）、（b）所示。

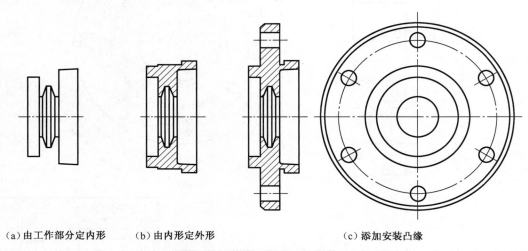

（a）由工作部分定内形　　　（b）由内形定外形　　　　　　　（c）添加安装凸缘

图 3-60　轴承端盖的构型过程

■ 3.5.3　叉、架类零件

1. 叉、架类零件的结构特点和构型分析

叉、架类零件包括各种用途的支架（座）、拨叉和连杆等。支架（座）主要起支承和连接作用，在一般的机械中应用较为广泛，如图 3-61 中的托架。而拨叉、连杆多用于各种机器的操纵机构和传动机构上，如图 3-62 所示。叉、架类零件多由肋板、耳片、底板、圆柱形轴、孔和实心杆等基本体组成。一般采用铸（锻）件毛坯，毛坯形状较为复杂且不规则，有时甚至无法放平。

2. 叉、架类零件的视图选择及表达特点

叉、架类零件一般需经过多道工序的机械加工，而且加工位置常难以分出主次，所以主要按工作位置（或自然位置）安放零件

图 3-61　托架立体图

（图 3-63）；对于该类零件属于运动机构的，则需要把该零件摆正来画（图 3-62）。主视图投射方向按形状特征确定。一般都需要两个以上的基本视图，并且用局部视图、断面图表达零件的细部结构，如底板、肋板等，斜视图、斜剖常用于表达那些不平行于基本投影面的倾斜结构，剖视图也多采用局部剖视图，以兼顾其内外形的表达。

铸件毛坯零件的有些表面要经过机械加工，有些表面则在浇注成形后不再进行机械加工。绘图时应注意区分这两类表面的画法。

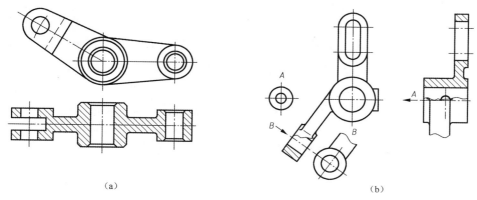

（a）   （b）

图 3-62 连杆类零件

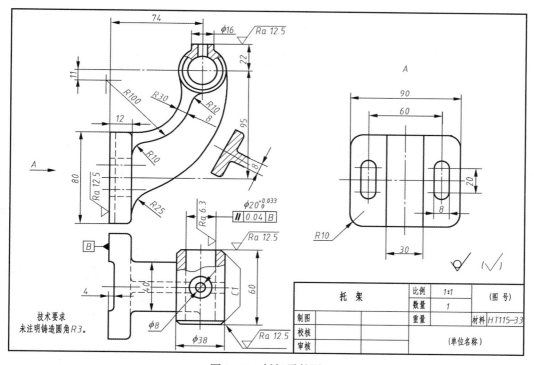

图 3-63 托架零件图

3. 叉、架类零件的尺寸标注

（1）长度、宽度、高度方向的主要基准一般为孔的中心线、回转体的轴线、零件的主要对称平面和较大的加工平面。如图 3-63 所示，托架的左端面为长度方向的尺寸主要基准；$\phi38$ 圆柱的中心是高度方向的主要基准；前后对称面是宽度方向的主要基准。

（2）主要尺寸，一般要标注出孔中心线（或轴线）的距离，或孔中心线（轴线）到平面的距离，或平面到平面的距离，要注意保证其定位精度。

（3）其他非主要尺寸一般都采用形体分析法，按定形尺寸、定位尺寸标注，以便于制作木模。起模斜度、铸造圆角通常在图上不标注，而是作为技术要求统一注写。

4. 叉、架类零件的技术要求

叉、架类零件上起支承或连接作用的轴孔一般都有配合要求。支架类零件，为了保证轴在机架上有确定的位置，轴孔的轴线与底座定位面间的相对几何关系特别重要，所以定位面与轴孔的轴线一般有平行度或垂直度的要求。而拨叉、连杆类零件，轴孔间的轴线一般有平行度的要求。

轴承孔表面结构的参数值一般相对较小，其次为轴承孔端面和安装底面。

5. 叉、架类零件的构型举例

叉、架类零件主要起支承和连接作用，形状较为复杂且不规则，其构型常常是根据轴孔和安装面的位置确定零件的主要形状。

例 3-7 分析托架（图 3-63）的构型过程。

托架轴孔的轴线与托架的安装平面在空间平行，但不在同一平面内，如图 3-64 所示。根据构型规律，托架的工作部分是轴孔部分，此例中采用滑动轴承，所以孔径 d 的大小由轴径来确定，且常用间隙配合，如 H8/f7、H7/g6 等。轴承的外径 D 和长度 L 根据设计规范由轴径来确定。

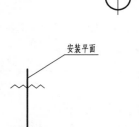

图 3-64　托架的工作示意图

托架的安装部分是以安装平面为基面的连接板，连接板的厚度可根据设计规范确定，安装基面常做成带有凹槽（图 3-63）或凹坑的形式，这样既可减少加工面积，又能使托架的安装面接触良好，从而使托架的安装更为平稳。有时为了使轴的位置可以调节，连接板上的安装孔也可设计为长圆形孔（图 3-62），此时，安装孔可直接铸出，不再进行机械加工。

支架类零件的连接部分常由支承板和肋板组成，由于其结构形状和尺寸是根据轴和安装基面间的相对位置确定的，所以支承板和肋板的结构形状和尺寸变化很大。支承板和肋板的厚度根据承载大小和设计规范而定，肋板的配置应使它在工作时受压应力为宜。为了保证轴承有足够的强度和刚度，可根据实际情况，将中间连接部分设计成各种承载能力较大的断面，如"⊥"形（图 3-61）、"十"字形、"工"字形等。

3.5.4 箱体类零件

1. 箱体类零件的结构特点和构型分析

箱体类零件包括各种箱体、壳体、机座等，是机器或部件的主要零件，一般起支承、容纳、保护运动零件和其他零件的作用，因此，内、外形结构都比较复杂。

2. 箱体类零件的视图选择及表达特点

（1）箱体类零件多为铸件，需经过多道工序加工，各工序的加工位置不尽相同，因而常采用自然位置或工作位置原则摆放，选择主视图时，以最能反映零件形状特征及相对位置的一面作为主视图的投射方向。箱体类零件一般都需要三个或三个以上的基本视图来表达，内部结构常采用剖视图表达，对于倾斜结构多采用斜视图、斜剖，凸台、凹坑多采用局部视图。图 3-65 是减速器底座（箱体）零件图，按工作位置放置，沿齿轮传动轴线方向作为主视图的投射方向。为了表达用来安装油标、螺塞的螺孔和定位销孔、轴承座旁螺孔等，主视图上

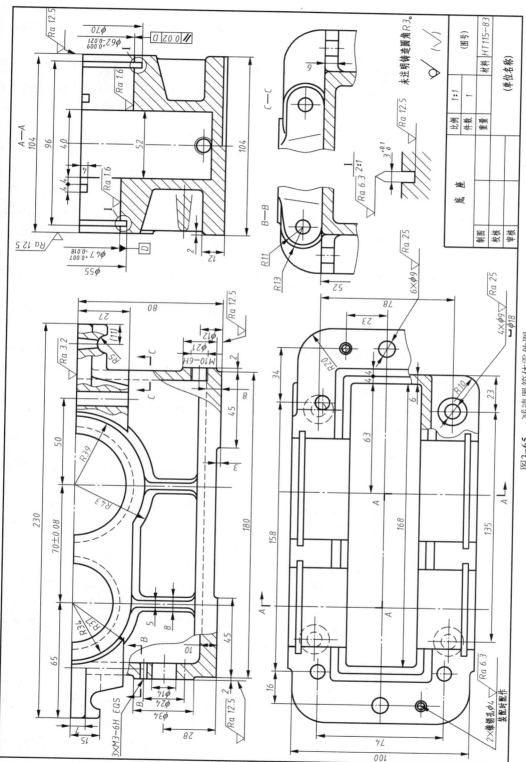

图3-65 减速器箱体零件图

共有四处采用局部剖视图。俯视图上为了表达箱边转角处的形状和安装孔也采用局部剖视图，左视图用 A—A 全剖视图表达了轴承孔内腔的形状。另外通过 B—B 和 C—C 局部剖视图表达了轴承座旁螺孔凸台的形状和吊钩的结构形状。

（2）箱体类零件结构形状复杂，常会出现截交线和相贯线，由于它们是铸件毛坯，所以转化为过渡线，要认真分析各种交线并予以合理表达。还应注意铸件的工艺结构，如铸造圆角、起模斜度等的画法。

3. 箱体类零件的尺寸标注

在标注箱体类零件的尺寸时，应首先考虑尺寸的基准问题，先行标注出功能尺寸，并运用形体分析法，补充各结构的定形尺寸和定位尺寸。

（1）通常选用主要轴孔的轴线、重要的安装面、结合面（或加工面）、箱体某些主要结构的对称平面作为尺寸基准。图 3-65 所示的减速器箱体，以箱体的底面（安装面）作为高度方向的主要基准；以左轴承孔的轴线作为长度方向的主要基准；以前后对称面作为宽度方向的主要基准。

（2）箱体零件的定位尺寸较多，尤其是各孔的中心线（或轴线）间的距离一定要直接注出，如图 3-65 中的 70±0.08。

（3）对于箱体上需要切削加工的部分，应尽可能按便于加工和检验的要求来标注尺寸。

4. 箱体类零件的技术要求

（1）重要的箱体孔及其轴线和重要的表面应该有尺寸公差和几何公差的要求。如图 3-65 中轴承孔均需与滚动轴承配合，因此轴承孔都注有尺寸公差，并采用基轴制。两轴承孔间的位置，由中心距尺寸公差（70±0.08）及平行度予以保证。

（2）箱体的重要表面和轴孔表面，其表面结构的参数值相对较小。

5. 箱体类零件的构型举例

零件的构型取决于它在机械中的地位和作用，以及与其他零件间的依存关系。箱体类零件的构型，按构型规律仍是三部分，即工作部分、安装部分和连接部分。现以减速器箱体（图 3-65）为例，说明箱体类零件的构型特点和过程。

减速器箱体的主要功用是支承转轴和轴上的齿轮，从而确保齿轮传动正确的啮合运动。同时，它还与箱盖一起组成包容空腔，以实现容纳运动零件和其他相关零件，以及密封、润滑等要求。箱体的基本形状正是由这些功能要求确定的。

一个零件要能起到支承轴的作用，就必须具有安装轴的工作部分和支持在地基（或其他基体零件）上的安装部分。单纯从支承轴功能来讲，图 3-66（a）的零件构型可以胜任。但是由于传动轴上装有齿轮，为保证齿轮转动所必需的空间，拉长其工作部分和安装部分之间的连接部分，以增大工作部分和安装部分之间的距离。另外连接部分还要保证一定的强度和刚度要求，为此，在连接支承板上再配置加强肋，使零件的构型趋于合理。于是就演变为图 3-66（b）所示的典型轴承座结构。

但是对于减速器箱体的构型，如果只用一个轴承座，则齿轮只能装在轴承座的某一侧，形成悬臂梁支承，这不利于承受较大的载荷，也不易保证齿轮的正确啮合。为此，采用双支点，使单轴承座演变为双轴承座连接的形式［图 3-66（c）］，从而使支承改变为简支梁。

又由于减速器的箱体除需要支承两根转轴，两轴之间又要保证精确的相对位置外，另外还需要满足容纳传动零件、储油、密封、便于零件安装等要求，所以连为一体的两轴承座还一步演变为上部开放的箱体［图 3-66（d）］。为了与箱盖连接，要加上箱边，箱边上应该有定位销孔和连接螺孔。同时，还要满足润滑、密封、吊装等方面的要求和细节结构，如集油沟、油标、吊钩等。

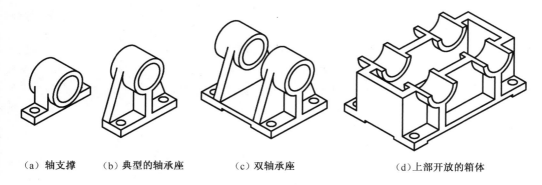

（a）轴支撑　　（b）典型的轴承座　　（c）双轴承座　　　　（d）上部开放的箱体

图 3-66　减速器的构型过程

减速器箱体的构型还可换个角度来考虑，表 3-7 给出了整个构型过程，即首先考虑减速器箱体容纳零件的作用，故初步构型为一上部敞开的箱体（表 3-7 中第①、②步）。其次考虑箱体与箱盖的连接需要，为箱体加上连接板箱边（表 3-7 中第③、④步）。然后考虑减速器箱体支承轴的作用，箱体演变出轴承孔、凸缘、肋等结构（表 3-7 中第⑤～⑦步）。基本构型完成后，再进一步考虑吊装、密封等细节结构（表 3-7 中第⑧～⑩步）。

表 3-7　减速器底座的构型

构型过程	主要考虑的问题	构型过程	主要考虑的问题
	①为了容纳齿轮和润滑油，初步构型为上部敞开的箱体	油针孔　放油孔	②为了更换润滑油和观察油面的高度，设计有放油孔和油针孔。为了保证便于钻孔，油针孔外部凸台表面与孔轴线垂直
连接板	③为了与减速器盖连接，底座上要加连接板（箱边）	定位销孔　连接螺栓孔	④为了连接和对准，连接板上设计定位销孔和连接螺栓孔

续表

构型过程	主要考虑的问题	构型过程	主要考虑的问题
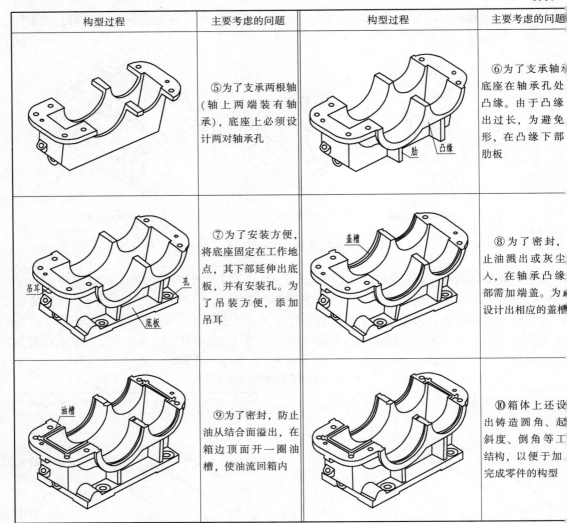	⑤为了支承两根轴（轴上两端装有轴承），底座上必须设计两对轴承孔		⑥为了支承轴承，底座在轴承孔处□凸缘。由于凸缘□出过长，为避免□形，在凸缘下部□肋板
	⑦为了安装方便，将底座固定在工作地点，其下部延伸出底板，并有安装孔。为了吊装方便，添加吊耳 吊耳　孔　底板		⑧为了密封，□止油溅出或灰尘□入，在轴承凸缘□部需加端盖。为□设计出相应的盖槽 盖槽
	⑨为了密封，防止油从结合面溢出，在箱边顶面开一圈油槽，使油流回箱内 油槽		⑩箱体上还设□出铸造圆角、起□斜度、倒角等工□结构，以便于加□完成零件的构型

肋　凸缘

通过上述过程可知，零件的构型思路和构型方法是多种多样的，箱体类零件的形状、构（或称构型结果）主要由它的功用来决定。一般情况下可从下面几个方面来考虑：

（1）工作部分和连接部分支承运动零件和容纳运动零件及有关零件，是箱体类零件的□要部分。因此需要有安装轴承的孔，孔端面有安装轴承端盖的平面和连接孔。为了支承轴□及容纳各种零件，还要有箱壁、凸缘、肋板等结构。

（2）安装部分为了与箱盖连接，箱体上部有安装箱盖的安装平面（箱边），其上有定□销孔和连接螺孔；为了与基座或其他零件连接，箱体下部也有安装平面（底板），并有□用的螺孔。

（3）润滑等部分的细节结构，考虑到运动部件的润滑，箱体上往往有存油池、加油□放油孔、回油槽，安装油标、油管等零件的平面和孔，以及密封用的油槽、吊装用的吊□拆卸用的挤压螺钉孔等。

3.6　读零件图的方法和步骤

读零件工作图要求根据已有的零件图，了解零件的名称、材料、用途，分析其视图、尺寸、技术要求，从而想象出零件各组成部分的形体结构、大小及相对位置，进一步理解设计意图，并了解该零件在机器中的作用。读图的基本方法仍是形体分析法与线面分析法。但零件具有自身的一些结构工艺特点，因此，了解这些工艺结构对零件图的识读也是必不可少的。

3.6.1　读零件图的方法和步骤

1. 读标题栏

了解零件的名称、画图比例、重量、材料，同时联系典型零件的分类，对所读的零件有一个初步认识。

2. 分析视图，想象形状

读懂零件的内、外部形状和结构，该步骤是读零件图的重点。组合体的读图方法（包括形体分析法、线面分析法，国家标准中关于视图、剖视图、断面图的规定等），仍然适合于读零件图。由基本视图运用形体分析法看懂零件的大体内、外部形状；结合局部视图、斜视图、断面图以及线面分析法等，读懂零件的局部、细部或倾斜结构的形状；同时还要根据尺寸和技术要求，从设计和加工方面的要求出发，运用构型分析了解零件上一些工艺结构的作用，如倒角、圆角、沟槽等。

3. 分析尺寸和技术要求

了解哪些是零件的主要尺寸，哪些是非主要尺寸；分析零件各部分的定形、定位尺寸和零件的总体尺寸，以及注写尺寸时所用的基准；最后还要读懂技术要求，如表面结构、公差与配合、几何公差等内容。

4. 综合分析

综合分析是把读懂的结构形状、尺寸标注和技术要求等内容综合起来，这样就能比较全面地理解零件图所表达的零件。有时为了读懂比较复杂的零件图，还需参考有关的技术资料，包括零件所在的部件装配图以及相关的零件图。

3.6.2　读图举例

例 3-8　阅读图 3-67 所示的零件图。

1. 读标题栏

零件的名称是壳体，属箱体类零件。绘图比例为 1∶2，所以实物要比图形大一倍（书中的图由于排版需要已缩小）。材料栏内填写 ZL102，参阅附录可知材料是铸铝合金，故零件为铸件。

2. 分析视图，想象形状

该箱体零件用三个基本视图和一个局部视图来表达其内、外部结构形状。主视图是由单一的正平面剖切后画成 A—A 全剖视图，主要表达壳体的内部结构形状。俯视图采用阶梯剖

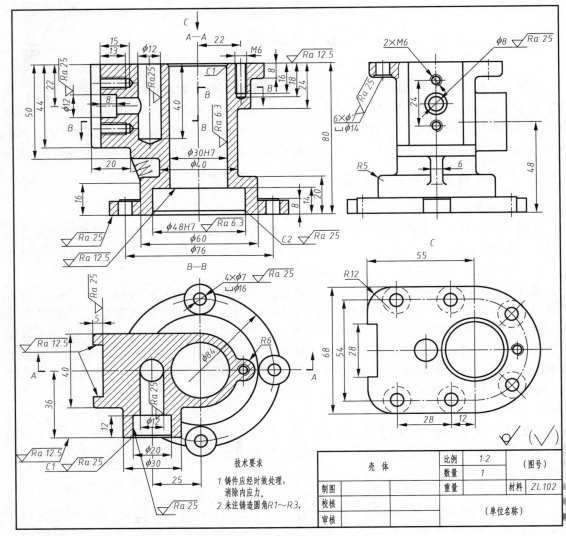

图 3-67　壳体零件图

后画成 B—B 全剖视图，既表达了壳体的内部结构形状，又表达了底板的形状。左视图采用
局部剖视图表达顶板的螺孔，左视图和 C 向局部视图结合，主要用来表达壳体的外形及顶面
的形状。

　　通过形体分析可知：该零件主要由上部的主体、下部的安装底板以及左侧的凸块组成
除了凸块外，主体及底板基本上是回转体。

　　阅读细部结构：顶部有 φ30H7 的通孔（与主体同轴）、φ12 的盲孔和 M6 的螺孔；底
有 φ48H7 与主体上部 φ30H7 通孔相连且同轴的台阶孔，底板上还有锪平 4×φ16 的安装孔 4
φ7。结合主、俯、左三个视图看，左侧为带有凹槽的 T 形凸块，在凹槽的左端面上有 φ1
φ8 的阶梯孔，并与顶部 φ12 的圆柱孔贯通；在这个台阶孔的上、下方分别有一个 M6 的
孔。在凸块前方的圆柱凸缘（从俯视图上的尺寸 φ30 可看出）上，有 φ20、φ12 的阶梯孔

向后与顶部 $\phi12$ 的圆柱孔贯通。从采用局部剖视的左视图和 C 向视图可看出：顶部有六个安装孔 $\phi7$，孔的下端锪平成 $\phi14$ 的平面。

3. 分析尺寸和技术要求

长度方向和宽度方向的主要基准，分别是通过零件主体轴线的侧平面和正平面；高度方向的主要基准是底板的安装底面。所有尺寸都可以从这三个主要基准出发，弄清零件各部分的定形尺寸和定位尺寸，从而完全读懂该零件的形状和大小。

另外，该零件与主体同轴的台阶通孔 $\phi48H7$、$\phi30H7$ 都有公差要求，其极限偏差值可由公差代号 H7 通过查表获得。

再看表面结构要求，除与主体同轴的台阶孔 $\phi30H7$、$\phi48H7$ 为 Ra 6.3μm，大部分加工面为 Ra 25μm，少数是 Ra 12.5μm；其余均为不去除材料表面。由此可见，该零件对表面结构的要求不高。

文字叙述的技术要求是：铸件要经过时效处理后，才能进行切削加工；图中未注尺寸的铸造圆角都是 R1～R3。

4. 综合考虑

把上述各个方面的分析综合起来，得出零件的完整形象，如图 3-68 所示。

图 3-68　壳体立体图

3.7　零件测绘

扫一扫，看视频

通过对现有零件测量并画出该零件工作图的过程称为零件测绘。零件的测绘工作在现实中有很大的实际意义，例如，在仿造机器或修配损坏零件时，都要进行零件的测绘。由于零件的测绘工作是在现场进行的，不方便直接绘制其零件图，而是首先徒手画出零件草图，再由草图绘成零件工作图，必要时也可直接根据草图加工零件。

3.7.1　绘制零件草图的步骤

零件草图是徒手、目测其各部位比例大小绘制的图形，但也绝不可潦草马虎，必须做到认真细致，不能错误和遗漏。

1. 分析零件，确定视图表达方案

（1）了解零件的名称和用途。

（2）鉴定零件的使用材料，得出该零件的大致加工方法。

（3）对零件进行构型分析。因为零件的每个结构都有一定的功用，测绘前只有在弄清这些结构功用的基础上，才能完整、清楚地表达所测绘零件的结构形状，并且完整、合理、清晰地标注出尺寸。构型分析对测绘破旧、磨损和带有某些制造缺陷的零件尤为重要，测绘过程中需在构型分析的基础上，用构型观点修正这些缺陷。

如图 3-69 所示的泵盖是齿轮油泵的主要零件，其材料为铸铁，属于盘盖类零件。泵盖的外形较简单，但内腔较复杂。因此，主视图采用旋转剖以反映内腔、连接孔及销孔的结构，俯视图采用 B—B 剖视图以反映其他内腔结构，左视图采用外形图以反映外形轮廓和孔的分布情况（图 3-70）。

图 3-69　泵盖立体图

2. 布置视图［图 3-70（a）］

根据视图数量，在图纸上定出作图基准线，视图之间应留下足够的地方，以便于标注尺寸。

3. 绘制视图、剖视图及其他图形［图 3-70（b）］

绘图中各部分比例应协调。零件上由于破旧、磨损或其他缺陷（如铸造砂眼、气孔等）不应画出。

4. 描深图形［图 3-70（c）］

先描细虚线、中心线、剖面符号、粗实线；其次画出尺寸界线、尺寸线、箭头；最后写表面结构代号、几何公差等。

5. 集中测量各个尺寸，逐个添上相应的尺寸数字

（1）两零件相互配合的尺寸，测量其中一个即可，如相互配合的轴与轴孔的直径，相互旋合的内、外螺纹的大径等。

（2）对于重要尺寸，有的要通过计算，如齿轮啮合的中心距等；有时所测得的尺寸应根据设计规范取标准数值，如齿轮的模数、压力角等。对于不重要的尺寸，如为小数时，应调整后取整数。

（3）零件上已标准化的结构尺寸，例如倒角、圆角、键槽、螺纹大径和螺纹退刀槽、砂轮越程槽等结构尺寸，应查阅有关规范和标准。

（4）零件上与标准部件（如滚动轴承、油杯、电机等）相配合的轴、孔的尺寸，可通过标准部件的型号查表确定，不需进行测量。

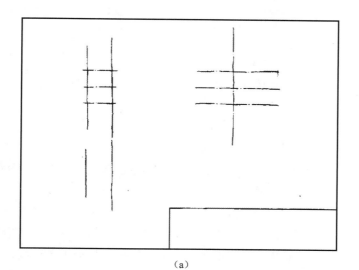

（a）

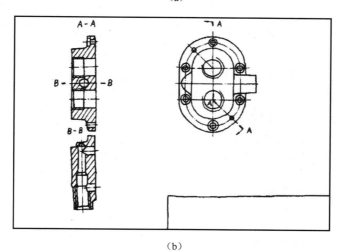

（b）

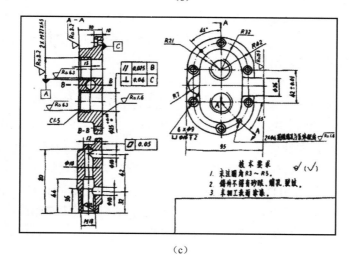

（c）

图 3-70 绘制零件草图的步骤

6. 制定技术要求 ［图 3-70（c）］

根据实际经验或用样板进行比较，查阅有关资料确定零件的表面结构、尺寸公差、几何公差等要求。

7. 检查、填写标题栏，完成零件草图

3.7.2 画零件工作图

零件测绘的任务和目的不同，测绘工作的内容和要求也不同，若零件测绘是为了给某台机械设备补充图样或制作备件，则还须根据零件草图画出零件工作图。若仅是修配损坏的单件零件，零件草图也可作为生产用图样。

零件草图通常是在现场（生产车间）绘制的，时间不允许太长，对零件的结构和形状只要表达完整和清楚就可以了，表达方案不一定是最佳的。因此，由零件草图绘制零件工作图时，需要对零件草图再进行复核。有些工艺问题需要根据零件加工单位的设备条件重新考虑计算和选用，如表面结构、尺寸公差、几何公差、材料及表面热处理等；另外像表达方案的选择、尺寸的标注等也必须重新加以考虑，经过复查、补充和修改后，再开始画零件工作图。可从以下几个方面综合考虑。

（1）表达方案是否完整、清晰和简明。

（2）零件上的结构形状是否有损坏、制造瑕疵等情况。

（3）尺寸标注是否完整、合理和清晰。

（4）技术要求是否满足零件的性能要求，而且经济指标较好。

最后根据零件草图绘制成零件工作图（图省略）。

3.7.3 测量尺寸的方法和工具

1. 测量工具

测量零件尺寸时，应根据零件尺寸的精确程度选用相应的量具。常用的简单量具有：直尺、内卡钳、外卡钳；测量尺寸精度要求较高时，可用游标卡尺、千分尺或其他工具，如图 3-71 所示。直尺、游标卡尺和千分尺有尺寸刻度，测量零件时可直接从刻度上读出零件的尺寸。用内、外卡钳测量时，必须借助直尺才能读出零件尺寸。

2. 几种常用的测量方法

（1）测量线性尺寸（长、宽、高），可用直尺或游标卡尺直接测量（图 3-72）。

（2）测量回转面的直径，可用卡钳、游标卡尺或千分尺（图 3-73）。在测量阶梯孔的直径，遇到外面孔小里面孔大的情况，无法用游标卡尺测量大孔直径时，可用内卡钳测量［图 3-74（a）］，也可用特殊量具（内外同值卡）测量［图3-74（b）］。

（3）测量壁厚，一般可用直尺测量，如图 3-75（a）所示。若孔径较小时，可用带测量深度的游标卡尺测量，如图 3-75（b）所示。有时也会遇到用直尺或游标卡尺都无法测量的壁厚，这时需用卡钳测量，如图 3-75（c）所示。

（a）直尺

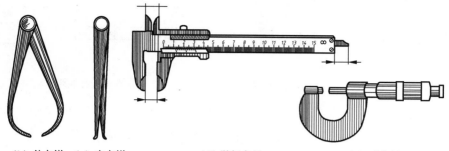

（b）外卡钳　（c）内卡钳　（d）游标卡尺　（e）千分尺

图 3-71　常用测量工具

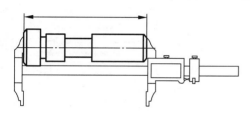

（a）游标卡尺　　　　　　　　　　　　（b）直尺

图 3-72　测量线性尺寸

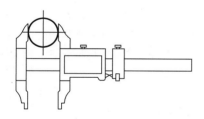 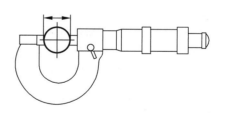

（a）游标卡尺　　　　　　　　　　　　（b）千分尺

图 3-73　测量回转体的直径

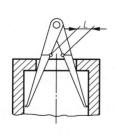 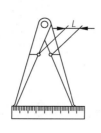

（a）内卡钳　　　　　　　　　　　　（b）内外同值卡

图 3-74　测量内孔的直径

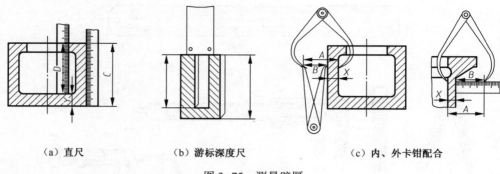

(a) 直尺　　　　(b) 游标深度尺　　　　(c) 内、外卡钳配合

图 3-75　测量壁厚

（4）测量孔间距，可用游标卡尺、卡钳或直尺测量（图 3-76）。

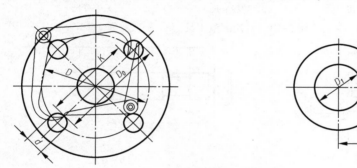

图 3-76　测量孔间距

（5）测量中心高，一般可用直尺、卡钳或游标卡尺测量（图 3-77）。

（6）测量圆角，一般用圆角规测量。每套圆角规有多片，一半测量外圆角，一半测量内圆角，每片刻有圆角半径的大小。测量时，只要在圆角规中找到与被测部分完全吻合的一片，从该片上的数值即可知圆角半径的大小（图 3-78）。

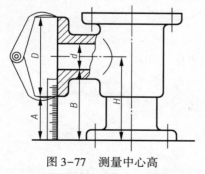

图 3-77　测量中心高

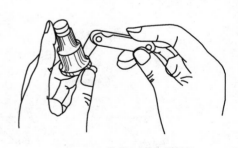

图 3-78　测量圆角

（7）测量角度，一般用量角规测量（图 3-79）。

（8）测量曲线或曲面，曲线和曲面要求测得很准确时，必须用专门量仪进行测量。当对精确度要求不太高时，常用下面三种方法测量。

1）拓印法——在纸上拓出其轮廓形状，然后用几何作图的方法求出各段圆弧的半径和圆心位置［图 3-80（a）］。

2）铅丝法——对于母线为曲线的回转面，其母线曲率半径的测量，可用铅丝弯成与回转面素线吻合后，得到反映实形的平面曲线，然后用几何作图的方法求出各段圆弧的圆心位置和半径〔图3-80（b）〕。

3）坐标法——一般的曲线和曲面都可用直尺和三角板配合定出曲线或曲面上各点的坐标，在图上画出曲线，或求出曲率半径〔图3-80（c）〕。

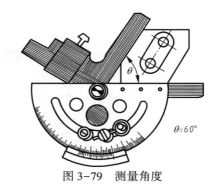

图 3-79　测量角度

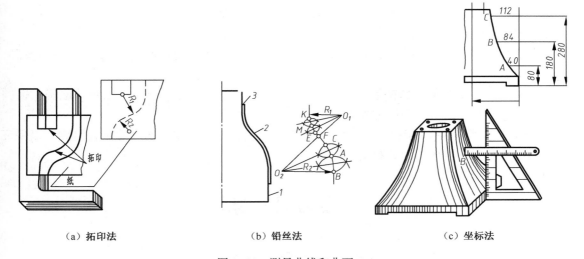

（a）拓印法　　　　　　　　（b）铅丝法　　　　　　　　（c）坐标法

图 3-80　测量曲线和曲面

（9）测量螺纹的螺距，螺纹的螺距可以用螺纹规或直尺测量（图3-81）。

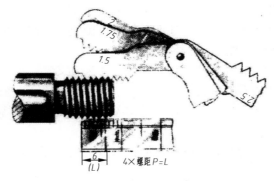

图 3-81　测量螺纹的螺距

（10）测量齿轮的模数，对于标准圆柱齿轮，其轮齿的模数可以先用游标卡尺测得其齿顶圆直径 d_a，再根据公式 $m = d_a / (z+2)$ 计算得到模数 m〔图3-82（a）〕。奇数齿的齿顶圆直径 $d_a = 2e + d$，如图3-82（b）所示。

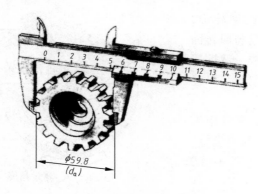
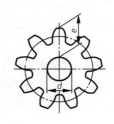

（a）偶数齿   （b）奇数齿

图 3-82 测量齿轮的模数

3. 零件测绘时的注意事项

（1）零件的制造缺陷，如砂眼、气孔、刀痕等，以及长期使用所造成的磨损，在绘图时都要加以修正。

（2）零件上因制造、装配的需要而形成的工艺结构，如铸造圆角、倒角、倒圆、退刀槽、砂轮越程槽、凸台、凹坑等都必须画出，不能忽略。

（3）必须严格检查草图上的尺寸是否遗漏或重复，与相关零件的尺寸是否协调，以保证部件装配图和零件工作图的顺利绘制。

复习思考题

1. 零件图在生产中起什么作用？它应该包括哪些内容？

2. 零件图视图选择的原则是什么？怎样选定主视图？试述视图选择的方法和步骤。

3. 常见的零件按其典型结构大致可分成哪几类？它们的视图选择、尺寸和技术要求的标注、构型分析等分别有哪些特点？

4. 零件上的哪些面和线常用作尺寸基准？在零件图上标注尺寸的基本要求是什么？零件图的尺寸标注怎样才能做到合理？

5. 什么是表面结构？它有哪些符号？分别代表什么意义？

6. 试述表面结构的注法有哪些主要规定。

7. 什么是公称尺寸？什么是公差？什么是偏差？什么是标准公差？什么是基本偏差？公差带由哪几个要素组成？

8. 什么是配合？配合分为几大类？是根据什么分类的？配合制度分为哪两种基准制？这两种基准制是怎样定义的？

9. 在零件图和装配图上，怎么样标注公差与配合？

10. 什么是几何公差？几何公差各有哪些项目？它们分别用什么符号表示？

11. 试述钢的热处理和化学处理的种类及目的。

12. 简述读零件图的方法和步骤。

第4章

连 接

机器上起连接作用的零件通常称为连接件,常用的有螺栓、螺母、键、销等。为了简化设计、便于生产、保证通配性和互换性,国家标准对大部分连接件的结构、尺寸和画法都做了统一规定,这些零件也被称为标准件。本章主要介绍这些连接件的结构特点、规定画法、代号、标记以及查阅标准的方法。

4.1 螺 纹 连 接

螺纹连接是利用螺纹紧固件构成的一种可拆连接,它具有结构简单、装拆方便、工作可靠、类型多样等优点,所以螺纹连接是机械制造和结构工程中应用最广泛的一种连接。

4.1.1 螺纹

1. 螺纹的形成

一个平面图形如三角形、矩形、梯形,绕一圆柱(锥)面做螺旋运动,扫一扫,看视频形成的圆柱(锥)螺旋体称为螺纹。图4-1为螺纹加工的示意图。在圆柱(锥)外表面上加工的螺纹,称为外螺纹;在圆柱(锥)内表面上加工的螺纹,称为内螺纹。在加工螺纹的过程中,由于刀具的切入构成了凸起和沟槽两部分,凸起的顶端称为牙顶,沟槽的底部称为牙底,如图4-2所示。

2. 螺纹的结构

(1)螺纹末端。为了防止螺纹的起始圈损坏和便于装配,通常在螺纹起始处做出一定形式的末端,如倒角、圆端等,如图4-3所示。

(2)螺纹的收尾和退刀槽。在实际生产中,当车削螺纹的刀具快到达螺纹终止处时,要逐渐离开工件,因而螺纹终止处附近的牙型将逐渐变浅,形成不完整的螺纹牙型,这段螺纹称为螺尾,如图4-4(a)中的 l 处。当需要表示螺纹收尾时,螺尾部分的牙底用与轴线成30°的细实线表示。为避免产生螺尾,可在螺纹终止处先车削出一个槽,便于刀具退出,这个槽称为退刀槽,如图4-4(b)所示。螺纹收尾、退刀槽已标准化,各部分尺寸均可查阅机械设计手册。

3. 螺纹的要素

(1)牙型。在通过螺纹轴线的剖面上,螺纹的轮廓形状称为螺纹牙型。常见的螺纹牙型

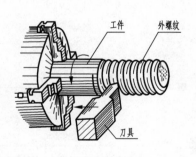

（a）在车床上加工外螺纹

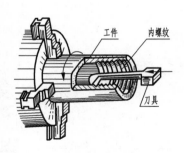

（b）在车床上加工内螺纹

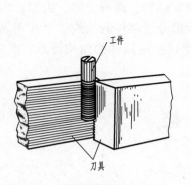

（c）用模具碾制外螺纹

（d）丝锥（加工内螺纹）

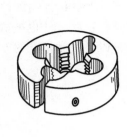

（e）板牙（加工外螺纹）

图 4-1　螺纹的加工

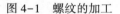
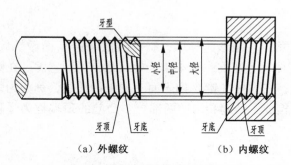

（a）外螺纹　　　　　　　（b）内螺纹

图 4-2　外螺纹和内螺纹

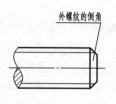

图 4-3　螺纹末端

　　有三角形、梯形、锯齿形等，如图 4-2 所示为三角形。

　　（2）公称直径。公称直径是代表螺纹尺寸的直径，指螺纹大径的公称尺寸。如图 4-2 所

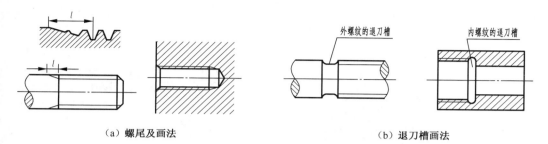

（a）螺尾及画法　　　　　　　　　　　（b）退刀槽画法

图 4-4　螺纹的收尾和退刀槽

示，螺纹大径是与外螺纹牙顶或内螺纹牙底相重合的假想圆柱面的直径，内、外螺纹的大径分别用 D 和 d 表示；螺纹小径是与外螺纹牙底或内螺纹牙顶相重合的假想圆柱面的直径，内、外螺纹的小径分别用 D_1 和 d_1 表示；螺纹中径是母线通过牙型上沟槽和凸起宽度相等处的一个假想圆柱面的直径，内、外螺纹的中径分别用 D_2 和 d_2 表示。

（3）线数 n。当圆柱面上只有一条螺旋线所形成的螺纹称为单线螺纹，有两条或两条以上沿轴向等距分布的螺旋线所形成的螺纹称为双线或多线螺纹，如图 4-5 所示。连接螺纹一般用单线螺纹。

（4）旋向。当螺旋体的轴线垂直放置时，所看到的螺纹自左向右升高者（符合右手定则），称为右旋；反之为左旋（符合左手定则），如图 4-6 所示。在实践中顺时针方向旋转能够拧紧、逆时针方向旋转能够松开的螺纹即为右旋螺纹，反之为左旋螺纹，工程上常用右旋螺纹。

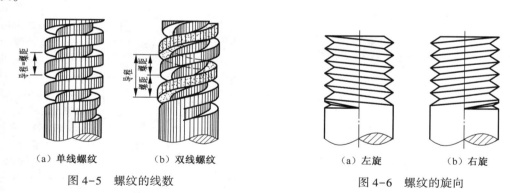

（a）单线螺纹　　（b）双线螺纹　　　　　　（a）左旋　　　（b）右旋

图 4-5　螺纹的线数　　　　　　　　图 4-6　螺纹的旋向

（5）螺距 P 和导程 P_h。螺纹中径线上相邻两牙对应点之间的轴向距离称为螺距，用 P 表示。同一条螺纹线相邻两牙在中径线上对应点间的轴向距离称为导程，用 P_h 表示。螺距 P 和导程 P_h 之间的关系为：$P_h = nP$，其中 n 为螺纹线数（图 4-5）。

只有上述五个要素都完全相同的一对内、外螺纹才能互相旋合，起到连接和传动的作用。为了便于设计计算和加工制造，国家标准对螺纹诸要素中的牙型、大径和螺距都做了规定，这三要素都符合标准的称为标准螺纹。而牙型符合标准，大径或螺距不符合标准的称为特殊螺纹。螺纹牙型不符合标准（如方牙螺纹），则称为非标准螺纹。

4. 螺纹的种类

（1）按牙型可将螺纹分为普通螺纹、梯形螺纹、锯齿形螺纹等，见表 4-1。

表 4-1 螺纹的种类、代号及标注

螺纹类别		外形图	螺纹种类代号	标注图例	说明
连接螺纹	粗牙普通螺纹		M	M12-5g6g / M107H-L-LH	粗牙普通螺纹不标注螺距，右旋螺纹不注旋向，左旋加注"LH"表示，是最常用的连接螺纹
	细牙普通螺纹			M10×1-5g6g	细牙普通螺纹必须注明螺距，右旋螺纹不注旋向，左旋加注"LH"表示，用于细小的精密零件和薄壁零件
	55°非密封管螺纹		G	G1/2A / G1/2	外螺纹公差等级代号有两种（A、B），内螺纹公差等级仅有一种，不必标注代号，用于水管、油管、气管等低压管路连接
	55°密封管螺纹		Rc Rp R	R 1/2 / Rc 1/2	Rc——圆锥内管螺纹；Rp——圆柱内管螺纹；R——圆锥外管螺纹
	60°圆锥管螺纹		NPT	NPT 3/4	内外管螺纹均加工在1：16的圆锥面上，具有很高的密封性，常用于系统压力要求为中、高压的液压或气压系统
传动螺纹	梯形螺纹		Tr	Tr36×7	单线螺纹省略标注线数和导程
				Tr40×14(P7)LH	多线螺纹必须注明导程及螺距

（2）按用途可将螺纹分为连接螺纹和传动螺纹。

（3）按基本要素标准化的程度可将螺纹分为标准螺纹、特殊螺纹和非标准螺纹。

5. 螺纹的规定画法

螺纹的真实投影很复杂，而制造螺纹又常采用专用刀具和机床。为了方便作图，国家标准（GB/T 4459.1—1995）规定螺纹在图样中采用规定画法。

（1）外螺纹的规定画法。外螺纹的牙顶（大径）及螺纹终止线用粗实线表示，牙底（小径）用细实线表示，在平行于螺杆轴线投影面的视图中，还要画出螺杆的倒角或倒圆。在垂直于螺杆轴线投影面的视图中表示牙底的细实线圆只画约3/4 圈（空出约 1/4 圈的具体位置不做规定），在此视图中螺纹的倒角圆省略不画，如图 4-7 所示。小径通常画成大径的 0.85 倍，其实际数值可查阅有关标准。

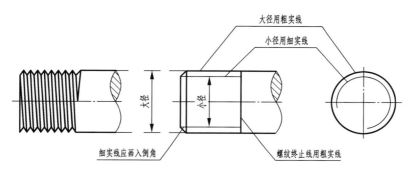

图 4-7　外螺纹的规定画法

（2）内螺纹的规定画法。内螺纹沿其轴线剖开时，牙底（大径）用细实线表示，牙顶（小径）及螺纹终止线用粗实线表示。剖面线应画至表示小径的粗实线处。不剖时，牙顶、牙底及螺纹终止线皆用虚线表示。在垂直于螺杆轴线投影面的视图中，牙底（大径）画成约3/4 圈的细实线圆，螺孔的倒角圆省略不画，如图 4-8 所示。

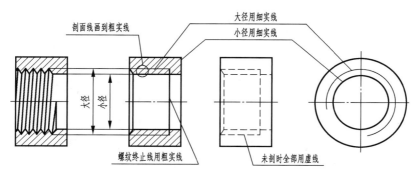

图 4-8　内螺纹的规定画法

（3）螺纹连接的规定画法。在剖视图中表示螺纹连接时，其旋合部分按外螺纹的画法绘制，非旋合部分按各自的画法绘制。内螺纹的牙顶线（粗实线）与外螺纹的牙底线（细实线）应对齐画在一条线上；内螺纹的牙底线（细实线）与外螺纹的牙顶线（粗实线）应对齐画在一条线上，如图 4-9 所示。

（4）螺纹其他结构的规定画法。

● 无论是外螺纹还是内螺纹，在做剖视处理时，剖面线符号应画至表示大径或表示小径的粗实线处。

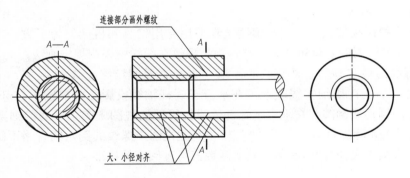

图 4-9　螺纹连接的规定画法

● 绘制不穿通的螺孔时，一般应将钻孔深度和螺纹深度分别画出，如图 4-10（a）所示。钻孔深度一般应比螺纹深度大 0.5D，其中 D 为螺纹大径。钻孔底部锥面是由钻头钻孔时不可避免产生的工艺结构，其锥顶角为 120°，且尺寸标注中的钻孔深度也不包括该锥顶角部分。

● 图 4-10（b）表示了螺孔中相贯线的画法。

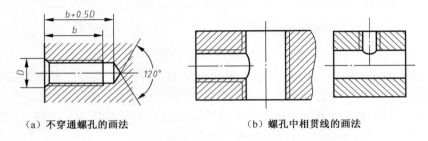

（a）不穿通螺孔的画法　　　　　（b）螺孔中相贯线的画法

图 4-10　螺纹与其他结构的规定画法

（5）圆锥螺纹的画法。画圆锥内、外螺纹时，在投影为圆的视图上，不可见端面牙底圆的投影不画，牙顶圆的投影为虚线圆时可省略不画（图 4-11）。

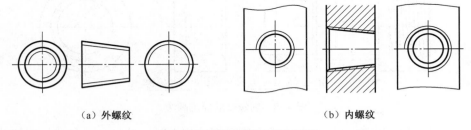

（a）外螺纹　　　　　　　　　（b）内螺纹

图 4-11　圆锥螺纹的规定画法

（6）非标准螺纹的画法。非标准螺纹指牙型不符合标准的螺纹，所以应画出螺纹牙型，并标注出牙型所需加工尺寸及有关要求，如图 4-12 所示。

6. 螺纹的标注

因为各种螺纹均采用统一的规定画法，绘制的螺纹不能完全表示出螺纹的基本要素及尺寸，故必须在图上用规定代号进行标注（表 4-1）。

（1）普通螺纹、梯形螺纹、锯齿形螺纹的标注。

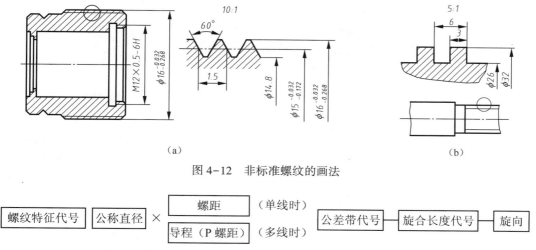

图 4-12 非标准螺纹的画法

$$\boxed{螺纹特征代号}\boxed{公称直径}\times\begin{cases}\boxed{螺距}\text{（单线时）}\\\boxed{导程（P 螺距）}\text{（多线时）}\end{cases}\boxed{公差带代号}\rightarrow\boxed{旋合长度代号}\rightarrow\boxed{旋向}$$

其中：

- 螺纹特征代号见表 4-1。单线螺纹，导程和线数省略不注；右旋螺纹则旋向省略不注；左旋螺纹用 LH 表示；普通粗牙螺纹螺距省略不注。
- 螺纹公差带代号由表示其大小的公差等级数字和表示其位置（基本偏差）的字母所组成（内螺纹用大写字母，外螺纹用小写字母），例如 6H、6g 等。当螺纹的中径公差带与顶径公差带代号不同时，应分别注出，如 M10-5g6g，其中 6g 为顶径公差带代号，5g 为中径公差带代号。当中径与顶径公差带代号相同时，则只注一个代号，如 M10-6g。梯形螺纹、锯齿形螺纹只标注中径公差带代号。
- 旋合长度代号。螺纹的配合性质与旋合长度有关。普通螺纹的旋合长度分为短、中、长三组，分别用代号 S、N、L 表示。梯形螺纹为 N、L 两组。当旋合长度为 N 时可省略标注，必要时可用数值注明旋合长度。旋合长度的分组可根据螺纹大径及螺距从有关规范中查取。

（2）管螺纹的标注。

$$\boxed{螺纹特征代号}\quad\boxed{尺寸代号}\quad\boxed{旋向代号}$$

由于管螺纹的标注中，尺寸代号是指管子内径的大小，而不是螺纹的大径，所以管螺纹必须采用旁注法标注，而且指引线从螺纹大径轮廓线引出。其公差等级代号仅限于 55°非密封的外管螺纹，有 A 级和 B 级两种，其他管螺纹无此划分，故不需要标注。

（3）非标准螺纹。非标准螺纹必须画出牙型并标注全部尺寸，如图 4-12 所示。

4.1.2 螺纹紧固件

1. 螺纹紧固件的种类及其规定标记

螺纹紧固件类型很多，机械中常见的螺纹紧固件有螺栓、双头螺柱、螺钉、垫圈和螺母等（图 4-13）。螺纹紧固件的结构形式和尺寸都已标准化，都是标准件，各种紧固件都有相应的规定标记。通常只需在技术文件中注写其规定标记，而不画零件工作图。

螺纹紧固件的标记方法见 GB/T 1237—2000，表 4-2 列出了一些常用螺纹紧固件及其规定

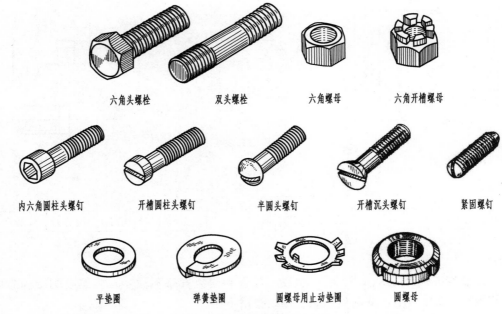

六角头螺栓　　　双头螺栓　　　六角螺母　　　六角开槽螺母

内六角圆柱头螺钉　　开槽圆柱头螺钉　　半圆头螺钉　　开槽沉头螺钉　　紧固螺钉

平垫圈　　　弹簧垫圈　　　圆螺母用止动垫圈　　　圆螺母

图4-13　常用的螺纹紧固件

标记。螺纹紧固件的规定标记应包含如下内容：名称、标准编号、规格尺寸、性能等级。其中标准编号由该螺纹紧固件编号和颁发标准年号组成；规格尺寸一般由螺纹代号×公称长度组成；性能等级是标准规定的常用等级时，可省略不注。

表4-2　常用螺纹紧固件的图例及规定标记

名称	规定标记示例	名称	规定标记示例
六角头螺栓	螺栓 GB/T 5782—2016 M10×45	1型六角螺母	螺母 GB/T 6170—2015 M12
双头螺栓	螺柱 GB/T 898—1988 M10×40 螺柱 GB/T 898—1988 AM10×40	1型六角开槽螺母	螺母 GB/T 6178—1986 M12
开槽圆柱头螺钉	螺钉 GB/T 75—2018 M5×20	十字槽沉头螺钉	螺钉 GB/T 819.1—2016 M5×20

续表

名称	规定标记示例	名称	规定标记示例
开槽沉头螺钉 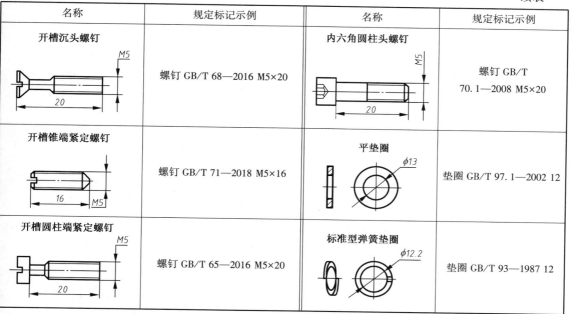	螺钉 GB/T 68—2016 M5×20	内六角圆柱头螺钉	螺钉 GB/T 70.1—2008 M5×20
开槽锥端紧定螺钉	螺钉 GB/T 71—2018 M5×16	平垫圈	垫圈 GB/T 97.1—2002 12
开槽圆柱端紧定螺钉	螺钉 GB/T 65—2016 M5×20	标准型弹簧垫圈	垫圈 GB/T 93—1987 12

2. 螺纹紧固件的绘制

在装配图中为表示连接关系还需画出螺纹紧固件。绘制螺纹紧固件的方法有两种：

（1）查表画法。通过查阅设计手册，按手册中国家标准规定的数据画图，所有螺纹紧固件都可用查表方法绘制。

（2）比例画法。为了提高画图速度，螺纹紧固件各部分的尺寸（除公称长度 l 和旋合长度 b_m 外），是以螺纹大径 d（或 D）为基础数据，根据相应的比例系数得出的。根据计算出的尺寸绘制紧固件，称为比例画法。画图时，螺纹紧固件的公称长度 l 根据被连接零件的厚度确定，旋合长度 b_m 与被连接零件的材料有关。各种常用紧固件的比例画法见表 4-3。

表 4-3　各种螺纹紧固件的比例画法

名称	比　例　画　法
螺栓、螺母	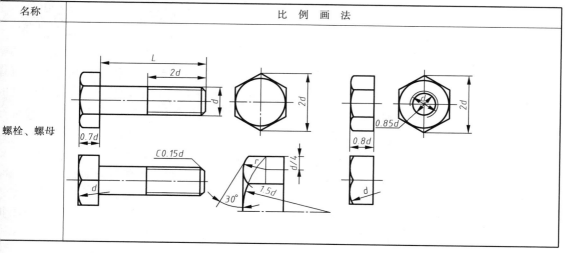

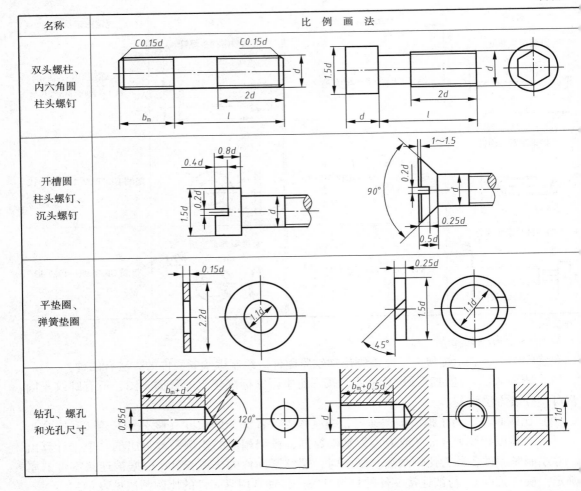

名称	比 例 画 法
双头螺柱、内六角圆柱头螺钉	
开槽圆柱头螺钉、沉头螺钉	
平垫圈、弹簧垫圈	
钻孔、螺孔和光孔尺寸	

■ 4.1.3　螺纹连接的画法

1. 常见的三种螺纹连接

扫一扫，看视频　扫一扫，看视频

（1）螺栓连接。螺栓连接由螺栓、螺母、垫圈组成（图 4-14）。螺栓连接用于被连接件厚度不大，可加工出通孔时的情况，优点是无须在被连接零件上加工螺纹。设计和绘图应注意，被连接零件的通孔尺寸应大于螺栓的大径，一般通孔直径是 $1.1d$（表 4-3）。螺栓效长度的计算如图 4-17（a）所示，其中 a 为螺栓伸出螺母的长度，一般应取（$0.3\sim0.4$）

（2）双头螺柱连接。双头螺柱连接由双头螺柱、螺母、垫圈组成（图 4-15）。双头螺连接适用于结构上不能采用螺栓连接的场合，如被连接件之一太厚不宜制成通孔，或材料软，且需要经常装拆时，往往采用双头螺柱连接。双头螺柱的两端都有螺纹，用于旋入被接件螺孔的一端，称为旋入端，用来拧紧螺母的另一端称为紧固端。旋入端的长度 b_m 值根被旋入零件的材料和螺柱大径确定 [图 4-17（d）]，对于钢、青铜零件取 $b_m = d$（GB

897—1988）；铸铁零件取 $b_m = 1.25d$（GB/T 898—1988）；材料强度介于铸铁和铝之间的零件取 $b_m = 1.5d$（GB/T 899—1988）；铝合金、非金属材料零件取 $b_m = 2d$（GB/T 900—1988）。双头螺柱有效长度的计算如图 4-17（b）所示，其中 a 的取值与螺栓相同。

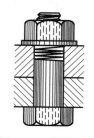

图 4-14　螺栓连接

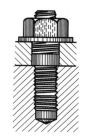

图 4-15　双头螺柱连接

（3）螺钉连接。螺钉连接由螺钉、垫圈组成（图 4-16）。螺钉直接拧入被连接件的螺孔中，不用螺母，在结构上比双头螺柱连接更简单、紧凑。其用途和双头螺柱连接相似，但如果经常装拆则容易使螺孔磨损，导致被连接件报废，故多用于受力不大，或不需要经常拆装的场合。螺钉有效长度的计算如图 4-17（c）所示，其中 b_m 的取值与双头螺柱相同。

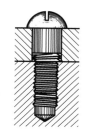

图 4-16　螺钉连接

2. 常见螺纹连接的规定画法

图 4-17（a）、（b）、（c）为常见的三种螺纹连接的规定画法。螺纹连接的视图实际上是一个简单结构的装配图，因此，无论哪种螺纹连接，其视图的绘制均应符合装配图画法的基本规定。图 4-17（d）为旋入端长度 b_m 与钻孔深度和螺孔深度的关系。

3. 画图步骤（比例画法）

以螺栓连接为例，过程如图 4-18 所示。

4. 各种螺纹连接画法的注意点

螺纹连接的画法比较烦琐，容易出错，下面以正误对比的方法，分别指出三种螺纹连接中容易画错的地方。

（1）螺栓连接（图 4-19）。

①处两零件的接触面画一条粗实线，此线应画至螺栓轮廓。

②处螺栓大径与孔径不等，有间隙，应画两条粗实线。

③处应为 30°斜线。

④处应为直角。

⑤处应为粗实线及 3/4 圈的细实线（按螺栓画），倒角圆不画。

⑥处应画出螺纹小径，且螺纹小径的细实线应画入倒角内。

（2）双头螺柱连接（图 4-20）。

①处被连接零件的孔径按螺柱大径的 1.1 倍画，所以此处应画成两条粗实线。

②处螺柱旋入端的螺纹终止线应与两个零件接触面画在一条线上，表示旋入端已全部拧入机体。

③处螺孔的牙底线和牙顶线与螺柱的牙顶线和牙底线应分别对齐画在一条线上。

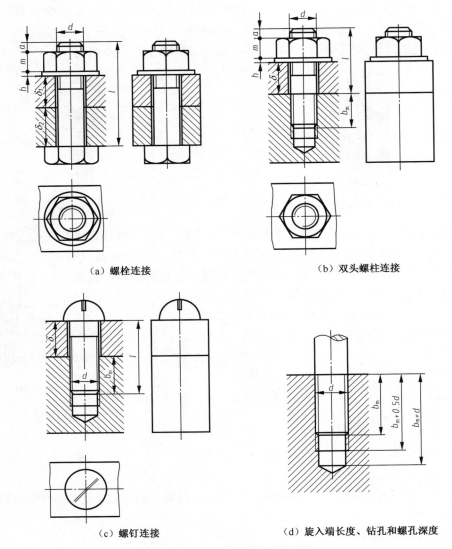

（a）螺栓连接　　　　　　（b）双头螺柱连接

（c）螺钉连接　　　　　（d）旋入端长度、钻孔和螺孔深度

图 4-17　螺纹紧固件的连接画法

④处螺柱伸出螺母的长度应取 $(0.3 \sim 0.4)d$。

⑤处钻头角应按 120° 作图。

⑥处弹簧垫圈开口处的倾斜方向应与螺纹旋向相同。

⑦处机体的剖面线应画至表示内螺纹牙顶的粗实线处。

（3）螺钉连接（图 4-21）。

①处零件上的沉孔，其直径大于螺钉头部直径，应画两条粗实线。

②处上部制有光孔的零件，其光孔直径大于螺钉大径，作图时按 $1.1d$ 画出，所以此处应画两条粗实线。

③处螺纹终止线应高于两零件的接触面。

④处俯视图上应有沉孔的投影，如图 4-21（a）所示。

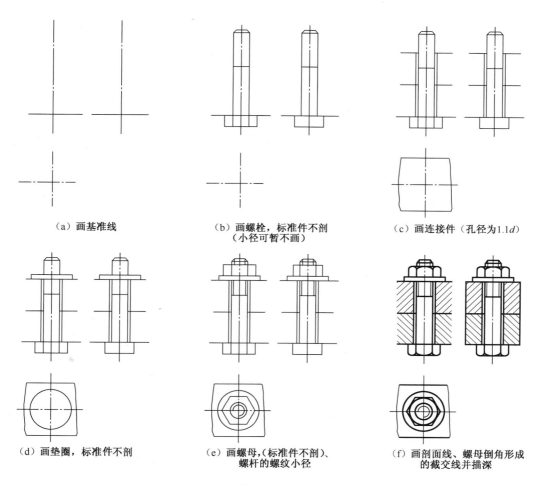

|（a）画基准线|（b）画螺栓，标准件不剖
（小径可暂不画）|（c）画连接件（孔径为1.1*d*）|
|（d）画垫圈，标准件不剖|（e）画螺母，(标准件不剖)、
螺杆的螺纹小径|（f）画剖面线、螺母倒角形成
的截交线并描深|

图 4-18 螺栓连接的画图步骤

⑤处螺钉拧紧后，不论其头部的一字槽位置如何，在与螺钉轴线平行的视图上，一字槽都按图 4-21（b）所示的位置绘制。

⑥处在与螺钉轴线垂直的视图上，一字槽都按图 4-21（b）所示，画成与水平线倾斜 45°的斜线。在装配图中表示螺钉头部槽宽的两条轮廓线，也可画成宽度为粗实线 2 倍的 45°斜线。

⑦处半圆头螺钉的一字槽不应与半圆头的投影圆相接，如图 4-21（c）所示。

⑧处螺钉头部的一字槽在主视图和左视图上应画成一样，如图 4-21（c）所示。

5. 螺纹连接的简化画法

画螺纹连接装配图时可采用简化画法，即不画倒角和因倒角而产生的截交线；对于不穿通的螺孔，可以不画钻孔深度，仅画螺纹部分的深度，如图 4-22 所示。

4.1.4 螺纹连接的防松措施及其画法

螺纹连接在机器运转时，由于受到振动或冲击，容易自动松动，因此，在机器中的螺纹

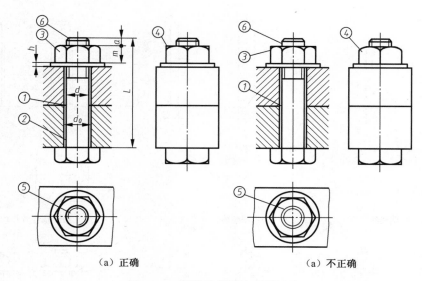

图 4-19 螺栓连接画法正误对比

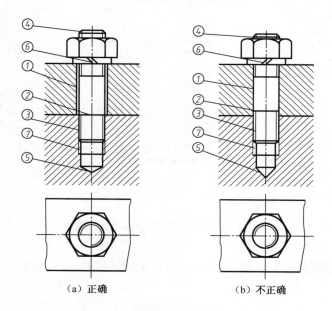

图 4-20 双头螺柱连接画法正误对比

连接常设有防松装置。以下是几种常见防松装置的结构形式及画法。

　　1. 双螺母锁紧

　　依靠双螺母在拧紧后，螺母之间产生的轴向力，使螺母牙与螺栓牙之间的摩擦力增大而防止螺母自动松动（图 4-23）。

　　2. 弹簧垫圈锁紧

　　当螺母拧紧后，垫圈受压变平，依靠这个变形力，使螺母牙与螺栓牙之间的摩擦力增大，并用垫圈开口处的刀刃阻止螺母转动而防止螺母松动（图 4-24）。

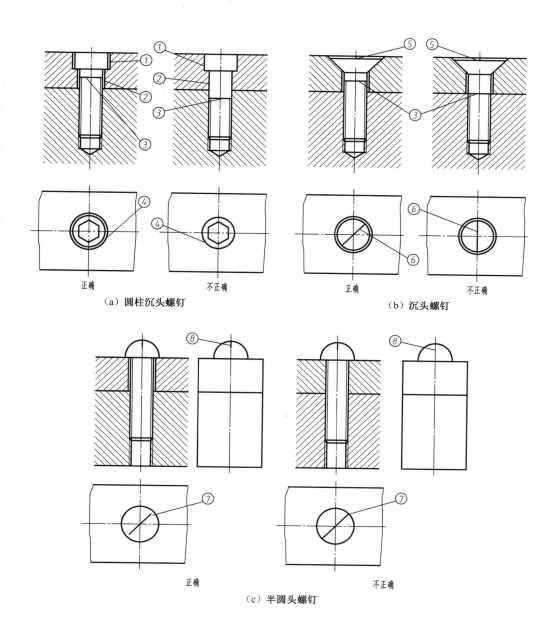

图 4-21　螺钉连接画法的正误对比

3. 开槽螺母与开口销防松

开口销与六角开槽螺母同时使用，开口销分叉后直接锁住了开槽螺母，使之不能松动图 4-25）。

4. 止动垫片锁紧

螺母拧紧后，弯倒止动垫片的止动边可锁紧螺母（图 4-26）。

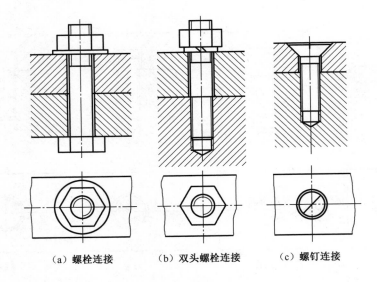

（a）螺栓连接　　　（b）双头螺栓连接　　　（c）螺钉连接

图 4-22　螺纹连接简化画法

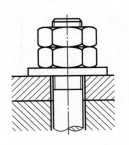

图 4-23　双螺母锁紧

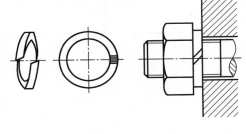

图 4-24　弹簧垫圈锁紧

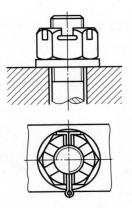

图 4-25　开口销锁紧

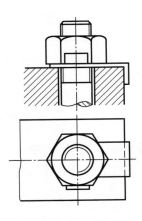

图 4-26　止动垫片锁紧

5．止动垫圈防松

这种结构常用来固定安装在轴端部的零件，轴端开槽，止动垫圈与圆螺母联合使用，可直接锁住螺母（图4-27）。

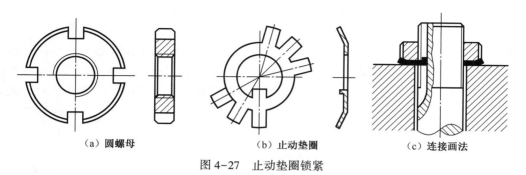

（a）圆螺母　　　　　　　（b）止动垫圈　　　　　　（c）连接画法

图4-27　止动垫圈锁紧

4.2　键　连　接

扫一扫，看视频

键连接主要用于实现轴与轴上的传动零件（如齿轮、皮带轮等）间，在圆周方向的固定以及传递扭矩。其种类较多，常用的有普通平键、半圆键和花键。普通平键、半圆键、楔键的规定标记及画法见表4-4。

表4-4　普通平键、半圆键与楔键的规定标记及画法

名称	轴测图及标准号	画　　法	标记示例
普通平键	GB/T 1096-2003	h　　　b　　L	GB/T 1096—2003　键 6×6×20 表示普通平键（A 型可不标出 A 字） 其中：键宽 $b=6$ mm 键高 $h=6$ mm 键长 $L=20$ mm
半圆键	GB/T 1099.1-2003	L　d　h　b	GB/T 1099.1—2003　键 6×10×25 表示：键宽 $b=6$ mm $h=10$ mm $d=25$ mm
钩头楔键	GB/T 1565-2003	$45°$　h　$≥1:100$　b　b　L	GB/T 1565—2003　键 18×100 表示：键宽 $b=18$ mm $L=100$ mm

4.2.1 平键连接

平键工作时靠键与键槽侧面的挤压来传递扭矩，故平键的两个侧面是工作面，平键的上表面与轮毂孔键槽的顶面之间留有间隙。平键连接的对中性好，装拆方便，常用于轮和轴的同心度要求较高的场合。

在绘制平键连接的装配图时，由于其两侧面是工作面，因此也是接触面，所以只画一条线。而平键与轮毂孔的键槽顶面之间是非接触面，应画两条线，如图 4-28 所示。在零件图上，轴上的键槽常采用局部剖视图（沿轴线方向）和移出断面图表达，轮毂孔上的键槽常采用全剖视图（沿轴线方向）和局部视图表达，如图 4-29 所示。键槽的尺寸可根据轴的直径从机械设计手册中查取。键的长度应选取标准参数，但必须小于轮毂长度（图 4-28）。

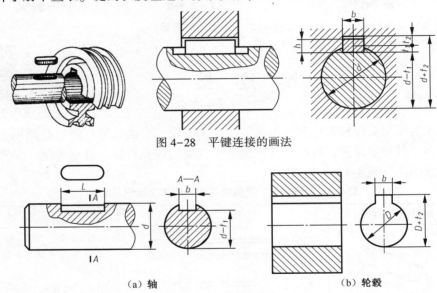

图 4-28 平键连接的画法

（a）轴   （b）轮毂

图 4-29 平键键槽的画法

4.2.2 半圆键连接

半圆键的连接情况与平键连接相似，半圆键安装在轴的半圆形键槽中，两侧面与轮毂孔和轴的键槽紧密接触，顶面留有间隙。半圆键连接的优点是工艺性较好、装配方便、能自动调位，尤其适用于锥形轴端与轮毂的连接。但键槽较深，对轴的强度削弱较大，一般仅用于轻载。半圆键连接的装配图如图 4-30 所示。

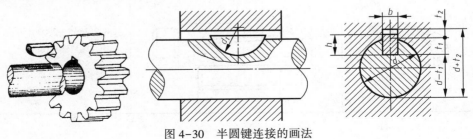

图 4-30 半圆键连接的画法

■4.2.3　楔键连接

楔键的上表面有 1 : 100 的斜度，轮毂孔键槽底面也有 1 : 100 的斜度（图 4-31）。工作时，靠键的楔紧作用来传递扭矩，同时还能承受单方向的轴向载荷，因此楔键的上下两面是工作面。由于装配打紧楔键时破坏了轴与轮毂的对中性，故楔键仅适用于传动精度要求不高、低速和载荷平稳的场合。楔键连接的装配图画法如图 4-31 所示。

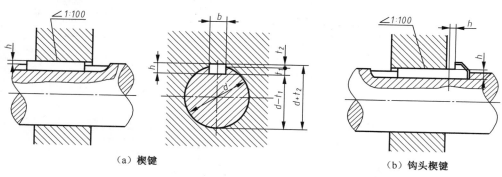

（a）楔键　　　　　　　　　　　　　　　　（b）钩头楔键

图 4-31　楔键连接的画法

■4.2.4　花键连接

花键连接的情况如图 4-32 所示。轴上的纵向键（称为齿）放在轮毂内相应的键槽中，用以传递扭矩。花键连接与普通平键连接相比，有键和键槽数较多的特点，所以连接可靠，能传递较大扭矩，对中性好以及沿轴线方向的导向性好。

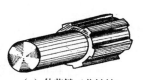

（a）外花键（花键轴）　　　　　（b）内花键（花键孔）

图 4-32　花键

花键根据其齿形不同，分为矩形花键、渐开线花键及三角形花键等，其中矩形花键应用最广，且已标准化，各部分尺寸均可从相应标准中查取。下面只介绍矩形花键的画法及尺寸注法。

1. 矩形花键的各部分名称

与轴一体的花键称为外花键，与轮毂一体的花键称为内花键。图 4-33、图 4-34 中的 D 为花键大径，d 为花键小径，b 为花键齿宽，6 齿为花键齿数。

2. 矩形花键的规定画法及标注

为了简化作图，绘制花键时不按其真实投影绘制。《机械制图》国家标准（GB/T 4459.3—000）规定了内、外花键及其连接的画法。

（1）外花键的画法。在平行于外花键轴线投影面的视图中，大径画粗实线，小径画细实，并用断面图画出全部或一部分齿形（但要注明齿数）。工作长度的终止端和尾部长度的

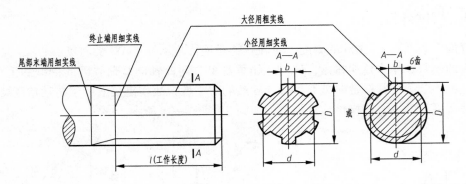

图 4-33　外花键的画法及标注

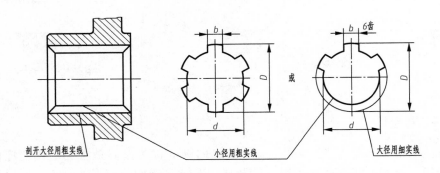

图 4-34　内花键的画法及标注

末端均用细实线绘制，尾部则画成与轴线成 30°，斜线（图 4-33）。

（2）内花键的画法。在平行于内花键轴线的投影面的剖视图中，大径、小径均用粗实线绘制，并用局部视图画出全部或一部分齿形，但要注明齿数（图 4-34）。

（3）花键连接的画法。用剖视图或断面图表示花键连接时，其连接部分采用外花键的画法（图 4-35）。

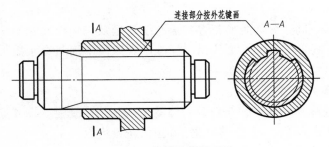

图 4-35　花键连接的画法

（4）花键的标注。花键的标注方法有两种：一种是在图中注出公称尺寸 D（大径）、d（小径）、B（槽宽）和 N（齿数）等；另一种是用指引线标出花键代号，花键代号形式为 N（齿数）$\times d$（小径）$\times D$（大径）$\times B$（齿宽），如 $6 \times 28 \times 32 \times 7$。无论采用哪种注法，花键的工作长度 l 都要在图上直接注出。

4.3 销 连 接

销连接常用于零件之间的连接和定位。按销形状的不同，销连接分为圆柱销连接、圆锥销连接和开口销连接等，如图 4-36 所示。销也是标准件，其形式、尺寸可查阅机械设计手册。

（a）圆柱销　　　　　（b）圆锥销　　　　　（c）开口销

图 4-36 常用的销

圆柱销靠轴孔间的过盈量实现连接，因此不宜经常装拆，否则会降低定位精度和连接的紧固性，图 4-37 和图 4-39 是圆柱销孔的零件图画法和连接时的装配图画法。在零件上除标记销孔的尺寸与公差外，还需注明与其相关联的零件配作的字样。圆锥销具有 1∶50 的锥度，小头直径为公称直径。圆锥销安装方便，多次装拆对定位精度影响不大，应用较广。图 4-38 和图 4-40 是圆锥销的画法及其连接画法。开口销常与六角开槽螺母配合使用，它穿过螺母上的槽和螺杆上的孔以防螺母松动，如图 4-41 所示。

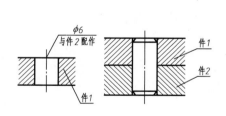

图 4-37 定位圆柱销

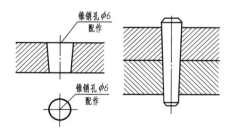

图 4-38 定位圆锥销

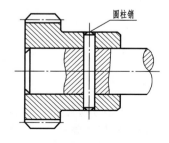

图 4-39 圆柱销连接的画法

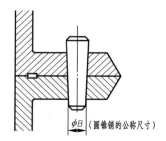

图 4-40 圆锥销连接的画法

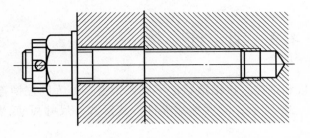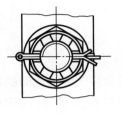

图 4-41　开口销连接的画法

4.4　焊接及焊接图

焊接是利用电弧或火焰，在被连接处局部加热并填充熔化金属，或用加压等方法将被连接件熔合而连接在一起。焊接是一种不可拆连接。由于它施工简单、连接可靠，所以在生产上应用日益广泛，大多数板材制品和工程结构件都采用焊接的方法来连接。连接件上因焊接形成的熔接处称为焊缝，国家标准对焊缝代号有详细规定，焊接的要求（如焊接方法、焊缝形式、焊缝尺寸）在图样上需用规定的符号表示。按照焊接过程中金属的状态，焊接方法可分为熔化焊、压焊、钎焊三类，其中熔化焊中的焊条电弧焊和气焊是机械制造中常用的焊接方法。本节主要介绍焊接方法的标注。

■4.4.1　焊接接头的基本形式

根据被焊零件在空间的相互位置，焊接的接头形式有对接接头、T形接头、角接接头、搭接接头四种。焊缝的形式有对接焊缝、角焊缝及塞焊缝三种，如图 4-42 所示。

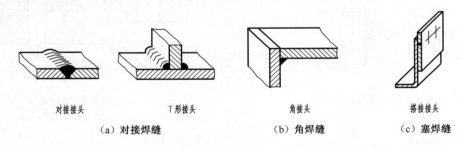

对接接头	T形接头	角接头	搭接接头
（a）对接焊缝		（b）角焊缝	（c）塞焊缝

图 4-42　常见的焊缝形式及接头形式

■4.4.2　焊缝符号及其标注

国家标准在《焊缝符号表示法》（GB/T 324—2008）中，对焊缝符号做了规定。焊缝符号一般由基本符号与指引线组成，必要时还可加上补充符号和焊缝尺寸符号等。

1. 基本符号

基本符号是表示焊缝横截面形状的符号。表 4-5 为常见焊缝的基本符号及其标注示例。

表 4-5　常见焊缝的基本符号及其标注示例

名称	焊缝形式	基本符号	标注示例
I 形焊缝		‖	
V 形焊缝		∨	
单边 V 形焊缝		V	
角焊缝		◿	
钝边 U 形焊缝		⋃	
封底焊缝		⌣	
点焊缝		○	
塞焊缝		⊔	

2. 指引线

指引线由箭头线 [必要时可转折，图 4-43（b）] 和两条基准线（一条为细实线，另一条为虚线）组成，如图 4-43（a）所示。

（a）　　　　　　　　　　　　　　　　（b）

图 4-43　指引线的画法

3. 补充符号

补充符号用来补充说明有关焊缝或接头的某些特征（如表面形状、衬垫、焊缝分布、施焊地点等），需要时可随基本符号标注在指引线规定的位置上。表 4-6 为补充符号及其标注示例。

表 4-6　补充符号及其标注示例

名称	符号	形式及标注示例	说　明
平面符号	─	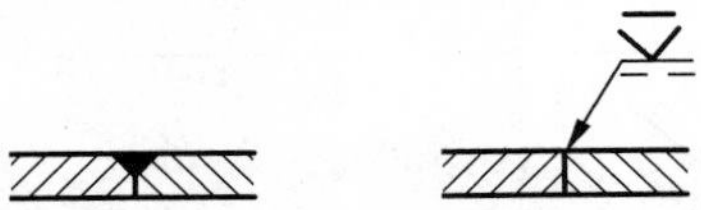	表示 V 形对接焊缝表面齐平（一般通过加工）
凹面符号	⌣	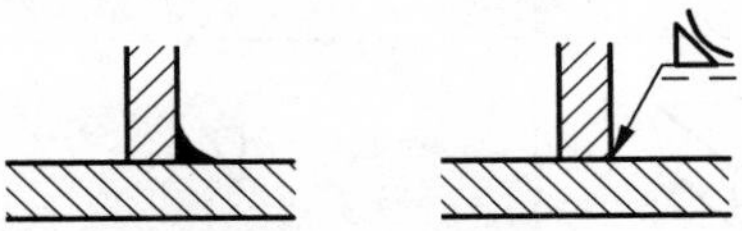	表示角焊缝表面凹陷
凸面符号	⌢	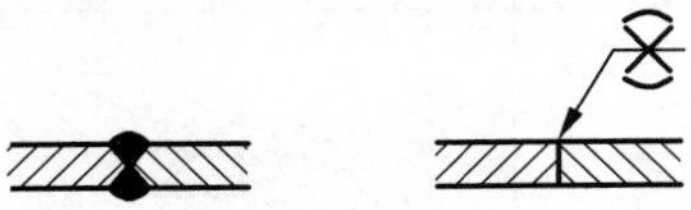	表示 X 形对接焊缝表面凸起
带垫板符号	▭	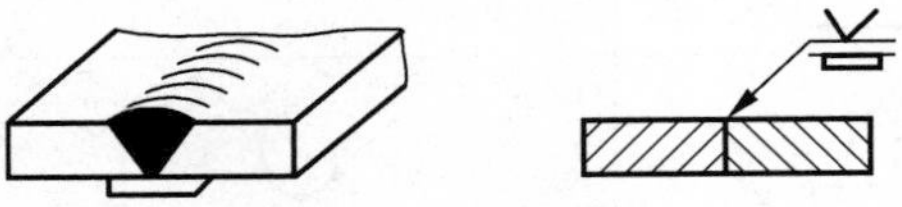	表示 V 形焊缝的背面底部有垫板
三面焊缝符号	⊏	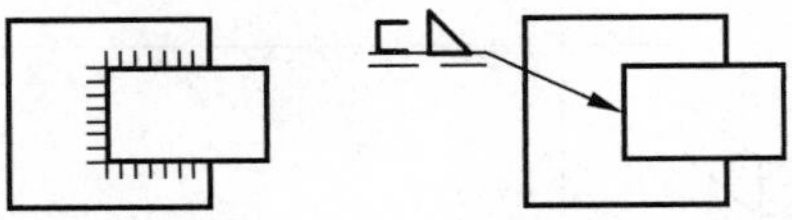	工件三面施焊，开口方向与实际方向一致
周围焊缝符号	○	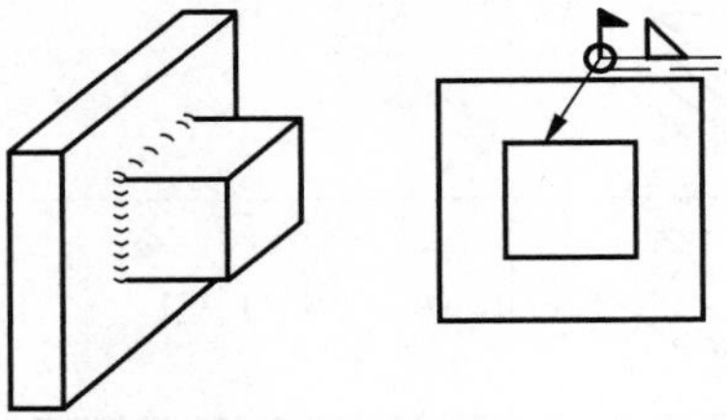	表示在现场沿工件周围施焊
现场符号	 ▶		
尾部符号	＜	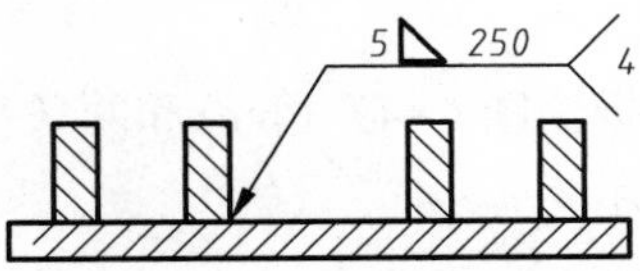 5 250 4	表示有 4 条相同的角焊缝

4. 焊缝符号相对于基准线的位置

国家标准（GB/T 324—2008）对基本符号相对基准线的位置做了如下规定：

（1）如果指引线箭头指向焊缝的施焊面，则焊缝符号标注在基准线实线一侧，如图 4-44、图 4-45 所示。

（2）如果指引线箭头指向施焊的背面，则将焊缝符号标注在基准线的虚线一侧，如图 4-44、图 4-45 所示。

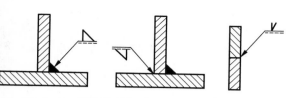 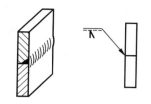

图 4-44　焊缝符号相对基准线的位置（一）　　　　图 4-45　焊缝符号相对基准线的位置（二）

（3）标注对称焊缝及双面焊缝时，基准线的虚线可省略不画，如图 4-46 所示。

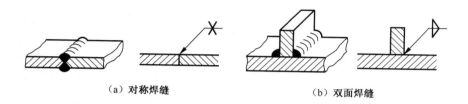

（a）对称焊缝　　　　　　　　　（b）双面焊缝

图 4-46　焊缝符号相对基准线的位置（三）

5. 焊缝尺寸符号及其标注方法

焊缝尺寸在需要时才标注，标注时，随基本符号标注在规定的位置上。表 4-7 为焊缝尺寸符号及其标注示例。焊缝尺寸标注位置规定如图 4-47 所示。

表 4-7　常用的焊缝尺寸符号

名称	符号	示意图及标注	名称	符号	示意图及标注
工件厚度	δ		焊缝段数	n	
坡口角度	α		焊缝间距	e	
根部间隙	b		焊缝长度	l	
钝边	p		焊脚尺寸	K	
坡口深度	H				
点焊：熔核直径 塞焊：孔径	d		相同焊缝数量	N	

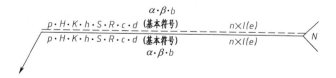

图 4-47　焊缝尺寸的标注位置

当焊件较厚时，为保证焊透根部获得质量较好的焊缝，对不同的焊接方法、不同的焊件厚度及不同材质需要选用不同的坡口形状。如需进一步了解，可查阅国家标准（GB/T 985.1—2008、GB/T 985.2—2008）。

■4.4.3 焊缝的画法及标注示例

1. 焊缝的规定画法

（1）在垂直于焊缝的剖视图或断面图中，焊缝的断面形状可用涂黑表示，如图 4-48 所示。

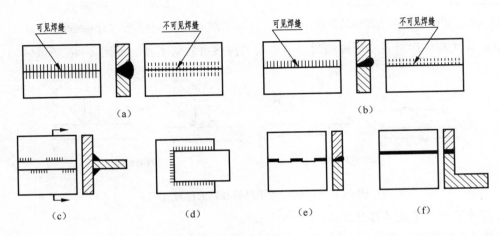

图 4-48 焊缝的画法示例

（2）在视图中，可用栅线表示焊缝（栅线段为细实线，允许徒手绘制），如图 4-4 (a)、(b)、(c)、(d) 所示，也可用加粗线（$2d$~$3d$）表示可见焊缝，如图 4-48 (e)、(f) 所示。但在同一图样中只允许采用一种画法。

2. 图样中焊缝的表达

（1）在能清楚地表达焊缝技术要求的前提下，一般在图样中可用焊缝符号直接标注在视图的轮廓线上，如图 4-49 所示。

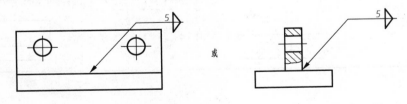

图 4-49 焊缝的表达

（2）若需要，也可在图样中采用图 4-50 (a) 所示方法画出焊缝，并同时标注焊符号。

（3）当若干条焊缝相同时，可用公共基准线进行标注，如图 4-50 (b) 所示。

3. 焊接图示例

图 4-51 是轴承挂架的焊接图。图中的焊缝标注表明了各构件连接处的接头形式、焊缝号及焊缝尺寸。焊接方法在技术要求中做了统一说明，因此在基准线尾部不再标注焊接方的符号。焊缝的局部放大图清楚地表达了焊缝的断面形状及尺寸。

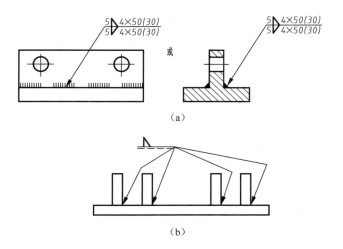

图 4-50 焊缝的标注

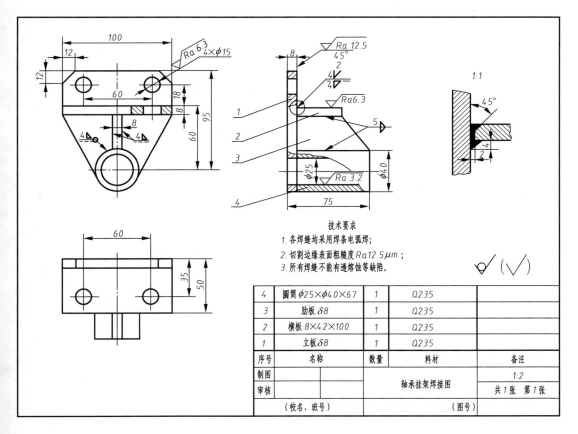

图 4-51 轴承挂架焊接图

复习思考题

1. 机器上常见的零件间连接方式有哪些？
2. 螺纹连接的优点是什么？
3. 螺纹紧固件有哪些？它们的规定标记包含哪些内容？
4. 花键与螺纹的画法有何不同？
5. 常用的销有哪几种？销 GB/T 119.2—2000 6×30 表示的是什么销？
6. 焊缝在图样中是如何表示的？

第 5 章

常用件的画法

齿轮、弹簧及滚动轴承都是机器或部件中的常用件。为了简化制图，国家标准《机械制图》根据这些常用件的结构特点制定了相应的规定画法。本章分别介绍它们的结构特点和规定画法。

5.1　齿轮和蜗轮蜗杆

扫一扫，看视频

齿轮是机器中的传动零件，常用来传递两轴间的动力和变换运动方向、运动速度，是机械传动中最常用的一类传动。齿轮的参数中只有模数、压力角已经标准化，因此它属于常用件。

齿轮的种类很多，按齿廓曲线来分有摆线、渐开线等。一般机械传动中常采用渐开线齿轮。齿轮传动按传动方式分有：圆柱齿轮传动［图 5-1（a）、（b）、（c）］，常用于两平行轴

（a）圆柱直齿轮

（b）圆柱斜齿轮

（c）齿轮内啮合

（d）圆锥直齿轮

（e）螺旋圆柱齿轮

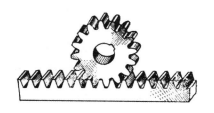

（f）齿轮与齿条

图 5-1　齿轮传动

的传动；锥齿轮传动［图5-1（d）］，常用于两相交轴的传动；螺旋圆柱齿轮传动［图5-1（e）］，常用于两交叉轴的传动；齿轮与齿条啮合［图5-1（f）］，常用于改变运动方式（即旋转运动和直线运动相互改变）。按齿轮的方向分有直齿、斜齿、人字齿和螺旋齿等。

5.1.1 圆柱齿轮

1. 直齿圆柱齿轮

直齿圆柱齿轮简称直齿轮。

（1）直齿轮的各部分名称（图5-2）及尺寸关系。

- 齿顶圆直径：轮齿顶部的圆称为齿顶圆，直径用 d_a 表示。
- 齿根圆直径：轮齿根部的圆称为齿根圆，直径用 d_f 表示。
- 节圆直径和分度圆直径：两啮合齿轮齿廓在两齿轮中心的连心线 O_1O_2 上的啮合接触点 P 称为节点，以 O_1、O_2 为圆心，O_1P、O_2P 为半径作出的两个相切的圆称为节圆，直径用 d' 表示。作为齿轮轮齿分度的圆称为分度圆，是设计、计算和制造齿轮的基准，直径用 d 表示。一对正确安装的标准齿轮，其分度圆是相切的，即分度圆和节圆重合，$d'=d$。
- 齿距、齿厚、槽宽：在分度圆上，相邻两个轮齿同侧齿面间的弧长称为齿距，用 p 表示；在分度圆上，一个轮齿齿廓间的弧长称为齿厚，用 s 表示；在分度圆上，一个齿槽齿廓间的弧长，称为槽宽，用 e 表示。在标准齿轮的分度圆的圆周上，齿厚 s 和槽宽 e 相等，即 $s=e=p/2$。
- 节点：一对啮合齿轮两节圆的切点，用 P 表示。
- 齿全高、齿顶高、齿根高：齿顶圆与齿根圆的径向距离，称为齿全高，用 h 表示。分度圆把齿高分为两个不等的部分。齿顶圆与分度圆的径向距离称为齿顶高，用 h_a 表示；分度圆与齿根圆的径向距离称为齿根高，用 h_f 表示；$h=h_a+h_f$。

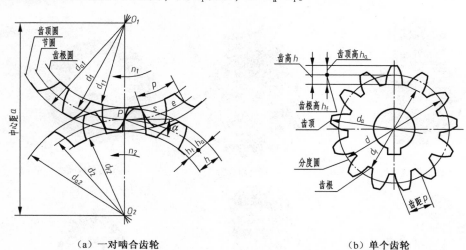

（a）一对啮合齿轮　　　　　　　（b）单个齿轮

图5-2　直齿轮各部分名称及其代号

（2）直齿轮的基本参数。

- 齿数 z：齿数是齿轮轮齿的数目。

- 模数 m：齿轮分度圆周长 $= \pi d = zp$，等式变换得 $d = (p/\pi)z$，取 $m = p/\pi$，故 $d = mz$。式中 m 称为模数。因为两啮合齿轮的齿距必须相等，所以它们的模数也必须相等。

由于模数是齿距 p 和 π 的比值，因此齿轮的模数大，其齿距就大，齿轮的轮齿就厚。若齿数一定，模数大的齿轮，其分度圆直径就大。模数是设计和制造齿轮的基本参数。为简化设计和便于制造，我国已经将模数标准化（表 5-1）。

表 5-1　标准模数（GB/T 1357—2008）　　　　　　　　　单位：mm

第一系列	1，1.25，1.5，2，2.5，3，4，5，6，8，10，12，16，20，25，32，40，50
第二系列	1.125，1.375，1.75，2.25，2.75，3.5，4.5，5.5，(6.5)，7，9，11，14，18，22，28，35，45

注：在选用模数时，优先采用第一系列。

- 压力角 α（啮合角、齿形角）：两个相啮合的轮齿齿廓在节点 P 处的公法线与两分度圆公切线的夹角，称为压力角 α。我国标准齿轮的压力角为 $\alpha = 20°$。两相互啮合的齿轮的模数 m 和压力角 α 必须都相同才能啮合。
- 传动比 i：传动比 i 为主动齿轮转速 n_1（r/min）与从动齿轮转速 n_2（r/min）之比。由于转速与齿数成反比，因此传动比也等于从动齿轮齿数 z_2 与主动齿轮齿数 z_1 之比，即 $i = n_1/n_2 = z_2/z_1$。

（3）直齿轮基本尺寸的计算关系（表 5-2）。

表 5-2　直齿轮基本尺寸的计算关系

基本参数：模数 m，齿数 z			已知 $m = 2$ mm，$z = 30$
名称	符号	计算公式	计算举例
齿距	p	$p = \pi m$	$p = 6.28$ mm
齿顶高	h_a	$h_a = m$	$h_a = 2$ mm
齿根高	h_f	$h_f = 1.25m$	$h_f = 2.5$ mm
齿高	h	$h = h_a + h_f = m + 1.25m = 2.25m$	$h = 4.5$ mm
分度圆直径	d	$d = mz$	$d = 60$ mm
齿顶圆直径	d_a	$d_a = d + 2h_a = mz + 2m = m(z + 2)$	$d_a = 64$ mm
齿根圆直径	d_f	$d_f = d - 2h_f = mz - 2.5m = m(z - 2.5)$	$d_f = 55$ mm
中心距	a	$a = (d_1 + d_2)/2 = m(z_1 + z_2)/2$	

2. 圆柱斜齿轮

圆柱斜齿轮简称为斜齿轮，轮齿呈螺旋状（图 5-3）。一对斜齿轮啮合时，两轴线仍保持平行。斜齿轮轮齿在分度圆柱面上与分度圆柱轴线的倾角称为螺旋角，用 β 表示。一对斜齿轮要正确啮合，两齿轮分度圆上的螺旋角必须大小相等，旋向相反，即 $\beta_1 = -\beta_2$。圆柱斜齿轮的螺旋角 β 一般在 8°~20° 之间。

圆柱斜齿轮有法向齿距 p_n 与端面齿距 p_t（图 5-4）、法向模数 m_n 与端面模数 m_t 之分。加工斜齿轮的刀具，其轴线与轮齿的法线方向一致，为了和加工直齿轮的刀具通用，将斜齿轮的法向模数取为标准模数（见表 5-1），标准的法面压力角 $\alpha = 20°$，齿高也由法向模数确定。

斜齿轮啮合的运动分析是在平行于端面的平面内进行的，所以分度圆直径由端面模数确定。标准斜齿轮各基本尺寸的计算公式见表5-3。

图5-3 斜齿轮

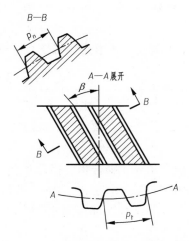

图5-4 斜齿轮分度圆柱面展开图

表5-3 标准斜齿轮各基本尺寸的计算公式

基本参数：法向模数 m_n，齿数 z，螺旋角 β			
名称及符号	计算公式	名称及符号	计算公式
法向齿距 p_n	$p_n = \pi m_n$	分度圆直径 d	$d = m_t z = m_n z / \cos\beta$
端面齿距 p_t	$p_t = \pi m_t = \pi m_n / \cos\beta$	齿顶圆直径 d_a	$d_a = d + 2h_a = d + 2m_n$
端面模数 m_t	$m_t = p_t / \pi = m_n / \cos\beta$	齿根圆直径 d_f	$d_f = d - 2h_f = d - 2.5m_n$
齿顶高 h_a	$h_a = m_n$	中心距 a	$a = (d_1 + d_2)/2$
齿根高 h_f	$h_f = 1.25m_n$		$= m_n(z_1 + z_2)/(2\cos\beta)$
齿高 h	$h = h_a + h_f = 2.25m_n$		

3. 圆柱齿轮的规定画法（GB/T 4459.2—2003）

（1）单个圆柱齿轮的画法。按国家标准规定，齿轮的齿顶圆（线）用粗实线绘制，分度圆（线）用细点画线绘制，齿根圆（线）用细实线绘制（也可省略不画），如图5-5（a）所示。在剖视图中，剖切平面通过齿轮的轴线时，轮齿按不剖处理，齿顶线和齿根线用粗实线绘制，分度线用细点画线绘制，如图5-5所示。若为斜齿或人字齿，则该视图可画成半剖视图或局部剖视图，并用三条细实线表示轮齿的方向，如图5-5（b）、（c）所示，其中 β 和 α 为齿轮螺旋角，相关参数的计算参见有关标准和规范。

（2）圆柱齿轮工作图。图5-6为圆柱齿轮工作图。在齿轮工作图中，应包括足够的视图及制造时所需的尺寸和技术要求；除具有一般零件工作图的内容外，齿轮齿顶圆直径、分度圆直径及有关齿轮的基本尺寸必须直接注出，齿根圆直径规定不标注；在图样右上角的参数表中注写模数、齿数等基本参数。有时，在齿轮工作图上还需画出一或两个齿形，以标注尺寸。齿形的近似画法如图5-7所示。

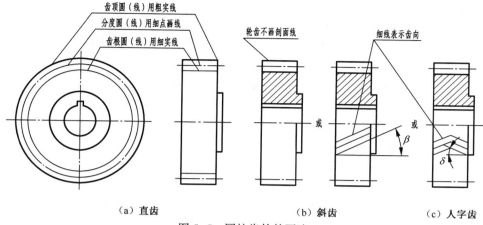

（a）直齿 （b）斜齿 （c）人字齿

图 5-5 圆柱齿轮的画法

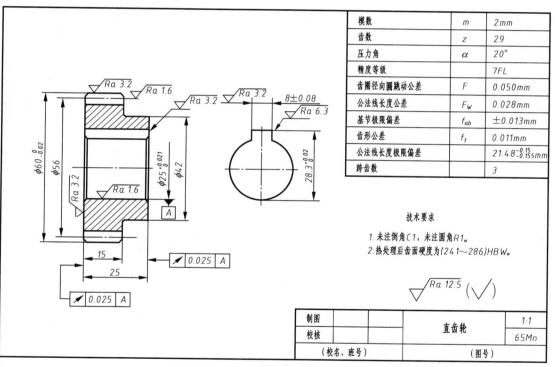

模数	m	2mm
齿数	z	29
压力角	α	20°
精度等级		7FL
齿圈径向圆跳动公差	F	0.050mm
公法线长度公差	F_W	0.028mm
基节极限偏差	f_{ab}	±0.013mm
齿形公差	f_t	0.011mm
公法线长度极限偏差		$21.48^{-0.15}_{-0.155}$mm
跨齿数		3

技术要求

1. 未注倒角C1，未注圆角R1。

2. 热处理后齿面硬度为(241～286)HBW。

$\sqrt{Ra\,12.5}$ ($\sqrt{}$)

制图	直齿轮	1:1
校核		65Mn
（校名、班号）	（图号）	

图 5-6 圆柱齿轮工作图

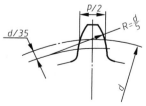

图 5-7 齿形的近似画法

（3）圆柱齿轮啮合的画法。只有模数和压力角都相同的齿轮才能相互啮合。两个相互啮合的圆柱齿轮，在反映为圆的视图中，啮合区内的齿顶圆均用粗实线绘制［图5-8（a）］，也可省略不画［图5-8（b）］；用细点画线画出相切的两分度圆；两齿根圆用细实线画出，也可省略不画。在非圆视图中，若画成剖视图，由于齿根高与齿顶高相差0.25m（m为模数），一个齿轮的齿顶线与另一个齿轮的齿根线之间应有0.25m的间隙（图5-9），将一个齿轮的轮齿用粗实线绘制，按投影关系另一个齿轮的轮齿被遮挡的部分用虚线绘制［图5-8（c）、图5-9］，也可省略不画。若不剖［图5-8（d）］，则啮合区的齿顶线不需要画出，节线用粗实线绘制，非啮合区的节线仍用细点画线绘制。图5-10所示为一对圆柱齿轮内啮合的画法。

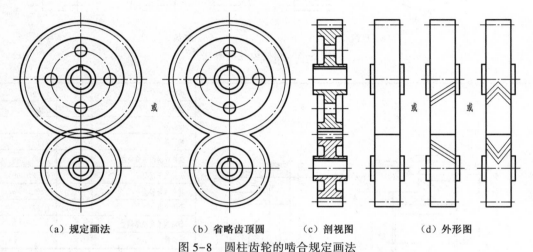

（a）规定画法　　　　（b）省略齿顶圆　　　（c）剖视图　　　（d）外形图

图5-8　圆柱齿轮的啮合规定画法

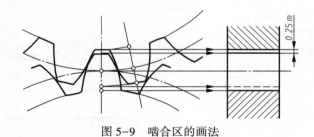

图5-9　啮合区的画法

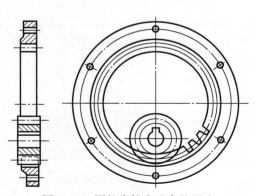

图5-10　圆柱齿轮内啮合的画法

■ 5.1.2　锥齿轮

　　锥齿轮用于传递两相交轴之间的运动，常用的轴交角是 90°，即 $\delta_1 + \delta_2 = 90°$，如图 5-11（b）所示。锥齿轮的齿形有直齿、斜齿、螺旋齿、人字齿等。锥齿轮的轮齿位于圆锥面上，所以一端大而另一端小，沿齿宽方向轮齿大小不同，轮齿全长上的模数、齿高、齿厚等也都不相同。为了设计和制造方便，规定以大端模数 m 为标准模数，并根据大端模数来计算和决定其他基本尺寸。直齿锥齿轮各部分名称代号及啮合图如图 5-11 所示。

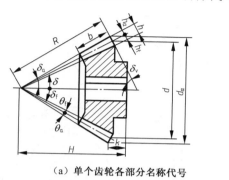

（a）单个齿轮各部分名称代号

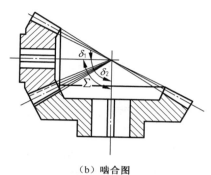

（b）啮合图

图 5-11　锥齿轮各部分名称代号及啮合图

　　1. 直齿锥齿轮的尺寸计算

　　规定以大端的模数和分度圆来决定其他各部分的尺寸。因此一般所说的直齿锥齿轮的齿顶圆直径 d_a、分度圆直径 d、齿顶高 h_a、齿根高 h_f 等都是对大端而言（图 5-11）。直齿锥齿轮各部分的尺寸计算见表 5-4。

表 5-4　直齿锥齿轮的尺寸计算

名称及代号	公　式	名称及代号	公　式
分度圆锥角	$\delta_1 + \delta_2 = 90°$	齿顶圆直径 d_a	$d_a = m(z + 2\cos\delta)$
δ_1（小齿轮）	$\tan\delta_1 = z_1/z_2$	齿顶角 θ_a	$\tan\theta_a = 2\sin\delta/z$
δ_2（大齿轮）	$\tan\delta_2 = z_2/z_1$	齿根角 θ_f	$\tan\theta_f = 2.4\sin\delta/z$
传动比 i	$i = z_2/z_1$	顶锥角 δ_a	$\delta_a = \delta + \theta_a$
分度圆直径 d	$d = m_z$	根锥角 δ_f	$\delta_f = \delta - \delta_f$
齿顶高 h_a	$h_a = m$	外锥距 R	$R = mz/(2\sin\delta)$
齿根高 h_f	$h_f = 1.2m$	齿宽 b	$b = (0.2 \sim 0.35)R$
全齿高 h	$h = h_a + h_f = 2.2m$		

　　2. 直齿锥齿轮的画法（GB/T 4459.2—2003）

　　（1）单个锥齿轮的画法。单个锥齿轮的主视图常画成剖视图，而在左视图上用粗实线画出齿轮大端和小端的齿顶圆，用细点画线画出大端的分度圆［图 5-12（d）］。单个锥齿轮的画图步骤如图 5-12 所示。

　　（2）锥齿轮的啮合画法。锥齿轮啮合时，两分度圆锥相切，它们的锥顶交于一点。画图主视图多为剖视图，左视图用粗实线画出两齿轮的大端和小端的齿顶圆（齿顶线，啮合区

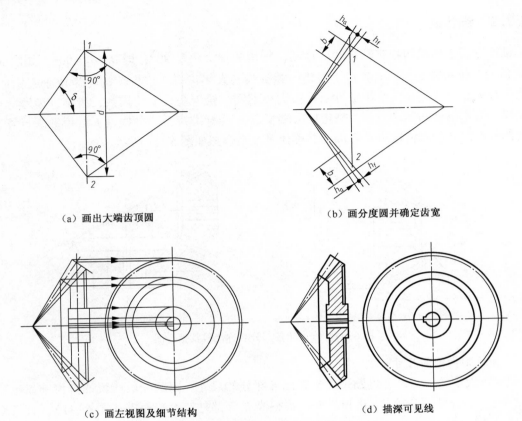

（a）画出大端齿顶圆

（b）画分度圆并确定齿宽

（c）画左视图及细节结构

（d）描深可见线

图 5-12　单个锥齿轮的画图步骤

小端的齿顶圆可不画出），用细点画线画出两齿轮的分度圆（线），如图 5-13（d）所示。齿轮啮合的画图步骤如图 5-13 所示。

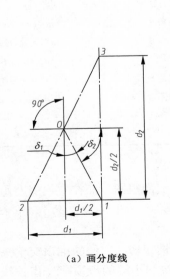

（a）画分度线

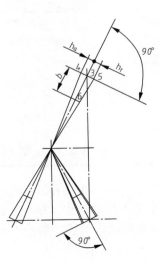

（b）确定齿宽

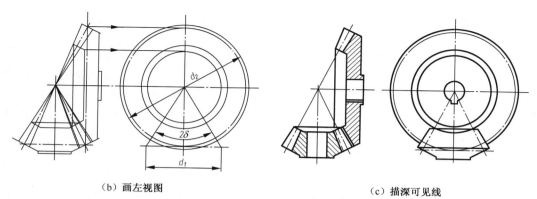

（b）画左视图　　　　　　　　　　（c）描深可见线

图 5-13　啮合锥齿轮的画图步骤

5.1.3　蜗杆传动及其画法

蜗杆传动［图 5-14（a）］用来传递空间两垂直交叉轴之间的运动和动力。蜗杆传动常用于降速，即以蜗杆为主动件，蜗轮为从动件。当蜗杆为单头时，蜗杆转一圈，蜗轮转过一个齿。因此蜗杆传动可获得较大传动比（动力传动时，$i = 8 \sim 80$，分度机构及传递运动时，$i = 1000$），结构紧凑，传动平稳，噪声小；当蜗杆的导程角小于当量摩擦角时，可实现自锁。蜗杆传动的缺点是效率低，蜗杆蜗轮啮合处滑动速度较大；蜗轮齿圈常采用价格较贵的有色金属制造。

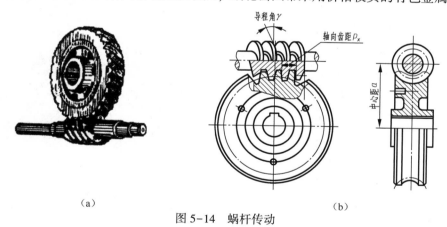

（a）　　　　　　　　　　　　　（b）

图 5-14　蜗杆传动

1. 蜗轮蜗杆的主要参数

（1）模数 m 和压力角 α。蜗轮蜗杆的模数是在通过蜗杆轴线并垂直于蜗轮轴线的主平面为度量的。在主平面内，蜗轮的截面形状相当于一齿轮，其轮齿模数称为端面模数。蜗杆的截面形状相当于一齿条，其轮齿模数称轴向模数。所以互相啮合的蜗轮蜗杆，在主平面内的模数和压力角应分别相等。即

$$m_{a1} = m_{t2} = m,\ \alpha_{a1} = \alpha_{t2} = \alpha = 20°$$

（2）蜗杆分度圆直径 d_1 和蜗杆直径系数 q。为了简化刀具尺寸系列，减少滚刀数目，将蜗杆分度圆直径 d_1 定为标准值。蜗杆分度圆直径 d_1 与蜗杆轴向模数 m 的比值称为蜗杆直径系数 q，即 $q = d_1 / m = z_1 / \tan \gamma$，$m$ 和 d_1 均为标准值，q 为导出值，不一定是整数。蜗杆的标准

模数和蜗杆直径系数参见有关标准。

（3）蜗杆头数 z_1 和蜗轮齿数 z_2。

$$蜗杆传动比 \; i = 蜗杆转速 \; n_1 / 蜗轮转速 \; n_2 = z_2 / z_1$$

蜗杆头数 z_1 一般为 1~10，常用的有 1、2、4、6。z_1 过大时，制造较高精度的蜗杆和蜗轮滚刀困难大。单头蜗杆可获得较大的传动比，但效率低，适用于分度机构、传递运动及有自锁要求的场合。蜗轮齿数 $z_2 = i\,z_1$，为保证传动平稳性和避免根切，$z_2 > 27$；为避免蜗轮尺寸太大，致使蜗杆刚度不足，应使 $z_2 < 80$。

（4）蜗杆导程角。蜗杆的形成原理与螺杆相同，设其头数为 z_1，螺旋线的导程为 p_z，轴向齿距为 p_x，则 $p_z = z_1 p_x = z_1 \pi m$，而蜗杆分度圆柱面上的导程角为 $\tan\gamma = z_1 p_x / (\pi d_1) = z_1 \pi m / (\pi d_1) = z_1 m / d_1$，式中 d_1 为蜗杆分度圆直径。导程角大，效率高；导程角小，效率低，一般认为 $\gamma < 3°30'$ 的蜗杆传动具有自锁性。

2. 蜗轮蜗杆各部分名称代号及尺寸计算

蜗轮、蜗杆各部分名称代号及画法如图 5-15 所示，几何尺寸计算见表 5-5。

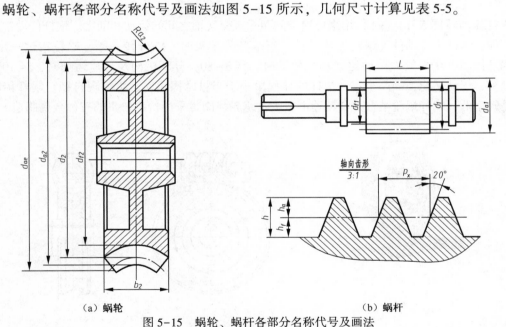

（a）蜗轮   （b）蜗杆

图 5-15　蜗轮、蜗杆各部分名称代号及画法

表 5-5　蜗轮蜗杆的几何尺寸计算

名称及代号	公　式	名称及代号	公　式
轴向齿距 p_x	$p_x = \pi m$	导程角 γ	$\tan\gamma = z_1 m / d_1 = z_1 / q$
蜗杆齿顶高 h_a	$h_a = m$	螺牙导程 p_z	$p_z = z_1 p_x = z_1 \pi m$
蜗杆齿根高 h_f	$h_f = 1.2m$	蜗轮分度圆直径 d_2	$d_2 = m z_2$
蜗杆齿高 h	$h = h_a + h_f = 2.2m$	蜗轮齿顶圆直径 d_{a2}	$d_{a2} = m(z_2 + 2)$
蜗杆分度圆直径 d_1	$d_1 = mq$	蜗轮齿根圆直径 d_{f2}	$d_{f2} = m(z_2 - 2.4)$
蜗杆齿顶圆直径 d_{a1}	$d_{a1} = d_1 + 2h_a = m(q + 2)$	中心距 a	$a = m(q + z_2)/2$
蜗杆齿根圆直径 d_{f1}	$d_{f1} = d - 2h_f = m(q - 2.4)$		

3. 蜗轮蜗杆的规定画法（GB/T 4459.2—2003）

（1）蜗轮的画法。在剖视图上，蜗轮齿的画法与圆柱齿轮相同，在投影为圆的视图中，只画分度圆和外圆，齿顶圆和齿根圆不必画出，如图 5-15（a）所示。

（2）蜗杆的画法与圆柱齿轮轴相同。为表明蜗杆的牙型，一般采用局部剖视图画出几个牙型，或画出牙型的放大图，如图 5-15（b）所示。

（3）蜗轮蜗杆的啮合画法。蜗轮蜗杆啮合的画图步骤如图 5-16 所示。在垂直于蜗轮轴线的投影面的视图上，蜗轮的分度圆与蜗杆的分度线相切，啮合区内的齿顶圆和齿根线用粗实线画出；在垂直于蜗杆轴线的视图上，啮合区只画蜗杆不画蜗轮，如图 5-16（c）所示。在剖视图中，当剖切平面通过蜗轮轴线并垂直于蜗杆轴线时，在啮合区内将蜗杆的轮齿用粗实线绘制，蜗轮的轮齿被遮挡的部分可省略不画；当剖切平面通过蜗杆轴线并垂直于蜗轮轴线时，在啮合区内，蜗轮的外圆、齿顶圆和蜗杆的齿顶线可省略不画，如图 5-16（d）所示。

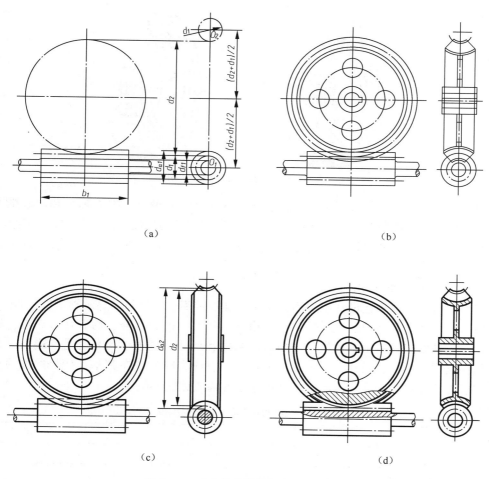

图 5-16　啮合的蜗轮蜗杆的画图步骤

5.2 滚 动 轴 承

扫一扫，看视频

滚动轴承是支持机器转动（或摆动）并承受其载荷的标准部件。由于滚动轴承的摩擦系数小，启动阻力小，而且已标准化，设计、使用、润滑、维护都很方便，因此，在一般机器中应用较广。

1. 滚动轴承的基本结构和类型

滚动轴承的基本结构如图 5-17 所示。由内圈 1、外圈 2、滚动体 3 和保持架 4 四部分组成。内圈与轴颈装配，外圈和轴承座孔装配。通常内圈随轴颈回转，外圈固定。但也可用于外圈回转而内圈不动，或是内、外圈同时回转的场合。当内、外圈相对转动时，滚动体则在内、外圈滚道间滚动。常用的滚动体有钢球、圆柱滚子、圆锥滚子、滚针等几种。保持架的主要作用是均匀地隔开滚动体，减少摩擦和磨损。

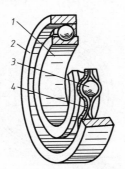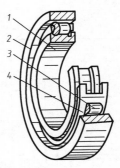

图 5-17　滚动轴承的基本结构

按照轴承所能承受的外载荷不同，滚动轴承可分为向心轴承、推力轴承和向心推力轴承三大类。主要承受径向载荷的轴承叫向心轴承，其中有几种类型还可以承受不大的轴向载荷；只能承受轴向载荷的轴承叫推力轴承；能同时承受径向载荷和轴向载荷的轴承叫向心推力轴承。

2. 滚动轴承的代号（GB/T 272—2017）

为了便于组织生产和在设计中选用，国家标准规定用轴承代号来表示轴承的结构、尺寸、公差等级、技术性能等特征。滚动轴承代号由基本代号、前置代号、后置代号组成，用字母和数字表示。基本代号表示轴承的基本类型、结构和尺寸，是轴承代号的基本内容。只有当滚动轴承在结构、形状、尺寸、公差、技术要求等有改变时，才在其基本代号的前后添加前置代号和后置代号作为补充。滚动轴承基本代号的构成见表 5-6。

表 5-6　滚动轴承基本代号的构成

五	四	三	二	一
类型代号	宽度系列代号	直径系列代号	内径代号	

注：基本代号下面的一至五表示代号自右向左的位置序数。

- 轴承内径用基本代号右起第一、二位数字表示。内径代号 00、01、02、03 分别对于内径为 10 mm、12 mm、15 mm、17 mm 的轴承，对常用内径 $d = 20 \sim 495$ mm 的轴承，内径是内径代号数的 5 倍，如 12 表示 $d = 60$ mm。对于内径小于 10 mm 大于 500 mm 的轴承，内径表示方法参看 GB/T 272—2017。

- 轴承的直径系列，是指结构相同、内径相同的轴承由于负载的需求在外径和宽度方面的变化系列（图 5-18），用基本代号右起第三位数字表示。例如，对于向心轴承和向心推力轴承，0、1 表示特轻系列，2 表示轻系列，3 表示中系列，4 表示重系列。推力轴承除了用 1 表示特轻系列之外，其余与向心轴承一致。

- 轴承的宽度系列指结构、内径、外径系列都相同的轴承，在宽度方面的变化系列，用基本代号右起第四位数字表示。宽度系列代号 0 可不标出，因此常见的滚动轴承代号为四位数。

- 轴承类型代号用基本代号右起第五位数字（或字母）表示。

代号举例：

6308——表示内径为 40mm，中系列深沟球轴承。

51203——表示内径为 17mm，尺寸系列代号为 12 的向心推力球轴承。

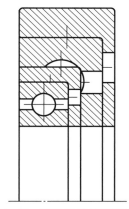

图 5-18　滚动轴承的直径系列

3. 滚动轴承的结构形式和画法（GB/T 4459.7—2017）

滚动轴承的类型很多，常用滚动轴承的结构形式、规定画法和特征画法见表 5-7。表中尺寸除 A 可以计算得出外，其余尺寸均可从机械设计手册或有关标准中查取。

表 5-7　常用滚动轴承的画法

名称、标准号、结构和代号	由标准查数据	结构形式	规定画法	特征画法
深沟球轴承 GB/T 276—2013 6000 型	D d B			
圆锥滚子轴承 GB/T 297—2015 30000 型	D d T			

（续表）

名称、标准号、结构和代号	由标准查数据	结构形式	规定画法	特征画法
推力球轴承 GB/T 301—2015 51000 型	D d T			

　　滚动轴承是标准部件，因此，在画图时不必画出零件图。在装配图中，滚动轴承一般按规定画法画出，注意轴承的内圈和外圈的剖面线方向及间隔均要相同（图 5-19），而且在明细栏中须写出其代号。所有滚动轴承在轴线垂直于投影面的视图中，一般按图 5-20 绘制。

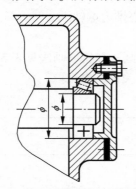

图 5-19　装配图中滚动轴承规定画法

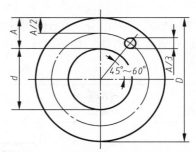

图 5-20　滚动轴承轴线垂直于投影面的特征画法

4. 滚动轴承固定、润滑密封及其画法

（1）滚动轴承的固定。为了防止滚动轴承产生轴向窜动，必须采用一定的结构来固定其内、外圈。常见的固定滚动轴承内、外圈的结构分述如下。

● 用轴肩固定轴承内、外圈，如图 5-21 所示。

● 用弹性挡圈固定，如图 5-22（a）所示。弹性挡圈［图 5-22（b）］为标准件。弹性挡圈和轴端环槽的尺寸，可根据轴颈的直径从机械设计手册中查取。

● 用轴端挡圈固定，如图 5-23（a）所示。轴端挡圈［图 5-23（b）］为标准件。为了使挡圈能够压紧轴承内圈，轴颈的长度要小于轴承的宽度，否则挡圈起不了固定轴承的作用。

● 用圆螺母及止动垫圈固定，如图 5-24（a）所示。圆螺母［图 5-24（b）］和止动垫圈［图 5-24（c）］均为标准件。

● 用套筒固定，如图 5-25 所示。图中双点画线表示轴端安装一个带轮，中间安装套筒，以固定轴承内圈。

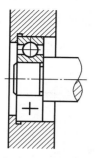

图 5-21　轴肩固定

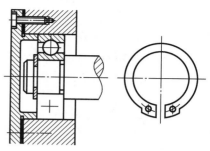

（a）装配图画法　　　　（b）弹性挡圈

图 5-22　弹性挡圈固定

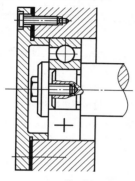

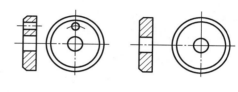

（a）装配图画法　　　　　　（b）轴端挡圈

图 5-23　轴端挡圈固定

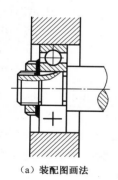

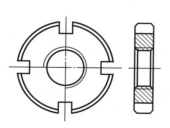

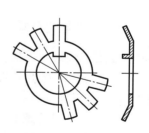

（a）装配图画法　　　（b）圆螺母　　　（c）止动垫圈

图 5-24　圆螺母及止动垫圈固定

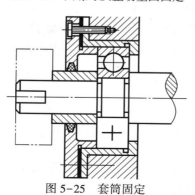

图 5-25　套筒固定

（2）滚动轴承间隙的调整。由于轴在高速旋转时会引起发热、膨胀，因此在轴承和轴承盖的端面之间要留有少量的间隙（一般为 0.2～0.3 mm），以防止轴承转动不灵活或卡住。滚动轴承工作时所需要的间隙可随时调整。常用的调整方法有：更换不同厚度的金属垫片［图5-26（a）］；或用螺钉调整止推盘［图5-26（b）］。

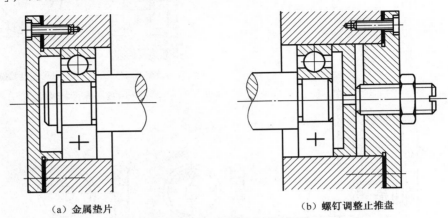

（a）金属垫片　　　　　　　　　　　（b）螺钉调整止推盘

图5-26　滚动轴承的间隙调整

5.3　弹　　簧

扫一扫，看视频

▌5.3.1　弹簧的类型及功用

弹簧主要用于减振、夹紧、储存能量和测力等方面。

弹簧的种类很多，按其外形可分为螺旋弹簧［图5-27（a）、（b）、（c）、（d）］、板弹簧［图5-27（e）］、平面涡卷弹簧［图5-27（f）］、碟形弹簧［图5-27（g）］等。其中用弹簧钢丝按螺旋线卷绕而成的螺旋弹簧，由于制造简便，广泛应用于缓冲、吸振、测力等方面。螺旋弹簧按形状分为圆柱螺旋弹簧［图5-27（a）、（b）、（c）］和圆锥螺旋弹簧［图5-27（d）］；根据受力方向不同又可分为压缩弹簧［图5-27（a）］、拉伸弹簧［图5-27（b）］和扭转弹簧［图5-27（c）］。板弹簧主要用来承受弯矩，有较好的消振能力，所以多用作各种车辆的减振弹簧。平面涡卷弹簧属于扭转弹簧，作为储能元件，多用于受转矩不大的钟表、仪表中。碟形弹簧刚性大，能承受很大的冲击载荷，并有良好的吸振能力，常用于各种缓冲、预紧装置中。

▌5.3.2　弹簧的规定画法

国家标准（GB/T 4459.4—2003）对弹簧的画法做了具体规定。本书重点介绍应用最广泛的圆柱螺旋压缩弹簧的画法。

1. 圆柱螺旋压缩弹簧的参数名称及尺寸关系（图5-28）

（1）簧丝直径 d：制造弹簧的钢丝直径。

（a）压缩弹簧

（b）拉伸弹簧

（c）扭转弹簧

（d）圆锥螺旋弹簧

（e）板弹簧

（f）平面涡卷弹簧

（g）碟形弹簧

图 5-27　弹簧类别

（2）弹簧中径 D：弹簧的平均直径。

（3）弹簧内径 D_1：圆柱螺旋弹簧的最小直径，$D_1 = D - d$。

（4）弹簧外径 D_2：圆柱螺旋弹簧的最大直径，$D_2 = D + d$。

（5）节距 t：除支承圈外，相邻两圈对应点间的轴向距离。

（6）有效圈数 n、支承圈数 n_2、总圈数 n_1：为使螺旋压缩弹簧工作时受力均匀，增加弹簧的平稳性，故将弹簧的两端并紧，且将端面磨平。并紧、磨平的各圈仅起支承作用，称为支承圈。支承圈有 1.5 圈、2 圈、2.5 圈三种，大多数螺旋压缩弹簧的支承圈为 2.5 圈。除支承圈外，其他各圈保持相等节距，称有效圈数（或称工作圈数）。有效圈数与支承圈数之和，称为总圈数，即 $n_1 = n + n_2$。

（7）自由高度 H_0：弹簧在不受外力作用时的高度，$H_0 = nt + (n_2 - 0.5)d$。

（8）簧丝展开长度 L：制造弹簧时，用去簧丝坯料的长度。由螺旋线的展开可知：$L \approx n_1 \sqrt{(\pi D)^2 + t^2}$。

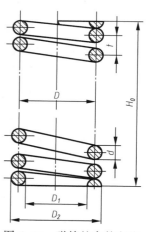
图 5-28　弹簧的参数名称

2. 圆柱螺旋弹簧的规定画法

（1）弹簧在平行于轴线的投影面上的视图中，各圈的投影轮廓线均应画成直线（图 5-29）。

（2）有效圈数在 4 圈以上的弹簧，可只画出两端的 1~2 圈（支承圈除外），中间各圈可省略不画，仅用通过簧丝断面中心的细点画线连起来（图5-29）。若簧丝为非圆形断面的弹簧，则中间用细实线连起来。

（3）在图样中，右旋螺旋弹簧必须画成右旋。左旋螺旋弹簧可画成左旋或右旋，但一律要在图上加注"LH"字样表示左旋。

（4）在装配图中，被弹簧挡住的零件轮廓不画出，其可见部分应从弹簧的外轮廓线或从簧丝的中心线画起［图5-30（a）］。

（5）在装配图中，弹簧被剖切时，在剖视图中，当簧丝直径在图形上小于或等于2 mm时，可用涂黑代替簧丝断面，且允许只画出簧丝断面［图5-30（b）］，或采用示意画法［图5-30（c）］。

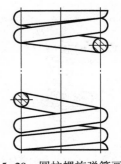

图5-29　圆柱螺旋弹簧画法

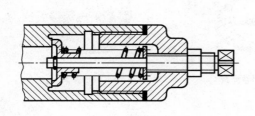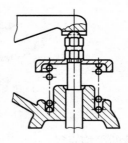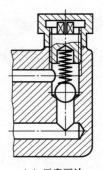

（a）被弹簧遮挡的零件轮廓不画　　　　（b）只画出簧丝断面　　　　（c）示意画法

图5-30　弹簧在装配图中的画法

3. 圆柱螺旋压缩弹簧的画图步骤

对于两端并紧且磨平的圆柱螺旋压缩弹簧，不论支承圈的圈数多少和端部并紧情况如何，均可按支承圈为2.5圈绘制。必要时，允许按支承圈的实际结构绘制。

例5-1　已知弹簧外径 $D_2 = 45$ mm，簧丝直径 $d = 5$ mm，节距 $t = 10$ mm，有效圈数 $n = 8$，支承圈数 $n_2 = 2.5$，右旋，试画出该弹簧的投影图。

（1）计算弹簧中径和自由高度；

弹簧中径 $D = D_2 - d = 40$ mm

自由高度 $H_0 = nt + (n_2 - 0.5)d = 90$ mm

（2）以弹簧中径 D 为间距画两条平行点画线，并定出自由高度 H_0，如图5-31（a）所示；

（3）画支承圈部分，d 为簧丝直径，如图5-31（b）所示；

（4）按节距画工作圈部分（允许只画4圈），t 为节距，如图5-31（c）所示；

（5）按右旋方向作相应圆的公切线，再加画剖面线，如图5-31（d）所示。

4. 圆柱螺旋压缩弹簧零件工作图

图5-32是一个圆柱螺旋压缩弹簧的零件图，弹簧的参数应直接标注在视图上，若直接标注有困难，可在技术要求中说明；图中还应注出完整的尺寸、尺寸公差和几何公差及技术要

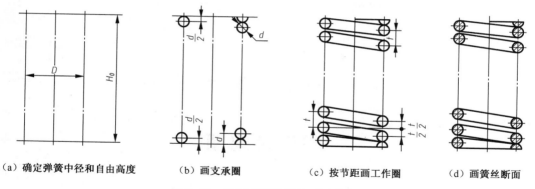

|(a) 确定弹簧中径和自由高度|(b) 画支承圈|(c) 按节距画工作圈|(d) 画簧丝断面|

图 5-31　螺旋压缩弹簧的画图步骤

求。当需要表明弹簧的力学性能时，可以在零件图中用图解表示。

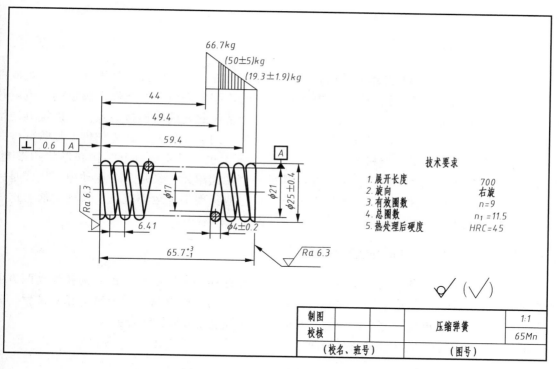

图 5-32　圆柱螺旋弹簧零件工作图

复习思考题

1. 直齿圆柱齿轮的基本参数有哪些？如何根据这些参数计算齿轮的几何尺寸？
2. 滚动轴承如何标记？
3. 试述圆柱螺旋压缩弹簧的画法及其零件图的特征。

第 6 章

部件装配图

6.1 部件的组成

6.1.1 部件的特征

部件是机器中的一个装配单元，由若干零件按一定方式装配而成，是机器的一个组成部分。但是部件的划分仅仅是根据机器在制造过程中的装配条件或工艺条件而决定的。也就说，组成机器的一部分零件由于它们所处的相对位置及彼此之间的连接关系，可以很方便在同一个装配阶段中进行装配组合，从而形成一个独立的装配单元，称为部件。尽管部件不以反映运动特征为目的，但机构的运动在一定程度上也受其组成部分结构和形状的影响，两者之间有着较密切关系，所以，很多部件既是一个装配单元，又是一个运动单元，或是个独立的机构。在后一种情况下，部件常常可以独立地实现某种运动或完成某种功能。这类部件一般标准化程度都比较高，如滚动轴承、齿轮减速器等。

6.1.2 部件中各零件间的结合关系

为保证机器能完成预定的功能，其组成部分（部件和零件）必须满足结构和运动两方的要求。对部件来说，组成它的零件必须具有：①确定的几何形状；②准确的相对位置，中可动零件对于机架能实现完全确定的相对运动；③特定而可靠的结合关系。

部件中零件和零件的结合关系分为两大类：

1. 刚性连接

指零件间结合后，彼此无相对运动。实现刚性连接的主要具体方式有：

（1）借助连接要素。例如一个杆件零件的外螺纹与另一个零件孔的内螺纹旋合，使两零件成为一体。

（2）借助连接件。例如减速器箱体和减速器盖之间通过几组螺栓连接（螺栓、螺母、圈）紧固在一起。螺栓、螺母、垫圈等称作螺纹连接件。常用的连接还有双头螺柱连接、钉连接、键连接、销钉连接、铆钉连接等。

（3）借助零件间接触表面的尺寸过盈，形成过盈连接。例如一对公称尺寸相同的轴和装配在一起，使轴的实际尺寸比孔的实际尺寸略大（即具有过盈），使用压力将轴压入孔人而形成刚性连接。

（4）借助于焊接、粘接等方法形成刚性连接。

2. 活动连接

指零件结合后，零件之间可以实现某种相对运动。实现活动连接的方法只有间隙配合一种。例如，一对公称尺寸相同的轴和孔装配在一起，使轴与孔间形成适当的间隙。

6.2　部件装配图的作用和内容

扫一扫，看视频

6.2.1　装配图在生产中的作用及其内容

用来表达机器或部件工作原理和各零件间的装配、结合关系的图样，称为装配图。在机器或部件的设计过程中，一般是先画出装配图，再根据装配图分析零件的结构、构型要求和其他要求，然后设计零件并绘制零件图。在机器或部件的生产过程中，根据装配图把零件装配成机器或部件。此外，在安装、调试和检修部件或机器时，也是通过装配图了解机器的构造、工作原理、运动传递、装拆顺序等有关技术内容。所以装配图是机器或部件在设计、装配、安装、检验、使用及维修等工作过程中必不可少的重要技术文件。

表达一台完整机器的装配图称为总装配图，简称总图；表达机器中某一部件的装配图称为部件装配图。

总图一般用来表达机器的整体关系，如整体轮廓形状、各组成部（零）件间的相对位置和安装关系、整机的传动顺序和技术性能等。而部件装配图则要详细表达出部件的工作原理、传动方式及功用、性能；组成部件的各零件间的装配关系、连接方法、配合性质，主要零件的结构形状，以及与零件设计、装配有关的主要尺寸和技术要求等内容。所以当机器比较复杂时，就用总图来表达机器外形和整体关系，用部件装配图来表达机器各组成部分（部件）的详细结构、工作原理、装配关系等技术内容。当机器比较简单时，则不再划分总图和部件装配图，直接用一张详细的装配图表达全部内容。

对于复杂的机器来讲，尽管总图和部件装配图在表达分工上有所不同，但它们的表达原则及有关的画法和标注等，并无本质的区别。所以本章通过讨论部件装配图，说明装配图的表达方法、画法和标注的特点。

图 6-1 是球阀的轴测图，图 6-2 是球阀在实际生产中所用的装配图。球阀是安装在管道中的部件，它由阀体、阀盖、球形阀芯、阀杆、手柄及密封圈组成。转动手柄，带动阀杆及阀芯转动，可起到使管道开通或关闭的开关作用。

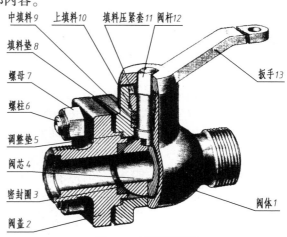

图 6-1　球阀轴测图

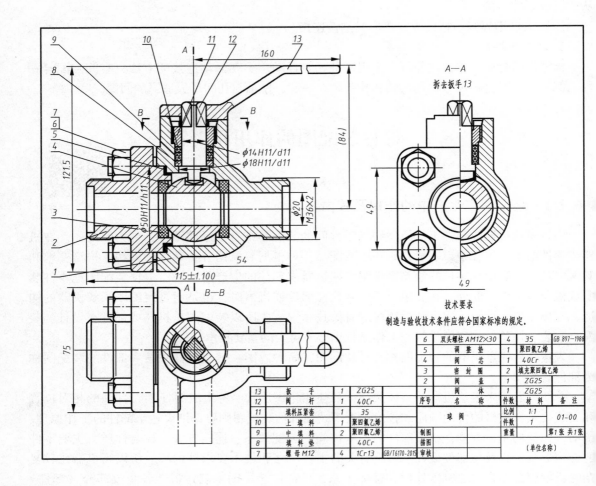

图 6-2 球阀装配图

通过装配图可以了解球阀的工作原理、装配关系等。一张完整的装配图应包括下列四项
内容：

（1）一组视图。用来表达机器或部件的工作原理、结构特点及零件间的装配关系、结合
关系和传动关系。

（2）几类必要的尺寸。必要的尺寸指机器或部件的规格（性能）尺寸、零件之间的配合
尺寸、机器或部件的外形尺寸、安装尺寸等。

（3）技术要求。用文字和符号说明机器或部件在装配、检验、安装、使用等方面的
要求。

（4）零、部件序号，明细栏和标题栏。在装配图中，将部件所包含的所有零件按一定
规则进行编号，并在标题栏上方的明细栏中依次填写零件的序号、名称、件数、材料等内
容。标题栏应包含机器或部件的名称、绘图比例、图号、出图单位以及有关责任人员的签
名等。

6.2.2　装配图的表达方法

装配图所采用的一般表达方法与零件图基本相同，也是通过各种视图、剖视图、断面图和局部放大图等表达的。但是装配图所表达的是由若干零件 扫一扫，看视频 组成的部件，主要用来表达部件的功能、工作原理、零件间的装配和结合关系，以及主要零件的结构形状，因此，针对装配图的特点，为了清晰、简便地表达出部件或机器的结构，除一般表达方法外，装配图还有一些特殊的表达方法和规定画法。

1. 规定画法

为了在装配图中区分不同零件，并正确表示零件间的装配关系和结合关系，画装配图时应遵守下列规定。

（1）相邻两零件的接触面和配合表面只画一条粗实线，如图 6-3 中①所示，不接触表面和非配合表面画两条线，如图 6-3 中②所示。

（2）相邻两个（或两个以上）零件的剖面线应倾斜方向相反，或方向一致但间隔不等，如图 6-3 中③所示轴承盖与箱体等的剖面线画法。

但是同一零件在各个视图上的剖面线方向和间隔必须一致，如图 6-2 中主视图和左视图上阀体的剖面线。

当零件厚度小于或等于 2 mm，剖切时允许以涂黑代替剖面符号，如图 6-3 中④所示。

（3）在装配图中，对实心零件如轴、手柄、连杆、拉杆、球、销、键以及标准紧固件或其他标准组件等，当剖切平面通过其基本轴线时，这些零件均按不剖绘制，如图 6-3 中⑤所示。当剖切平面垂直这些零件的轴线时，则应照常画出剖面线，如图 6-2 俯视图中的阀杆。

（4）若需要特别表明轴等实心零件的结构，如键槽、销孔等，则可采用局部剖视图，如图 6-3 中⑥所示。

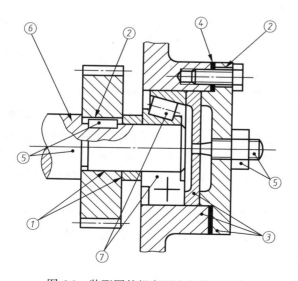

图 6-3　装配图的规定画法和简化画法

2. 特殊画法

（1）沿结合面剖切或拆卸画法。为了表达部件内部或被遮盖部分的装配情况，在画装配图时，可假想沿某些零件的结合面选取剖切平面，或假想将某些零件拆卸后绘制。例如图 6-4 中的 C—C 剖视就是沿泵体与泵盖的结合面做的剖切。图 6-5 中的俯视图则是拆去轴承盖、螺栓和螺母后画出的，为了便于看图，需在视图上方标注"拆去××"。采用沿结合面剖切画法时，应注意零件的结合面上不画剖面线，但剖到横穿结合面的零件时，则应在其断面上绘制剖面线，如图 6-4 中 C—C 剖视图上的泵轴、螺栓、定位销等。

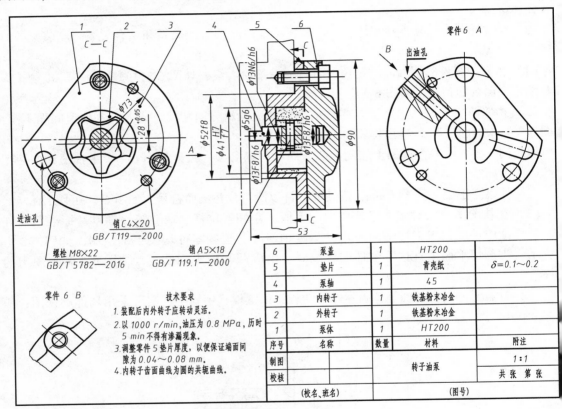

图 6-4 转子油泵装配图

（2）假想画法。装配图上为表示运动零件的运动范围或极限位置，可以用双点画线画出其轮廓线。图 6-2 中用双点画线在俯视图上画出扳手的另一个极限位置。

为了表示与本部件有装配关系但又不属于本部件的其他相邻零、部件间的连接关系，可用双点画线画出其他相邻零、部件的轮廓。图 6-4 中就用双点画线画出了与转子油泵相连的机体轮廓。

（3）夸大画法。在画装配图时，对于薄片零件、细丝弹簧、微小间隙等，若按实际尺寸画图很难画出，或虽能如实画出，但不能明显表达其结构时，均可采用夸大画法，即把垫片厚度、簧丝直径、微小间隙等都适当夸大画出。图 6-4 中转子油泵调整垫片的厚度就是用夸大画法画出的。

（4）单独表示某个零件。在装配图中，当由于某个零件的形状未表达清楚而对理解部

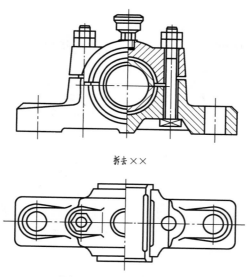

拆去××

图 6-5　滑动轴承装配图

的装配关系有影响时，可单独画出该零件的某一视图。如图 6-4 中，就在转子油泵的装配图中画出了零件 6（泵盖）的 A 向和 B 向两个视图。

（5）展开画法。为了表达某些重叠的装配关系，如多级变速器的传动关系及各轴的装配关系，可以假想将空间轴系按其传动顺序，沿它们的轴线剖开，并将这些剖切平面展开在同一平面上，画出其剖视图，称展开画法。图 6-6 所示的机床交换齿轮架就是采用了展开画法。

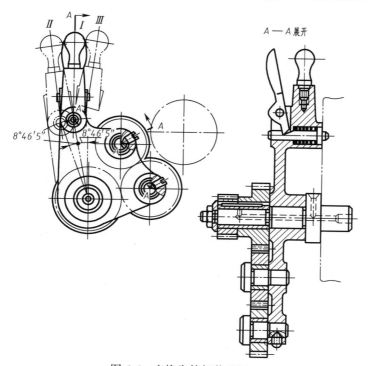

图 6-6　交换齿轮架装配图

3．简化画法

（1）在装配图中，零件的工艺结构，如圆角、倒角、退刀槽等允许不画。

（2）在装配图中，螺母和螺栓头允许采用简化画法（图6-4），对于装配图中的螺栓连接等若干相同零件组，允许详细画出一处或几处，其余以点画线表示其中心位置即可（图6-4）。

（3）在装配图中，当剖切平面通过某些标准产品的基本轴线时，可以只画出其外形图，如图6-5中的油杯。

（4）装配图中的滚动轴承允许采用图6-3中⑦所示的简化画法。

6.2.3 装配图的尺寸标注

扫一扫，看视频

装配图和零件图在生产中的作用不同，因此，标注尺寸的要求也不同。在装配图中，只标注与部件的性能（规格）、工作原理、装配关系和安装要求相关的几类必要尺寸，即：

1．性能（规格）尺寸

表示机器或部件性能（规格）的尺寸，这些尺寸在设计机器或部件时就已确定，是设计、了解、选用机器或部件的主要依据，如图6-2中球阀的管口直径 $\phi20$。

2．装配尺寸

（1）配合尺寸。表示两个零件之间配合性质的尺寸，如图6-2中阀盖和阀体的配合尺寸 $\phi50$ H11/h11 等。这类尺寸由公称尺寸和孔与轴的公差代号组成，是拆画零件图时，确定零件尺寸偏差的依据。

（2）相对位置尺寸。表示装配时需要保证的零件间相互位置的尺寸，如重要的距离、间隙以及零件沿轴向装配后，每个零件所占位置的轴向部位尺寸。如图6-4转子油泵装配图中 C—C 剖视图上的 $\phi73$。

3．安装尺寸

机器或部件安装在地基上或与其他机器或部件相连接时所需要的尺寸。如图6-2中主视图上的 M36×2、54、84 都是安装尺寸。

4．外形尺寸

表示机器或部件外形轮廓的尺寸，即总长、总宽、总高。机器或部件在包装、运输以及厂房设计和安装机器时都需考虑外形尺寸，因为外形尺寸为包装、运输和安装过程中机器所占空间的大小提供了数据。如图6-2中 115±1.100、75、121.5 分别为球阀的总长、总宽和总高。

5．其他重要尺寸

指在设计中经过计算确定或选定的尺寸，但又不属于上述几类尺寸的一些重要尺寸，如运动零件的极限尺寸、主体零件的主要结构尺寸等。这类尺寸在拆画零件图时不能改变。

以上所列的五类尺寸，彼此并不是孤立无关的，实际上有的尺寸往往同时具有几种不同的含义，如图6-2中的尺寸115±1.100，它既是外形尺寸，又与安装有关。此外，对每一个部件来讲，不一定都具备上述五类尺寸。因此，在标注装配图尺寸时，应按上述五类尺寸，结合机器或部件的具体情况加以选注。

6.2.4　装配图的技术要求

机器或部件的性能、要求各不相同，其技术要求也不同。拟定技术要求一般可从以下几个方面考虑。

1. 装配要求

机器或部件在装配过程中需注意的事项，装配后应达到的要求，如精确度、装配间隙、润滑要求等。

2. 试验和检验要求

对机器或部件基本性能的检验、试验和操作时的要求。

3. 使用要求

对机器或部件在维护、保养和使用时的注意事项及要求。

装配图上的技术要求应根据机器或部件的具体情况而定，一般用文字注写在明细栏的上方或图样下方的空白处。

6.2.5　装配图中的零、部件序号和明细栏

为了便于读图和图样管理，以及做好生产准备工作，装配图中的所有零、部件都必须编写序号及代号（序号是为了看装配图方便而编制的，代号是该零件或部件工作图的图号），同一装配图中相同的零、部件只编写一个序号，同时在标题栏上方填写与图中序号一致的明细栏，用以说明每个零、部件的名称、数量、材料、规格等。

1. 零、部件序号注写方法

（1）序号应注在图形轮廓线的外边，并填写在指引线的横线上或圆内，指引线、横线或圆均用细实线画出，如图 6-7 所示。序号字高应比装配图中尺寸数字大一号［图 6-7（a）］或两号［图 6-7（b）］，也允许采用图 6-7（c）的形式注写，这时序号字高应比尺寸数字大两号。在同一张装配图中序号的形式应一致。

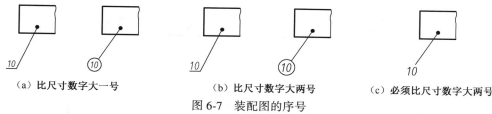

（a）比尺寸数字大一号　　　（b）比尺寸数字大两号　　　（c）必须比尺寸数字大两号

图 6-7　装配图的序号

（2）指引线应从所指零、部件的可见轮廓内引出，并在末端画一小黑点，若所指部分为很薄的零件或涂黑的断面，可在指引线末端画出指向该部分轮廓的箭头（图 6-8）。

（3）指引线应尽可能分布均匀且互相之间不能相交，指引线通过有剖面线的区域时，不应与剖面线平行，必要时可画成折线，但只能曲折一次，如图 6-8 中的零件 1。

（4）一组紧固件（如螺栓、螺母、垫圈）以及装配关系清

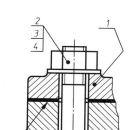

图 6-8　采用公共指引线

楚的零件组，可采用公共指引线，如图 6-8 中的零件 2、3、4。零件组公共指引线的形式及画法如图 6-9 所示。

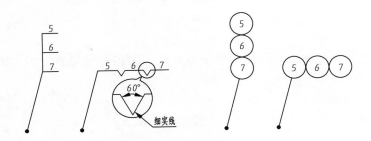

图 6-9　公共指引线的形式及画法

（5）装配图中的标准化组件（如油杯、滚动轴承、电机等）作为一个整体，只编写一个序号。

（6）装配图中的序号应沿水平或竖直方向按逆时针或顺时针顺次排列整齐（图 6-2）。

（7）常用的序号编排方法。

1）标准件与非标准件混合一起编排（图 6-2）。

2）标准件不编写序号，直接在图上注出规格、数量和国家标准编号（图 6-4），或另列专门的标准件明细表。

2．明细栏

明细栏是机器或部件中全部零、部件的详细目录，国家标准推荐了明细栏格式，图 6-1是本书建议采用的制图作业明细栏格式。

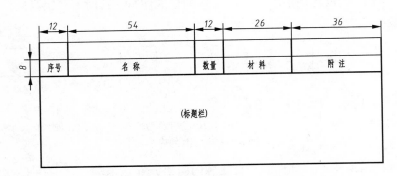

图 6-10　装配图的标题栏、明细栏

明细栏外框为粗实线，内格为细实线，画在标题栏的上方。假如地方不够，可将明细分段，在标题栏的左方再画一排。明细栏中，零、部件的序号应自下向上填写，以便增加件时可以继续向上延伸。在实际生产中，对于零、部件较多的复杂机器，明细栏也可以不在装配图内，按 A4 图幅作为装配图的续页单独绘出，填写顺序自上向下，并可连续加页但在明细栏下方应配置与装配图完全相同的标题栏。

6.3　常见的装配结构

扫一扫，看视频

■6.3.1　常见装配结构的合理性

在机器（或部件）的设计和绘图过程中，不仅要考虑使部件的结构能充分地满足机器（或部件）在运转和功能方面的要求，还要考虑装配结构的合理性，从而使零件装配成机器（或部件）后能达到性能要求，而且使零件的加工、装拆方便。不合理的装配结构，不仅会给生产带来困难，甚至可能使整个部件报废。当然确定合理的装配结构要有必要的机械知识，也要有一定的实践经验，要做深入细致的构型分析比较，在实践中不断提高。这里仅就常见装配结构的合理性问题进行讨论，以便读者进行零、部件构型设计和画装配图时参考。

1. 接触面与配合面

（1）两零件的接触面，在同一方向上只能有一组接触面。如图 6-11 所示，若 $a_1 > a_2$，就可避免在同一方向同时有两组接触面。

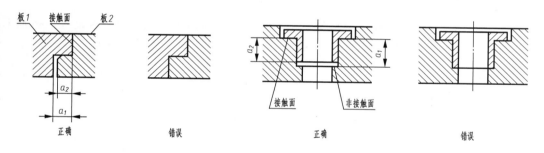

图 6-11　同一方向上只能有一组接触面

（2）对于轴颈和孔的配合，若 ϕA 已是配合表面，ϕB 和 ϕC 间就不应再形成配合关系，即必须使 $\phi B > \phi C$（图 6-12）。

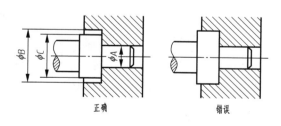

图 6-12　配合面

（3）对于锥面配合，要使 $L_1 < L_2$，即锥体顶部与锥孔底部间须留有间隙，否则不能保证锥面配合（图 6-13）。

（4）为了保证接触良好，接触面需经机械加工，因此，合理地减少加工面积，不但可以降低加工费用，而且可以改善接触质量。如图 6-14 所示，为了保证连接件（螺栓、螺母、垫圈）与被连接件间的良好接触，在被连接件上加工出沉孔、凸台等结构。沉孔的尺寸可根据连接件的尺寸从机械设计手册中查取。

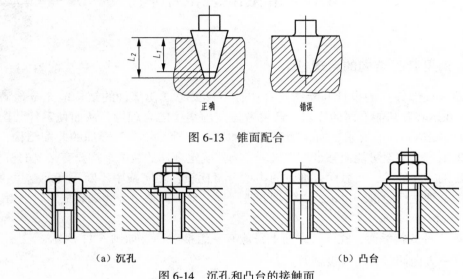

图 6-13　锥面配合

（a）沉孔　　　　　　　　　　　　（b）凸台

图 6-14　沉孔和凸台的接触面

如图 6-15 所示，为了减少轴承底座与下轴衬的接触面，使接触面间接触良好，在轴承底座及下轴衬的接触面上开出一环形槽。轴承座底部的凹槽是为了改善轴承座与基座间接触面的接触情况。

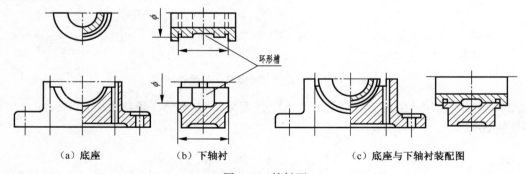

（a）底座　　　　　（b）下轴衬　　　　　　　　（c）底座与下轴衬装配图

图 6-15　接触面

（5）当轴和孔配合，且轴肩与孔的端面相互接触时，应将孔的接触端面制成倒角或在轴肩的根部切槽（退刀槽），以保证两零件接触良好（图 6-16）。

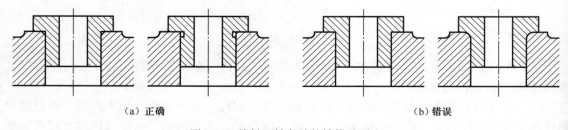

（a）正确　　　　　　　　　　　　（b）错误

图 6-16　接触面转角处的结构及画法

2. 螺纹连接的合理结构

（1）被连接件通孔的尺寸应比螺纹大径或螺杆直径稍大，一般为 1.1d（d 为螺纹大径），如图 6-17 所示。

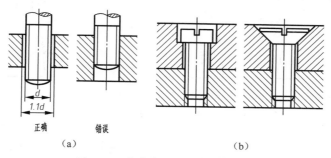

图 6-17　光孔直径应大于螺杆直径

（2）为了保证螺纹连接的可靠性，要适当加长螺纹尾部或在螺杆上加工出退刀槽；在螺孔上加工出凹坑或倒角（图 6-18）。

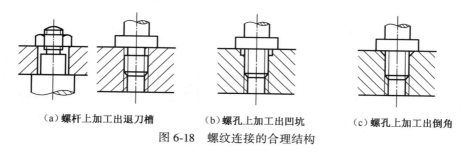

（a）螺杆上加工出退刀槽　　（b）螺孔上加工出凹坑　　（c）螺孔上加工出倒角

图 6-18　螺纹连接的合理结构

（3）为了便于装拆，需要留出扳手的活动空间（图 6-19）以及拆装螺栓的空间（图 6-20）。

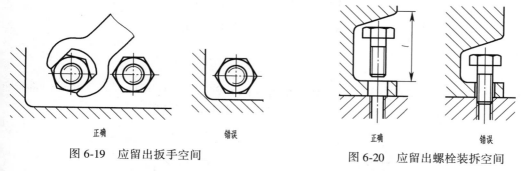

图 6-19　应留出扳手空间　　　　图 6-20　应留出螺栓装拆空间

（4）在图 6-21（a）中，螺栓头部完全封在箱体内，导致无法安装。须在箱体上加一手孔 [图 6-21（b）]，或采用双头螺柱连接 [图 6-21（c）]。

3. 考虑维修时拆装方便与可能

（1）为了保证两零件在装拆前后不致于降低装配精度，常采用圆柱销或圆锥销定位，故对销孔的加工要求较高（销为标准件）；为了加工销孔和拆卸销子方便，在可能的条件下，最好将销孔加工成通孔 [图 6-22（a）]。

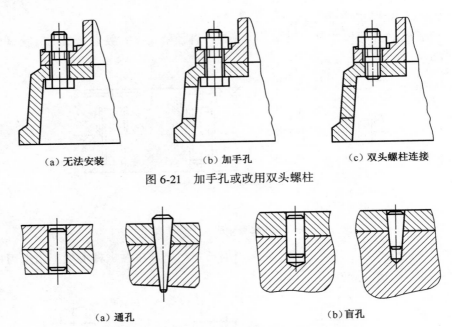

（a）无法安装   （b）加手孔   （c）双头螺柱连接

图 6-21 加手孔或改用双头螺柱

（a）通孔   （b）盲孔

图 6-22 定位销的装配结构

（2）图 6-23 表示了滚动轴承通常的安装情况，图 6-23（a）、（c）所示结构，滚动轴承将无法拆卸。应改为图 6-23（b）、（d）所示结构，拆卸时可用工具将滚动轴承顶出。

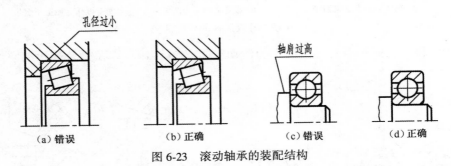

（a）错误   （b）正确   （c）错误   （d）正确

图 6-23 滚动轴承的装配结构

（3）图 6-24 表示了零件内安装一套筒的情况，图 6-24（a）所示的结构，更换套筒时难以拆卸。若预先在箱体上加工几个螺孔，拆卸时就可用螺栓将套筒顶出。

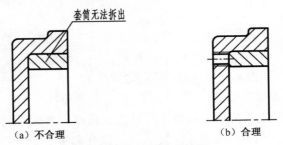

（a）不合理   （b）合理

图 6-24 套筒的合理结构

■ 6.3.2　装配关系的正确画法

由于装配图主要是表达机器（或部件）的工作原理和各零件间的装配关系，因此要正确地画出装配图，必须对部件中各零件的装配关系有一个清楚的了解。下面以图 6-25 所示的轴系部件为例，说明常见装配结构的正确画法。图 6-26 是其装配图。

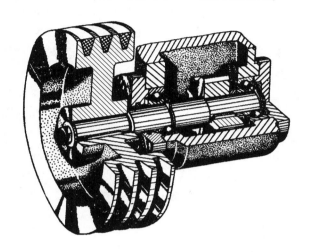

图 6-25　轴系部件的轴测图

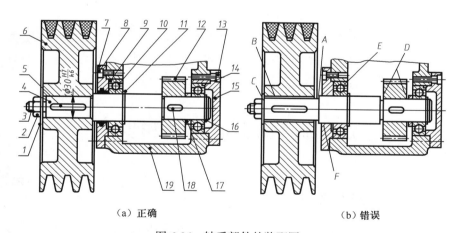

（a）正确　　　　　　　　　　　　　　　　（b）错误

图 6-26　轴系部件的装配图

由装配图了解整个轴系部件的基本结构和运动情况：轴 4 是装配线，其上的主要传动零件是左端的带轮 6 和右端的齿轮 12。整个轴由左右两个滚动轴承 10、14 支承。运动由带轮 6 传来，通过键 5 带动轴 4 旋转；然后再通过轴右端的键 18 带动齿轮 12 一起旋转，将运动传与齿轮 12 啮合的从动齿轮上（图中未画出）。

带轮 6 安装在轴 4 的左端，依靠轮毂的右端面与轴左端的轴肩靠紧来轴向定位，这两个面是接触面，所以装配图上只能画一条线。同时为了使这两个端面能够靠紧，在轴肩根部必须有砂轮越程槽，正确画法如图 6-26（a）所示，图 6-26（b）A 处的画法是错误的。

　　带轮与轴的配合是 $\phi30\ H7/k6$，虽然是间隙配合，但因两者是配合表面，所以装配图上也只画一条线，如图 6-26（a）所示，图 6-26（b）B 处是错误画法。

　　整个带轮用螺母 2 和垫圈 1 固定，以防止轴向移动。为了使螺母能够压紧带轮，应使左端螺纹处的台阶面比带轮轴孔的端面略低，正确画法如图 6-26（a）所示，图 6-26（b）C 处是错误画法。

　　齿轮 12 装在轴的右端，齿轮的左端面与轴右端的轴肩靠紧。为防止齿轮向右移动，在轴承 14 与齿轮之间装有衬套 17，然后用弹性挡圈 16 在轴的右端卡紧。所以轴右端的轴肩、齿轮、轴套、轴承内圈和弹性挡圈等零件的轴向端面都应当互相靠紧，在装配图上只画一条线。图 6-26（b）的 D 处是错误画法。

　　再来分析一下轴左端的轴承 10 和压盖 7 的装配情况。轴承 10 装在轴上与挡圈 11 靠紧，轴承外圈安装在箱体 19 的孔中，用压盖 7 挡住。工作时，轴承内圈与轴一起旋转，而外圈固定不动。为了使压盖与轴承内圈不发生摩擦，压盖用来挡住轴承左端面的内圈处应当有凹槽 [图 6-26（a）]，图 6-26（b）的 E 处是错误画法。同时为了使压盖与轴不发生摩擦，压盖上轴穿过的孔径应比轴径大，画图时要画两条线。但是密封圈 9 是用软材料（例如毛毡）制成的，不会使轴磨损，因此必须与轴接触才能很好地起密封作用，所以装配图上应画一条线。图 6-26（b）的 F 处是错误画法。

　　从上面分析可以看出，在零、部件构型设计和画装配图的过程中，一定要细致考虑零部件的结构，着重弄清以下三个方面的问题。

　　（1）部件的运动情况，各个零件起什么作用，哪些零件运动、哪些不动，运动零件与不动零件采用什么样的结构来防止不必要的摩擦或干涉。

　　（2）各个零件是如何定位的，零件之间哪些表面是接触的、哪些表面是不接触的。

　　（3）哪些地方有配合关系，需确定配合的基准制（基孔制、基轴制）和配合种类（过盈配合、过渡配合、间隙配合）等。

6.4　画装配图的方法和步骤

■ 6.4.1　装配图的视图选择

扫一扫，看视频

　　对部件装配图视图表达的基本要求是：必须清楚地表达部件的工作原理、各零件间的装配关系以及主要零件的基本形状。

　　画装配图与零件图一样，应先确定表达方案，也就是视图选择，选定部件的安放位置和主视图后，再配合主视图选择其他视图。

　　（1）选择主视图。

　　1）安放位置。为方便设计和指导装配，部件的安放位置应尽可能与部件的工作位置相符，当部件的工作位置多变或工作位置倾斜时，可将其放正，使安装基面或主装配干线处于水平或竖直位置。如图 6-27 所示，机油泵的工作位置情况多变，本例中，使其安装基面处于水平位置。

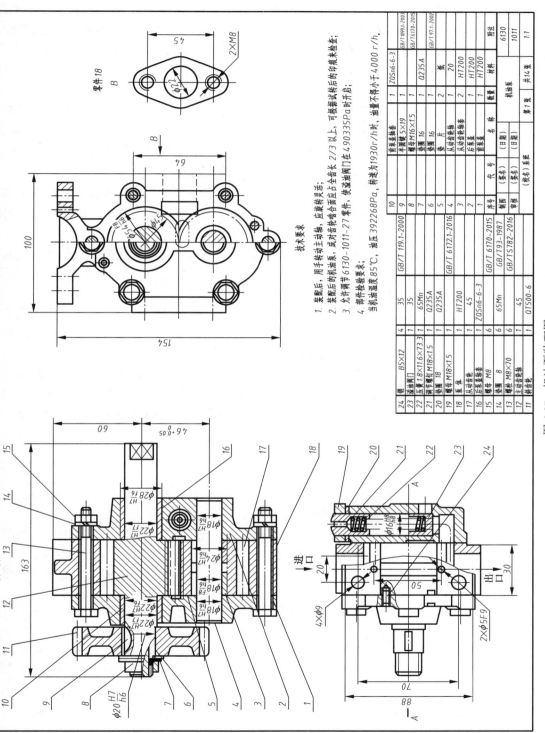

零件18

技术要求

1. 装配后，用手转动主动轴，应转转灵活；
2. 装配后的机油泵，或对齿轮啮合面占全齿长 2/3 以上，可根据装转后的须须表检查；
3. 允许调节 6130-1011-27 零件，使溢油阀门在 490335Pa 时开启；
4. 部件检验要求：
   当机油温度85°C，油压 392268Pa，转速为1930r/h时，油量不得小于4000 r/h。

10			GB/T 119.1-2000	35		24	销	B5×12	4	35			
9				35		23	溢油阀门		1	35			
8				65Mn		22	压簧 1.8×11.6×73	3		65Mn			
7				Q235A		21	调节螺钉 M8×1.5	1	Q235A			
6				Q235A		20	垫圈 18	1	Q235A			
5						19	螺母 M18×1.5	1				
4			GB/T 6172.1-2016	HT200		18	泵 体	1	HT200			
3				45		17	从动齿轮	1	45			
2				ZQSn6-6-3		16	后泵盖衬套	1	ZQSn6-6-3			
1			GB/T 6170-2015	65Mn		15	螺母 M8	6	65Mn			
序号	代 号			名 称	数量	14	垫圈 8	6				
制图	(签名)	(日期)	GB/T 193-1987			13	螺栓 M8×70	6				
审核	(签名)	(日期)	GB/TS182-2016			12	主动齿轮轴	1	45			
						11	斜齿轮	1	QT500-6			

1	ZQSn6-6-3	GB/T1099.1-2002
1		
1	Q235A	GB/T16170-2015
2	纸	GB/T191-2002
1	20	
2	HT200	
1	HT200	
1	HT200	
数量	材料	备注

10	GB/T 119.1-2000	前泵主轴套	1		
9		半圆键 5×19	1		
8		螺母 M16×1.5	1	
7		垫圈 16	1	
6		垫片	2	
5		从动齿轮轴	1	
4		从动齿轮衬套	2	
3		后泵盖	1	
2		前泵盖	1	

机油泵		6130
		1011
第1条	共14条	1:1

图 6-27　机油泵装配图

2）主视图的投射方向。选择能清楚地反映主要装配关系和工作原理的视图作为主视图并采取适当的剖视。如图 6-27 所示，机油泵的主动齿轮部分和从动齿轮部分是其主装配线，因此，以过主动、从动齿轮轴轴线的正平面作为剖切平面，所得 A—A 全剖视图作为主视图，从而较好地表达出机油泵各零件间的主要装配关系和传动情况，同时也可大致反映机油泵的工作原理。

（2）确定其他视图。根据装配图对视图表达的基本要求，针对部件在主视图上还没有表达清楚的工作原理或零件间的装配关系和相互位置关系，选择合适的其他视图或剖视图等。

如机油泵的工作原理，仅一个主视图显然还不能充分表达清楚；另外溢油装置部分和其他局部装配关系亦未表达清楚，故选择左视图和俯视图（图 6-27）。

左视图是沿泵盖与泵体结合面剖切后，采用半剖视图画出的，这样既简化了作图，也能清楚地表达泵盖、泵体内外形的形状特征和螺栓连接、定位销的分布情况，以及机油泵的工作原理、后泵盖上回油槽的位置及基本形状等。

俯视图拆去斜齿轮等零件后画出，表达了安装基面上安装孔的分布情况；视图右侧局部剖视图的剖切平面通过溢油阀的装配轴线，以表达溢油装置各零件间的装配关系和工作情况，同时补充表达进、出油口的结构。

最后考虑尚未表达清楚的一些局部结构和装配关系。俯视图左侧的局部剖视图表达了泵盖、泵体与定位销的装配关系；B 局部视图表达了进、出油口与管道有连接处凸台的形状和连接螺孔的位置。最后确定的机油泵装配图表达方案如图 6-27 所示。

装配图的视图选择，主要是围绕着如何表达部件的工作原理和部件的各条装配线来进行的。而表达部件的各条装配线时，还要分清主次，首先把部件的主要装配线反映在基本视图上，然后再考虑如何表达部件的局部装配关系，务必使各个视图和剖视图的表达内容都有明确的表达目的。

■ 6.4.2 装配图的画图步骤

根据确定的部件表达方案及部件的大小和复杂程度，先确定绘图比例，安排各视图的位置，选定图幅后，便可着手按下述步骤画图。

（1）画图框、标题栏、明细栏和布置各视图位置。画出图框、图幅以及标题栏、明细栏的外框，再画出各视图的主要轴线、对称中心线、部件主要基面的轮廓 ［图 6-28（a）］。布置视图时，要注意留有编写零、部件序号以及注写尺寸和技术要求的位置，图面的总体布局应力求布局匀称。

（2）画底稿。在完成装配图的画图过程中，底稿画得是否得法，对画图速度和质量有很大影响，因此必须注意画底稿的方法和步骤。

画装配图比画零件图复杂，一般可从主视图画起，几个视图相互配合一起画。但也可按具体情况先画某一视图，如图 6-28（b）所示，机油泵装配图就是从左视图先画起的。

其次，在画零件的先后顺序上，为了使图中每个零件表示在正确的位置，并尽可能少一些不必要的线条，可围绕部件的装配干线进行绘制，一般由里向外画。先画轴，并以轴为基础，按照装配关系画出轴上各零件；然后再装上壳体、泵盖等；最后画次装配线和细部结构，如溢油阀装配线、螺钉、销钉等，如图 6-28（c）、（d）所示。

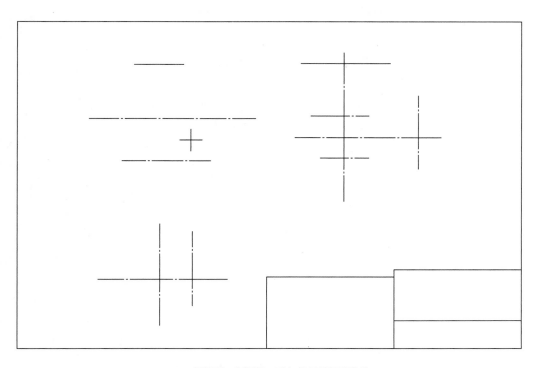

（a）画图幅、标题栏、明细栏及视图基准线

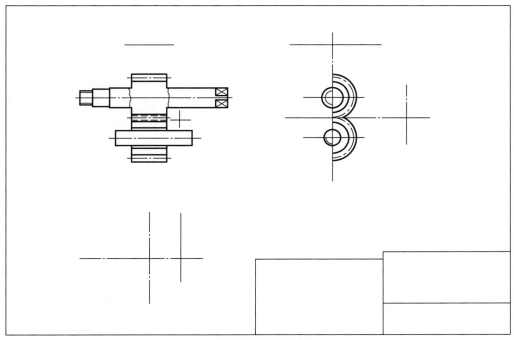

（b）从主装配线画起

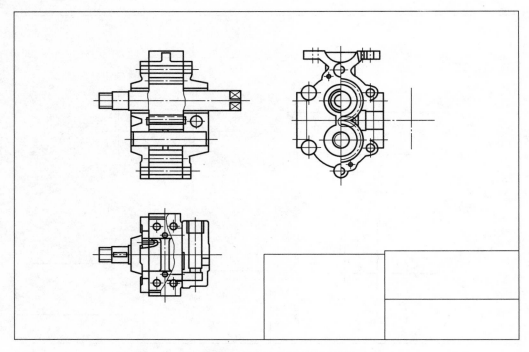

（c）按装配关系及相对位置绘制各零件

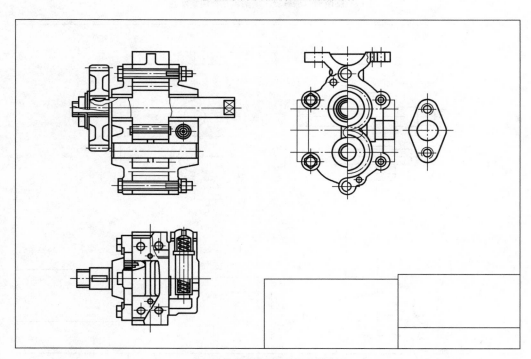

（d）绘制次装配线及细节结构

图 6-28 机油泵装配图画图步骤

画装配图时，要随时检查零件间正确的装配关系，哪些面应该接触，哪些面之间应该留有间隙，哪些面为配合面等，必须正确判断并相应画出，还要检查零件间有无干扰和互相碰撞，并及时纠正。

（3）经检查后加深图线，注出尺寸及公差配合，画出剖面线。

（4）编序号、填写明细栏、标题栏、技术要求。图 6-28 是最后完成的机油泵装配图。

6.5 阅读装配图

6.5.1 读装配图的方法和步骤

读装配图的目的是通过装配图了解部件中各个零件间的装配关系，分析部件的工作原理，以及读懂其中主要零件及其他有关零件的主要结构形状，以便设计时根据装配图设计、绘制该部件中所有非标准件的零件图。

1. 概括了解

通过阅读有关说明书以及装配图中的技术要求和标题栏，了解部件的名称、用途和绘图比例等。

对照零件序号以及明细栏，了解标准件及非标准件的名称与数量，并在装配图上初步查找这些零件的位置。

2. 分析视图

根据装配图的视图表达情况，分析全图采用了哪些表达方法，找出各个视图、剖视图、断面图的配置位置、投射方向及其之间的投影关系，并了解各视图的表达重点。

3. 分析工作原理及传动关系

一般从图样上直接分析，当部件比较复杂时，需要参考说明书。分析时，常是从部件的传动入手，分析其工作原理、传动关系，找出部件的各条装配干线。

4. 分析零件间的装配关系，读懂零件的结构形状

逐一分析部件的各条装配干线，弄清零件间的配合要求，零件间的定位、连接方式以及密封、装拆顺序等问题，同时必须做到正确地区分不同零件的轮廓范围，从而了解每个零件的主要结构形状和用途。可从下面几个方面分析装配关系：

（1）运动关系。运动如何传递，哪些零件运动，哪些零件不动，运动的形式如何（转动、移动、摆动、往复等）。

（2）配合关系。通过装配图上标注的配合代号，了解基准制度、配合种类、公差等级等。

（3）连接和固定方式。各零件间用什么方式连接和固定。

（4）定位和调整。零件上何处是定位表面，哪些面与其他零件接触，哪些地方的间隙是可调整的，用什么方法调整等。

（5）零件的装拆顺序。

（6）零件的轮廓范围，根据以下三点来区分不同零件的轮廓范围。

1）根据剖面线的方向和密度。

2）利用装配图的规定画法和特殊表达方法。如利用实心杆件和标准件不剖的规定，区分出轴、齿轮、螺纹连接件、油杯、滚动轴承等。

3）根据零件序号对照明细栏，确定零件在装配图中的位置和范围。

6.5.2 读图举例

例 6-1 阅读齿轮油泵装配图（图 6-29）。图 6-30 是齿轮油泵的轴测装配图，可作为读图分析时的参考。

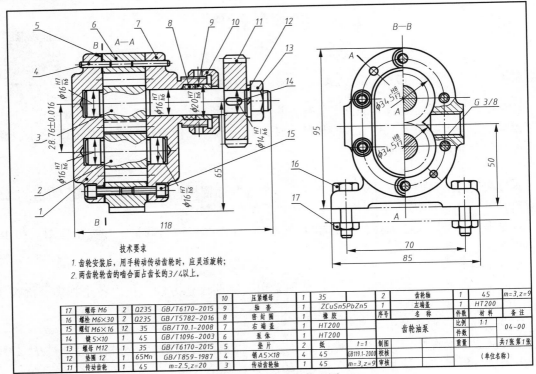

技术要求

1. 齿轮安装后，用手转动传动齿轮时，应灵活旋转；
2. 两齿轮轮齿的啮合面占齿长的3/4以上。

17	螺母 M6	2	Q235	GB/T6170-2015
16	螺栓 M6×30	2	Q235	GB/T5782-2016
15	螺钉 M6×16	12	35	GB/T70.1-2008
14	键 5×10	1	45	GB/T1096-2003
13	螺母 M12	1	35	GB/T6170-2015
12	垫圈 12	1	65Mn	GB/T859-1987
11	传动齿轮	1	45	m=2.5,z=20

10	压紧螺母	1	35	
9	轴套	1	ZCuSn5PbZn5	
8	密封圈	1	橡胶	
7	右端盖	1	HT200	
6	泵体	1	HT200	
5	垫片	2	纸	t=1
4	销 A5×18	4	45	GB119.1-2000
3	传动齿轮轴	1	45	m=3,z=9

2	齿轮轴	1	45	m=3,z=9
1	左端盖	1	HT200	
序号	名 称	件数	材料	备注

齿轮油泵	比例 1:1	04-00
	件数	重量 共1张第1张
制图		
校核	（单位名称）	
审核		

图 6-29 齿轮油泵装配图

图 6-30 齿轮油泵轴测装配图

（1）概括了解。齿轮油泵是机器中用来输送润滑油的一个部件。用主、左两个视图来表达，由泵体、左端盖、右端盖、运动零件（传动齿轮、齿轮轴）、密封零件以及标准件等组成。对照零件序号及明细栏、标题栏可看出：齿轮油泵由 17 种零件装配而成，绘图比例为 1∶1，所以图中大小反映了齿轮油泵的真实大小（书中的图由于排版需要已缩小）。

（2）分析视图。沿齿轮油泵前后对称面剖切所得的 A—A 全剖视图是主视图，反映了齿轮油泵各个零件间的装配关系，其中的局部剖视图反映了齿轮轴 2 和传动齿轮轴 3 的情况。左视图上的 B—B 半剖视图是沿左端盖 1 与泵体 6 的结合面剖切后，并拆去垫片 5 得到的。它反映了齿轮油泵泵体的外形特征，齿轮的啮合情况以及吸、压油的工作原理，再用局部剖视图反映吸、压油时，进、出油口的情况。左视图中的两条双点画线（假想画法）表明了齿轮油泵与基座的安装情况。齿轮油泵的外形尺寸是 118、85、95，由此断定齿轮油泵的体积不大。

（3）分析工作原理及传动关系。首先在主视图中找到原动件（运动由此传入）——传动齿轮 11。传动齿轮 11、传动齿轮轴 3、齿轮轴 2 是齿轮油泵中的运动零件，当传动齿轮 11 按逆时针方向（从左视图观察）转动时，通过键 14 将扭矩传递给传动齿轮轴 3，经过齿轮啮合带动齿轮轴 2 做顺时针方向转动。如图 6-31 所示，当一对齿轮在泵体内做啮合传动时，由于主动轮逆时针旋转，从动轮顺时针旋转，故啮合区内右边空间的压力降低而产生局部真空，油池内的油在大气压力作用下进入油泵低压区的吸油口，随着齿轮的转动，齿槽中的油沿箭头方向不断被带至

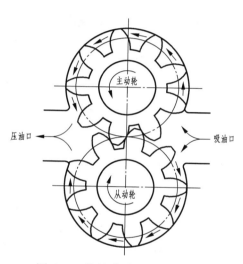

图 6-31　齿轮油泵的工作原理

左边的压油口，把油排出泵外，送至机器中需要润滑的各部分。从图 6-30 中可看出，齿轮油泵有沿传动齿轮轴 3 的轴线和齿轮轴 2 的轴线两条主装配线。

（4）分析零件间的装配关系，读懂部件中零件的主要功能和结构形状。泵体 6 是齿轮油泵中的主要零件之一，它的内腔容纳一对吸油和压油的齿轮，将传动齿轮轴 2 和齿轮轴装入泵体后，两侧由左端盖 1 和右端盖 7 支承这一对齿轮轴。由定位销 4 将左、右端盖与泵体定位后，再用螺钉 15 将左、右端盖与泵体连接起来。为了防止泵体与端盖结合面处以及传动齿轮轴 3 的伸出端漏油，分别用垫片 5 及密封圈 8、轴套 9、压紧螺母 10 密封。传动齿轮 11 与传动齿轮轴 3 之间的配合尺寸是 $\phi14\ H7/k6$；两齿轮轴与左、右端盖支承处的配合尺寸均为 $\phi16\ H7/h6$；轴套 9 与右端盖 7 的配合尺寸是 $\phi20\ H7/h6$；齿轮轴的齿顶圆与泵体内腔的配合尺寸是 $\phi34.5\ H8/f7$。尺寸 28.76 ± 0.016 是一对啮合齿轮的中心距，这个尺寸准确与否将直接影响齿轮啮合传动的质量；尺寸 65 是传动齿轮轴线离泵体安装面的高度，这两个尺寸分别是设计和安装所要求的重要尺寸。

6.6　部件的测绘方法和步骤

根据现有部件（或机器）画出其装配图的过程称为部件（或机器）测绘。在生产实际中，新产品的设计、引进新技术或仿造原有设备以及对原有设备进行技术改造或维修时，往往需要测绘有关机器的一部分或全部，因此，掌握测绘技能具有重要的实际意义。在进行部件测绘之前，应首先了解测绘的任务和目的，以决定测绘工作的内容和要求。如测绘工作是为设计新产品提供参考图样，测绘时可进行修改；若是为现有机械设备补充图样或生产备件，或者是在设备维修时，为修复损坏的零、部件提供加工图样，作为制造的技术依据，则测绘时必须正确、准确，不得有修改，但要修正因破旧、磨损造成的缺陷和制造缺陷。测绘过程大致可按顺序分为以下几个步骤：了解测绘的对象和拆卸部件→画装配示意图→测绘零件（非标准件）画零件草图→画部件装配图→画零件工作图。

■ 6.6.1　分析测绘对象

首先对部件进行分析研究，了解其用途、性能、工作原理、传动系统、大体的技术性能和使用运转情况。了解的方法一般是观察、分析该部件（或机器）的结构和工作情况，阅读说明书和有关资料，参考同类产品图样，以及直接向有关人员广泛了解使用情况等。在可能的情况下检测有关技术性能指标和一些重要的装配尺寸，如零件间的相对位置尺寸、极限尺寸以及装配间隙等，为下一步拆装工作和测绘工作打下基础。现以 6130 型柴油机上的机油泵为例，简要说明如下：

1. 机油泵的用途

图 6-32 是机油泵的结构轴测图，机油泵在柴油机中的作用是将柴油机底壳中的机油输送到各运动零件，如轴承、齿轮、凸轮、摇臂等处进行润滑，以减少零件间的磨损。

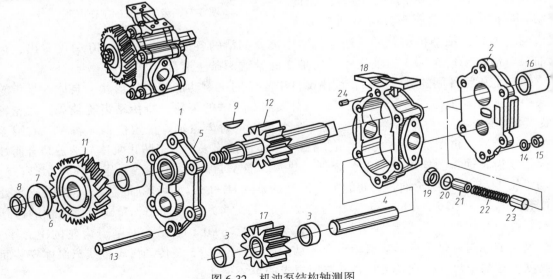

图 6-32　机油泵结构轴测图

2. 机油泵的性能指标

当机油温度为 85 ℃，油压为 392268 Pa，转速为 1930 r/min 时，机油泵的流量为 4000 L/h，最高油压不超过 490335 Pa。

3. 机油泵工作原理

从图 6-32 中可看出机油泵是齿轮油泵，其工作原理参阅 6.5.1 节的有关内容。

4. 机油泵构造

机油泵的工作部分由一对啮合的主动齿轮轴 12，从动齿轮 17，泵体 18，前后泵盖 1、2 组成。泵体与泵盖由四个圆柱销 24 定位，由六套螺栓、垫圈、螺母 13、14、15 连接。泵盖与泵体之间还装有垫片 5，以防止油从结合面缝隙中漏出。

斜齿轮 11 通过半圆键 9 与主动齿轮轴 12 连接，装在轴的左端与轴肩靠紧，并用螺母 8、垫圈 6、7 拧紧防松。斜齿轮由柴油机上的齿轮带动，从而带动主动齿轮和从动齿轮一起转动。

主动齿轮轴 12 和从动齿轮轴 4 由前后泵盖的轴孔支承。前后泵盖的上轴孔（支承主动齿轮轴）和下轴孔（支承从动齿轮轴）内装有轴套 10、16、3，以便磨损后配换。

机油泵设有溢油装置，当出口机油油压超过 490335 Pa 时，高压油就推动溢油阀门 23 压缩弹簧 22，机油即从后盖的小孔溢出，使输出油压保持在 490335 Pa 以下。机油泵的溢油压力的调节是用螺钉 21 调节弹簧 22 的压力来实现的。

通过上述分析，了解到机油泵的结构和各零件的装配关系，主要可分为三个部分：主动齿轮部分、从动齿轮部分和溢油阀部分，这三部分实质上是机油泵的三条装配干线。正确分析部件的装配干线可清楚地建立起部件的结构和各零件间装配关系的概念。

5. 机油泵各零件间的配合关系

（1）主动齿轮和从动齿轮的齿顶圆与泵体的内孔有间隙配合要求。

（2）轴套外圆与前后泵盖的上轴孔以及从动齿轮的孔之间均为过盈配合；轴套内孔与主动齿轮轴和从动齿轮轴之间均为间隙配合。

（3）从动齿轮轴与前泵盖下轴孔为间隙配合，与后泵盖下轴孔则为过盈配合。

（4）溢油阀门与后泵盖阀门孔为间隙配合。

总之，部件结构分析是测绘过程中的一个重要步骤，主要分析部件上各零件的装配关系和运动情况；分析部件中各零件的相互位置，零件的哪些表面相互接触，哪些表面不接触，以及各个零件在部件中的作用。

6.6.2　画装配示意图

对部件的结构有了全面的了解之后，第二步就是画装配示意图。装配示意图表示出部件中各零件的相互位置和装配关系，作为拆卸零件后重新装配成部件和画装配图的依据。图 6-33 是机油泵的装配示意图。

装配示意图一般以简单的图线和国家标准机械制图中规定的机构及其组件的简图符号，采用简化画法和习惯画法完成。装配示意图的画法主要有以下特点：

（1）装配示意图是假想把部件看成透明体来画的，以便能同时表达部件内部和外部零件的轮廓及装配关系。

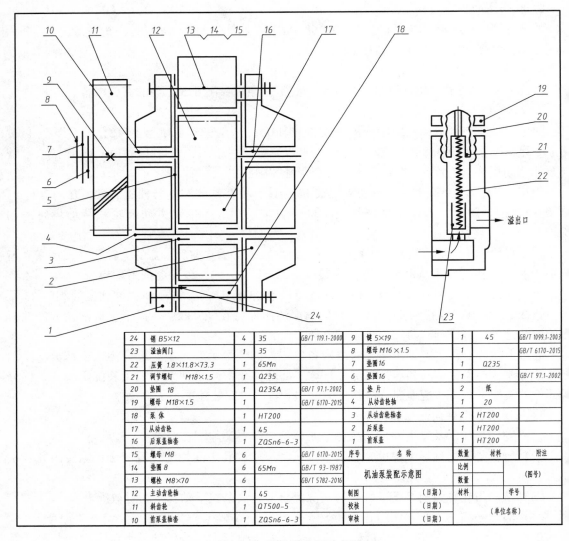

24	销 B5×12	4	35	GB/T 119.1-2000	9	键 5×19	1	45	GB/T 1099.1-2003
23	溢油阀门	1	35		8	螺母 M16×1.5	1		GB/T 6170-2015
22	压簧 1.8×11.8×73.3	1	65Mn		7	垫圈 16	1	Q235	
21	调节螺钉 M18×1.5	1	Q235		6	垫圈 16	1		GB/T 97.1-2002
20	垫圈 18	1	Q235A	GB/T 97.1-2002	5	垫片	2	纸	
19	螺母 M18×1.5	1		GB/T 6170-2015	4	从动齿轮轴	1	20	
18	泵体	1	HT200		3	从动齿轮轴套	2	HT200	
17	从动齿轮轴	1	45		2	后泵盖	1	HT200	
16	后泵盖轴套	1	ZQSn6-6-3		1	前泵盖	1	HT200	
15	螺母 M8	6		GB/T 6170-2015	序号	名称	数量	材料	附注
14	垫圈 8	6	65Mn	GB/T 93-1987					
13	螺栓 M8×70	6		GB/T 5782-2016					
12	主动齿轮轴	1	45						
11	斜齿轮	1	QT500-5						
10	前泵盖轴套	1	ZQSn6-6-3						

图 6-33　机油泵装配示意图

（2）装配示意图只用简单的符号和线条表达部件中各零件的大致形状和装配关系，一般只画一个图形，如果一个图形表达不完全，也可增加图形。如图 6-33 中就增画了一个表达溢油装置的图形。

（3）一般零件可用简单图形画出其大致轮廓，形状简单的零件如轴、螺纹连接件等还可用单线条表示，如图 6-33 中的泵体、泵盖、螺栓、螺母等。有些零件及其连接关系可按机械制图国家标准规定的机构及其组件的简图符号绘制，如图 6-33 中的齿轮啮合、键连接、轴承等。

（4）两相邻零件的接触面或配合面之间应留有间隙，以便区别两零件。

（5）全部零件都应编号，并在明细栏中注明各零件的名称、数量、材料等。对标准件如螺栓、螺母等还需测量出公称尺寸，注明其规定标记，因为标准件不再绘制零件图。

■6.6.3　拆卸零件，画零件草图

　　拆卸零件前要研究拆卸顺序和方法，根据部件的组成情况及装配特点，把部件分成几个组成部分，依次拆卸。拆卸时要有相应的工具和正确的方法，保证顺利拆卸。对不可拆的连接和有过盈配合的零件尽量不拆，以保证零、部件原有的完整性、精确度和密封性。拆卸前应先测量一些重要尺寸，如相对位置尺寸、运动零件的极限位置尺寸、装配间隙等，使重新装配部件后，能保证原来的装配要求。

　　拆卸零件应按一定的顺序进行，如拆卸机油泵时，应由零件 8 开始，接着拆零件 7、6 和 11，然后拆卸零件 15、14 和 13，最后拆卸泵盖和齿轮等。部件只有在拆卸后才能显示出零件间真实的装配关系。因此，拆卸部件时，必须一边拆卸，一边补充和更正所画的示意图，也可边拆卸边画示意图。还应对照装配示意图，用扎标签的方法对各零件分别编号，零件应妥善保管，避免损坏、生锈、丢失和乱放。对螺钉、销子、键等容易散失的小零件，拆完后仍可装在相应的孔、槽中，以免丢失和混乱。

　　拆完零件后对零件进行测绘，画出零件草图，零件草图的画法见 3.7 节零件测绘，图 6-34 是机油泵除垫片 5 以外的全部非标准零件的草图。

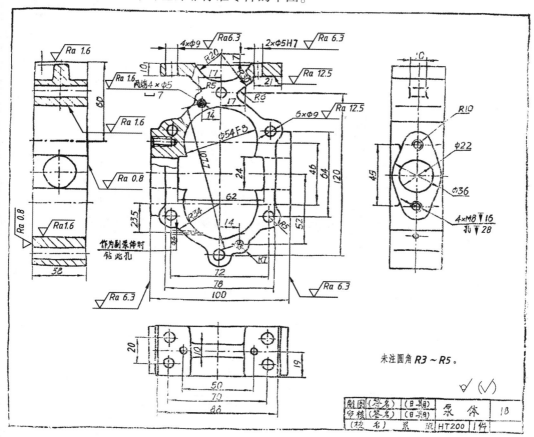

(a)

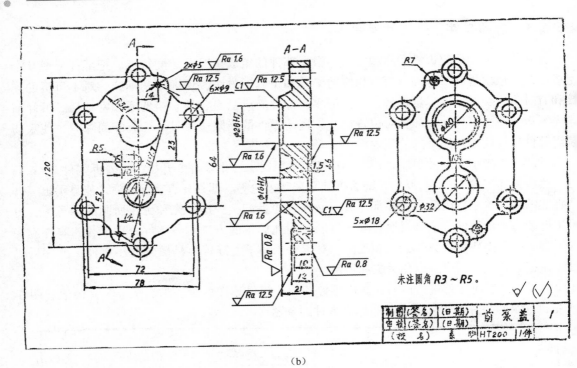

(b)

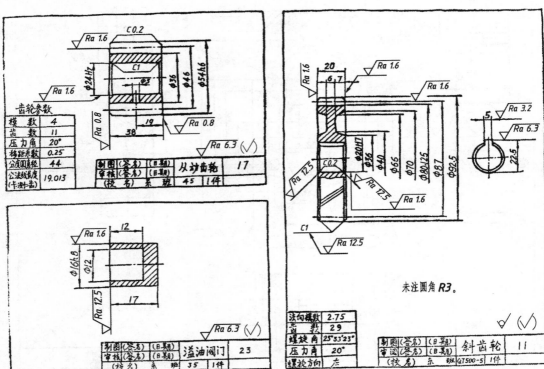

(c)

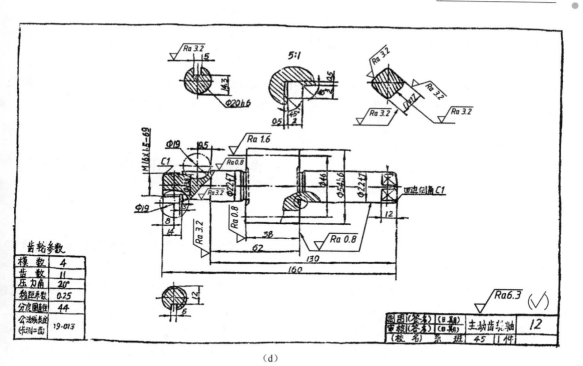

（d）

图 6-34 机油泵零件草图

6.6.4 根据装配示意图和零件草图画装配图

在部件测绘中，装配图是根据装配示意图和零件草图绘制的。由零件图画装配图的方法，称拼图。画装配图时，要及时修改零件草图上的错误。

6.6.5 由装配图拆画零件工作图

画出装配图后，再由装配图画零件工作图，称拆图。拆图方法详见下一节内容。

6.7 由装配图拆画零件图

扫一扫，看视频

按照设计程序，在设计部件或机器时，通常是根据使用要求先画出确定部件或机器主要结构的装配草图，然后再根据装配草图拆画零件图。由装配图拆画零件图，简称拆图。其过程也是继续设计零件的过程。

6.7.1 拆画零件图的步骤

1. 深入了解设计意图

拆画零件图前，必须认真阅读装配图，全面深入了解设计意图，弄清部件或机器的工作原理、装配关系、技术要求。

2. 构型分析

根据装配图把所拆画零件的结构、装配工艺要求等尽可能分析、了解清楚。

3. 拆画零件图

按照零件图的要求，绘制拆画零件的零件图。通常先拆画主要零件，然后逐一画出相关零件，这样便于保证各零件的结构形状合理，并使尺寸、配合性质和技术要求等协调一致。

6.7.2 拆画零件图要注意的几个问题

拆画零件图时，不但要从设计方面考虑零件的作用和要求，而且要从工艺方面考虑零件的制造和装配，使零件的结构形状符合设计和工艺要求，构型合理。

1. 零件分类

按照机械设计对零件的要求，把零件分成以下四类：

（1）标准件。标准件大多数属外购件，因此不需要画出零件图，只要按照标准件的规定标记代号列出标准件的汇总表即可。

（2）借用零件。借用零件是指借用定型产品上的零件。这类零件由于可利用已有图样而不必另行绘制零件图。

（3）特殊零件。特殊零件是指设计时即确定下来的重要零件，在设计说明书中都附有这类零件的图样或重要数据，如汽轮机的叶片、喷嘴，减速器中的齿轮、蜗轮、蜗杆等。对这类零件，应按装配草图中给出的主要结构、形状和数据绘制零件图。

（4）一般零件。这类零件基本上是按照装配图所表现的主要形状、大小和有关的技术要求来画，是拆画零件图的主要对象。

2. 对零件图表达方案的处理

装配图的视图表达方案主要是根据所表达部件的工作原理，零件间的装配、连接关系等考虑的，而零件图的视图表达方案主要是根据所表达零件的结构、形状特点考虑的。因此拆画零件图考虑零件的视图表达方案时，不应简单照抄装配图中该零件的表达方法，或强求与装配图一致，而应从零件的具体情况出发重新考虑。在大多数情况下，箱体类零件如减速器的底座、各种泵的泵体等，主视图的表达一般与装配图一致，这样做的好处是装配机器时便于对照，减少差错。对轴套类零件和盘盖类零件，则一般按零件的加工位置选择主视图。对支架类零件，主视图的位置一般与装配图一致，而投射方向则取其最能反映零件形状特征的一面。

3. 对零件结构形状的处理

（1）由于装配图仅表达了零件的主要结构形状，因此某些零件，特别是形体较复杂的箱体类零件，往往在装配图上表达不完整，这时需要根据零件的作用、它与相邻零件的连接关系，以及已掌握的工艺结构知识，从构型分析的角度出发加以补充完善。如图 6-35 所示图形是从油压阀装配图（图 6-42）中分离出的油压缸的某一视图。由装配图知，油压缸顶盖与油压缸采用四个双头螺柱连接，所以油压缸顶面有四个螺孔，另外，油压缸的底板上也有四个螺栓孔，用来将油压缸与基座连接起来，但这些孔的位置在装配图上没有明确表示。拆画油压缸零件图时，如果将油压缸顶面和底板上的孔按前后、左右均对称来配置，则顶面上的螺孔就会与进、出油口相通。另外，安装油压阀底板螺栓时，工具就会与油压缸的支承肋相碰而无法安装。因此，拆画零件图时应考虑将这些孔配置在与前后对称面成 45°的方向上（图 6-36）。

（2）装配图中，零件上的某些局部结构往往未完全表达，此时，需根据零件的功用、零件的构型分析等加以补充完善。如图 6-37 中 A 向视图和图 6-38 中的 A—A 断面图，所表示的结构在装配图［图 6-37（a）、图 6-38（a）］中均未完全表达，所以拆画零件图时，零件图中该部分结构要补充完善，可考虑的形状有多种，如图 6-37（b）、（c）和图 6-38（b）、（c）所示。

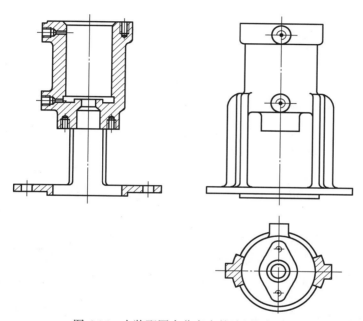

图 6-35　由装配图中分离出的油压缸视图

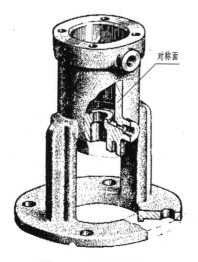

图 6-36　油压缸轴测图

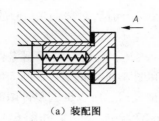

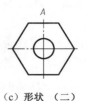

（a）装配图　　　　（b）形状（一）　　　　（c）形状（二）

图 6-37　螺纹堵头的头部形状

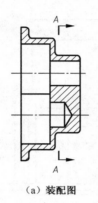
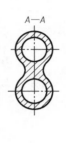
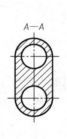

（a）装配图　　　（b）形状（一）　　　（c）形状（二）

图 6-38　泵盖的凸台形状

（3）零件的工艺结构如倒角、退刀槽、圆角、顶尖孔等，在装配图中采用简化画法，往往省略不画，在拆画零件图时均应按结构、工艺的需要补画这些结构。又如零件上某一结构需要与其他零件在装配时一起加工，则应在零件图上注明（图 6-39）。

（4）零件间采用铆接、弯曲卷边等变形方法连接时，零件图应画出其连接前的形状，如图 6-40、图 6-41 所示。

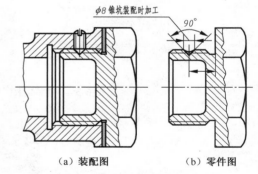

（a）装配图　　　　（b）零件图

图 6-39　零件图上注明装配时加工

4. 对零件尺寸的处理

装配图上的尺寸仅是按装配图的表达要求标注的，拆画零件图时，尺寸的注法应按 3.3 节所讨论的方法和要求标注，尺寸的数值则须根据以下不同情况分别处理。

（1）装配图上已注出的尺寸，在相关的零件图上应直接注出，不允许改动。对于配合尺寸和某些相对位置尺寸，则要注出其公差配合代号或偏差值。

（2）与标准件相连接或配合的有关尺寸，如螺纹的有关尺寸，定位销孔直径，滚动轴承的内、外圈直径等，要从相应规范和标准中查取。

（3）对于标准结构，如倒角、退刀槽、砂轮越程槽、键槽、螺栓通孔直径、螺孔深度、沉孔等，尺寸也应从有关规范和标准中查取。

（4）对于非标准件的某些尺寸，如薄板零件的板厚、垫片厚度、弹簧的一些尺寸（簧丝

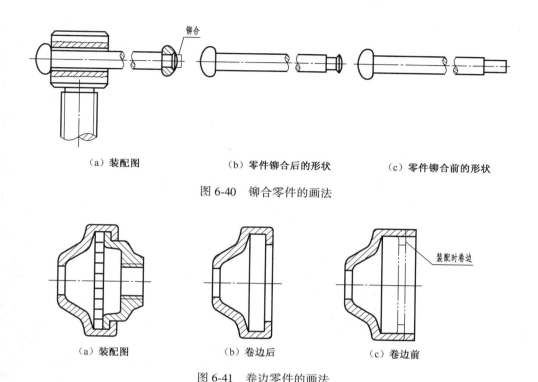

（a）装配图　　　　　　　（b）零件铆合后的形状　　　　　　（c）零件铆合前的形状

图 6-40　铆合零件的画法

（a）装配图　　　　　　　（b）卷边后　　　　　　　（c）卷边前

图 6-41　卷边零件的画法

直径、自由高度、节距等），若在装配图的明细栏中已注有数据，应以明细栏中的尺寸为准。

（5）对于齿轮的分度圆、齿顶圆直径等尺寸，应按明细栏中给定的参数（如模数、齿数）计算后，按设计规范所规定的标准数据确定。

（6）相邻零件接触面的有关尺寸及连接件的有关定位尺寸要协调一致。

（7）其余尺寸均从装配图中直接量取，量取的数值经圆整或取标准化数值后，标注在零件图中。

5. 零件表面结构的确定

零件上各表面的结构是根据其作用和尺寸公差，或参考同类产品的图样确定的。一般接触面与配合面的表面结构数值相应较小，自由表面的表面结构数值一般较大。有密封、耐蚀、美观等要求的表面结构数值相应较小，可参阅机械设计手册。

6. 关于技术要求

技术要求的注写也是绘制零件图时要进行的一项重要内容，它直接影响零件的加工质量，但是正确制定技术要求涉及许多专业知识，本书不详述。

6.7.3　拆画零件图举例

例 6-2　拆画图 6-42 所示油压阀装配图中的油压缸零件图。

1. 确定表达方案

从装配图上拆画零件图，必须根据零件的具体形状，按零件图视图选择的原则重新考虑拆画零件的视图表达方案。

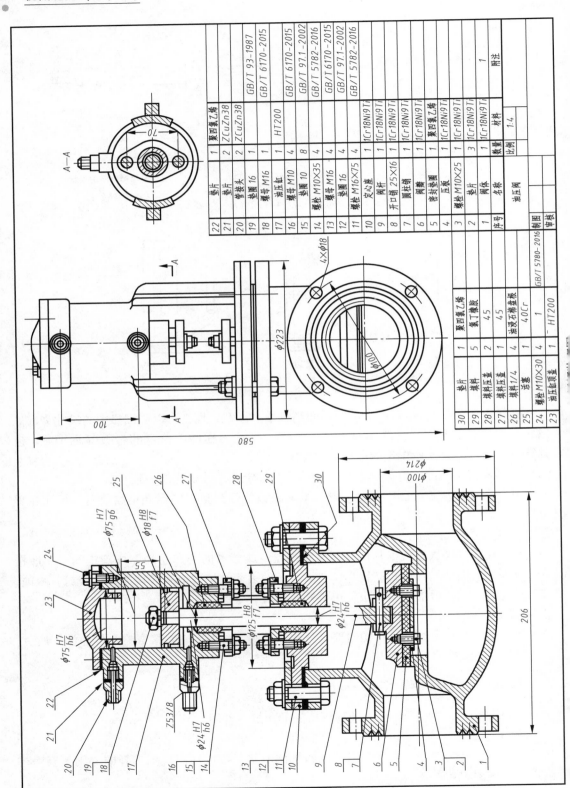

序号	名称	数量	材料	附注
22	垫片	1	聚四氟乙烯	GB/T 93-1987
21	垫片	2	ZCuZn38	
20	管接头	2	ZCuZn38	
19	垫圈 16	1		GB/T 6170-2015
18	螺母 M16	1		
17	油压缸	1	HT200	
16	螺母 M10	4		GB/T 6170-2015
15	垫圈 10	8		GB/T 971-2002
14	螺母 M16	4		GB/T 5782-2016
13	垫圈 16	4		GB/T 971-2002
12	螺栓 M16×75	4		GB/T 5782-2016
11	定心座	1	1Cr18Ni9Ti	
10	阀杆	1	1Cr18Ni9Ti	
9	开口销 25×16	1	1Cr18Ni9Ti	
8	圆柱销	1	1Cr18Ni9Ti	
7	阀瓣	1	1Cr18Ni9Ti	
6	密封装圈	1	聚四氟乙烯	
5	压版	4	1Cr18Ni9Ti	
4	垫片	1	1Cr18Ni9Ti	
3	螺栓 M10×25	3	1Cr18Ni9Ti	
2	阀体	1		
1	油压阀			1:4

30	垫片	1	聚四氟乙烯	
29	填料盖	5	氯丁橡胶	
28	填料压盖	2	45	
27	填料压盖	4	45	
26	填料1/4	1	浸灰石棉盘根	
25	螺栓 M10×30	4	4.0Cr	
24	活塞	1	—	
23	油压缸顶盖	1	HT200	GB/T 5780-2016

（1）选择主视图。图 6-35 是从油压阀装配图中分离出的油压缸的视图，可以看出：装配图中左视图的投射方向能够反映油压缸的形状特征，且符合其工作位置，故将它选为油压缸零件图的主视图，并采用半剖视图，以表达油压缸的内部形状，如图 6-43 所示。

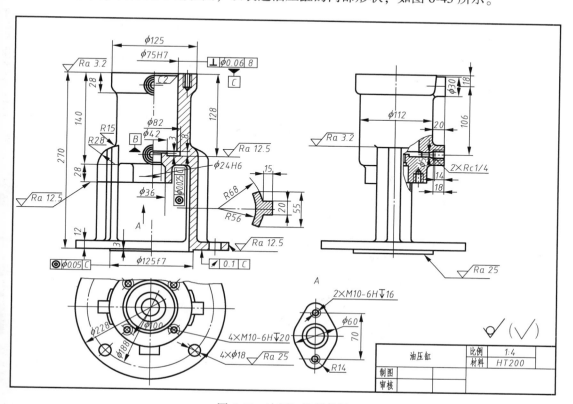

图 6-43　油压缸的零件图

（2）确定其他视图。左视图采用局部剖视图，以表达油压缸进、出油口的情况，A 局部视图表达油压缸中部凸台的形状，增加俯视图表达油压缸顶面和底板上螺孔和螺栓孔的位置，断面图则用来表达加强肋的断面形状（图 6-43）。

2. 标注尺寸

装配图中，油压缸进、出油口的中心距 106，中部凸缘螺孔中心距 70 及底板直径 $\phi228$ 是装配图上注出的尺寸，应直接移注到零件图上；油压缸的内径与活塞有配合要求，根据装配图所注配合代号 $\phi75H7/g6$，零件图上应标注为 $\phi75H7$，或查阅附录后标注其偏差值 $\phi75^{+0.030}_{0}$；底板下部凸缘与阀体有配合要求，根据其配合代号 $\phi125H8/f7$，零件图上应标注为 $\phi125f7$，或查阅附录后标注其偏差值 $\phi125^{-0.043}_{-0.083}$；其他尺寸均可由图上直接量取，经圆整或标准化后，在零件图上注出。

3. 注写技术要求

按照零件各表面的作用和尺寸公差，标注表面结构，如油压缸的内径 $\phi75^{+0.030}_{0}$ 有配合要求，且与活塞外表面间有相对运动，精度要求较高，表面结构选用 $Ra1.6\ \mu m$，一般的配合表面选用 $Ra6.3\ \mu m$；有密封要求的接触面（如油压缸的上表面）选用 $Ra3.2\ \mu m$，一般的接触面选用 Ra 12.5 μm；倒角处和螺栓孔选用 Ra 25 μm。

几何公差按要求标注几何公差框图。

4. 校核

零件图画完后，必须对所拆画的零件图进行仔细校核，校核内容有：检查每张零件图的各项内容是否完整；对零件的形状、结构表达是否完整、合理；有关的配合尺寸、表面结构等级、几何公差的要求是否一致；零件的名称、材料、数量等是否与装配图中明细栏所注相符。图 6-43 是油压缸的零件图。

复习思考题

1. 装配图在生产中起什么作用？它应该包括哪些内容？
2. 装配图有哪些规定画法和特殊画法？
3. 在装配图中，一般应标注哪几类尺寸？
4. 编注装配图中的零、部件序号，应遵循哪些规定？
5. 为什么在设计和绘制装配图的过程中，要考虑装配结构的合理性？
6. 简述阅读装配图的方法和步骤。
7. 简述由装配图拆画零件图的方法和步骤。

第7章

展 开 图

在生产和生活中常见到一些由钣金材料制成的零部件或设备，如铁路罐车的车体、通风管道、化工容器、烟囱、漏斗等。制造这些产品时，需首先按产品的实际形状和大小画出其表面展开图（称为放样），然后下料、成型，最后用咬缝或焊接连接接口处。把立体的表面按其实际形状摊平在一个平面上，称为立体表面的展开，展开后的图形称为展开图。图 7-1（a）为一锥管的投影图，图 7-1（b）则表示了锥管的展开及展开图。因此，绘制立体表面的展开图，就是运用图解法或图算结合的方法画出立体表面摊平后的图形。

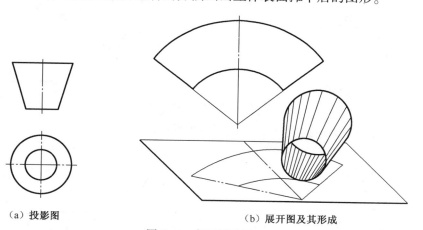

（a）投影图　　　　　　　　　　　　　（b）展开图及其形成

图 7-1　表面展开原理

立体表面按可展与不可展分为两类，平面立体的表面由若干平面多边形组成，所以，平面立体的表面都是可展的。曲面立体的表面是否可展，则要根据曲面性质确定。当曲面上相邻两素线可构成一平面时，曲面就是可展的，可展曲面有柱面、锥面和切线曲面；其他曲面为不可展曲面，在生产实际中，常采用近似展开的方法绘制不可展曲面的展开图。

7.1　平面立体的展开

求出平面立体各表面的实形，并将它们依次画在一个平面上，就得到了平面立体的表面展开图。

例 7-1　绘制图 7-2（a）所示三棱锥的展开图。

【分析】三棱锥的表面由四个三角形组成，展开三棱锥的表面就是求出这些三角形平面的实形。按投影图所示的三棱锥的位置，三棱锥的水平投影 *abc* 反映实形，棱锥的三个棱面都是一般位置平面，其各个投影都不反映实形。欲求各棱面的实形，必须先求出各棱线的实长。

【作图步骤】

（1）求各棱线的实长。SA 棱是正平线，正面投影 $s'a'$ 反映实长，SC、SB 棱的实长用直角三角形法求出，由于棱锥底面为水平面，棱锥的三条棱都有相同的 Z 坐标差 ΔZ，故以 s_1s（长度等于 ΔZ）为一直角边，水平投影 sb 为另一直角边即 s_xb_1，斜边 s_1b_1 即为 SB 棱的实长，同理可求出 SC 棱的实长 s_1c_1，如图 7-2（a）所示。

（2）绘制展开图。求出各棱线的实长后，可从任一棱线开始（例如 SA），按各三角形三边的实长，依次画出各棱面及底面的实形，即得三棱锥的展开图，如图 7-2（b）所示。

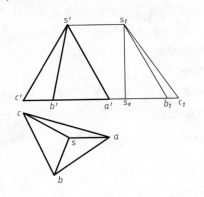
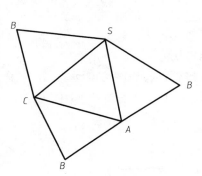

（a）投影图　　　　　　　　　　　　　　　（b）展开图

图 7-2　三棱锥的表面展开图

例 7-2　绘制截切三棱锥的展开图，如图 7-3 所示。

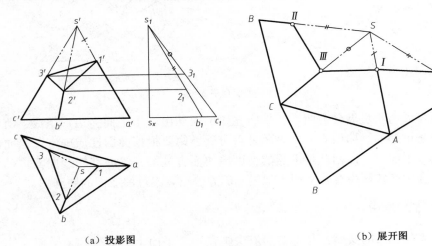

（a）投影图　　　　　　　　　　　　　　　（b）展开图

图 7-3　截切三棱锥的展开图

【分析】截切三棱锥实际就是完整三棱锥被截去了上部，所以先求出各棱线被截切部分 $SⅠ$、$SⅡ$ 和 $SⅢ$ 的实长，以完整三棱锥的展开图为基础，在各棱线上定出 Ⅰ、Ⅱ 和 Ⅲ 的位置即可。

【作图步骤】

（1）求各棱线被截切部分的实长。由于 SA 棱为正平线，$s'1'$ 反映 $S\text{I}$ 的实长，运用定比规律，在 SC 和 SB 的实长基础上，求出 $S\text{III}$ 和 $S\text{II}$ 的实长，如图 7-3（a）所示。

（2）确定棱线上截切点的位置。在展开图上按所求 $S\text{I}$、$S\text{II}$ 和 $S\text{III}$ 的实长定出 I、II、III 点的位置，然后连接 I、II、III 各点，如图 7-3（b）所示。

例 7-3 绘制上口倾斜的方管接头的展开图，如图 7-4 所示。

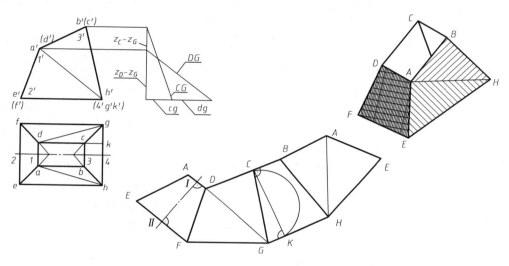

图 7-4 上口倾斜的方管接头的展开图

【分析】该接头的上口垂直于正面，倾斜于水平面，下口平行于水平面。由其投影图，很容易把它看成是截顶四棱锥。如果将 EA、FD 以及 HB、GC 延长，不难发现它们并不相交于一点，因此，不是截顶四棱锥。也就是说，不能像例 7-2 那样作展开图。

因接头的四个表面都是四边形，要求是四边形的实形，需将四边形分解为两个三角形，然后求两个三角形的实形，便可得到四边形的实形。

本例前后两个表面可以分成两个三角形，而左右两侧面是梯形，且均为正垂面（其高 I-II 和 III-IV 为正平线，正面投影 1'2' 和 3'4' 反映其实长，梯形的上、下底为正垂线，其水平投影反映实长），因此可直接求其实形。

【作图步骤】

（1）作梯形 $ADFE$。作下底 $EF=ef$，取高 I-II 等于 1'2'，再作上底 AD（使 $AI=IID=$ ₁），即得 $ADFE$ 的展开图。

（2）作 $CDFG$ 平面。根据 $DC=d'c'$，$FG=fg$，以及直角三角形法求出的 DG 和 GC 的实长（以水平投影 dg 和 cg 及其 Z 坐标差为两直角边），可作出 $\triangle DFG$ 和 $\triangle GCD$ 的展开图。

（3）作梯形 $BCGH$。以 CG 为直径作圆周，再以 C 为圆心，CK 长为半径（$CK=c'k'$）在圆周上截取 K 点。连接 GK 并延长，使 $GH=gh$，作出下底 GH；过 C 作 $CB \perp CK$，并使 $CB=$ ₀，作出上底 BC（借助梯形的高 III-VI，也可以单独作出该梯形的实形，然后再平移过来）。

（4）用（2）中的方法作出梯形 $BCGH$ 的展开图。

7.2 可展曲面的展开

1. 柱面的展开

柱面的展开方法与棱柱相似，因柱面的素线相互平行，棱柱的棱线也相互平行，柱面可看成是棱线无穷多的棱柱，所以棱柱的展开方法可用于柱面的展开。由于柱面的素线展开后仍然相互平行，作展开图时可利用这一特性，故柱面的展开方法称为平行线法。

如图 7-5（c）所示，正圆柱表面的展开图就是一个矩形，矩形的一个边长为圆柱正截面的周长 πD（D 为圆柱直径），另一个边长为圆柱的高度 H。

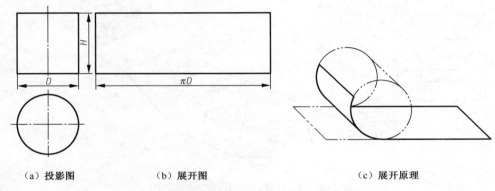

(a) 投影图   (b) 展开图   (c) 展开原理

图 7-5 正圆柱面的展开图

例 7-4 绘制斜口圆柱管的展开图，如图 7-6 所示。

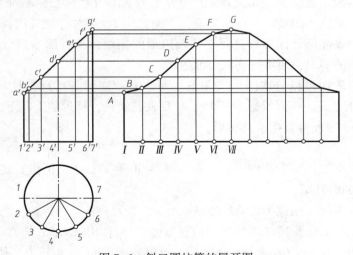

图 7-6 斜口圆柱管的展开图

【分析】圆柱管的基本体为正圆柱，斜切后，虽然圆柱管的上、下两底面不平行，但圆柱表面的所有素线均为铅垂线，在正面投影上反映实长。

【作图步骤】

（1）在水平投影上等分圆周。为了作图方便，一般将圆周 12 等分。过各等分点在正面投影上作出相应素线的正面投影 1′a′，2′b′，…，7′g′。

（2）展开柱面。将底圆展开成一条直线（长度等于 πD），并将其 12 等分。过各等分点作垂线，即为圆柱表面展开后各素线的位置，然后定出各素线的长度，如 ⅠA = 1′a′、ⅡB = 2′b′…，得展开后截交线上的各点 A，B，C…，光滑连接 A、B、C 等各点，即得斜口圆柱管的展开图。

2. 锥面的展开

锥面的素线均相交于锥顶，因此，锥面的展开方法与棱锥相同。即自锥顶引素线，将锥面分成若干小三角形平面，将锥面看成棱线无穷多的棱锥，求出各个小三角形的实形。

例7-5 绘制斜口正圆锥管的展开图，如图 7-7（a）所示。

【分析】 先绘制完整的正圆锥表面的展开图，然后求出斜口（截交线）上各点至锥顶的素线长度。正圆锥表面的展开图是一个以圆锥母线长为半径的扇形，扇形的弧长等于圆锥底圆的周长。

【作图步骤】

（1）在投影图上等分。在水平投影上，将圆锥底圆 12 等分，并求出其正面投影 1′，2′…，将各点与锥顶 s′ 连接，即为锥面素线的正面投影，如图 7-7（b）所示。

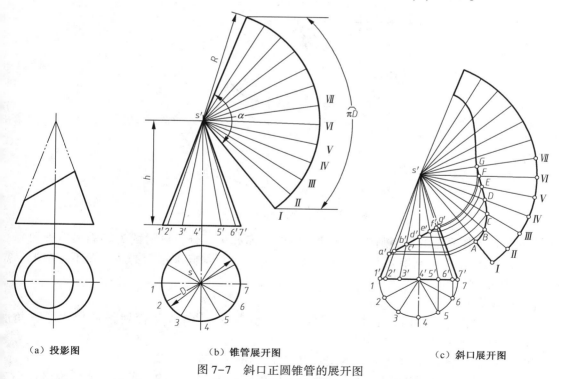

（a）投影图　　　（b）锥管展开图　　　（c）斜口展开图

图 7-7　斜口正圆锥管的展开图

（2）展开圆锥面。以圆锥母线实长为半径作圆弧，并在此圆弧上截取弦长 Ⅰ-Ⅱ 等于圆锥底圆的弦长 1-2（共作出 12 等份），即得完整正圆锥展开图，如图 7-7（b）所示。

（3）用旋转法求斜口上各点至锥顶的素线实长。即过 b'，c'，…，f'作与 X 轴平行的直线并与 $s'7'$ 线相交，所得交点至 s' 的距离就是斜口上各点至锥顶的素线实长，如图 7-7（c）所示。

（4）展开切口。分别将各素线实长量到展开图上相应的素线上，光滑连接各点即得斜口正圆锥管的展开图，如图 7-7（c）所示。

【讨论】用图算结合的方法可得到更为精确的正圆锥展开图。即用计算法精确地算出展开图扇形的圆心角大小，计算公式为 $\alpha = r/l \cdot 360°$（其中：α 为圆心角，单位为度；r 为圆锥底圆半径，l 为圆锥母线实长）。然后用作图法定出扇形的圆心角。

例 7-6 绘制截头斜椭圆锥管的展开图，如图 7-8 所示。

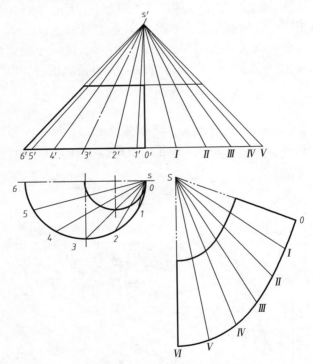

图 7-8 截头斜椭圆锥管的展开图

【分析】 先按完整的斜椭圆锥面展开，然后去掉截头部分，可得截头斜椭圆锥管的展开图。但是斜椭圆锥由于其锥面上各素线长度不等，所以，斜椭圆锥面的展开图不是扇形，得按内接多棱锥近似展开。

【作图步骤】

（1）将斜椭圆锥底圆 12 等分，并过各等分点引素线，使整个锥面划分成 12 个小三角平面（图中只画出一半）。

（2）用直角三角形法求各素线的实长（其中，$s'0'$ 和 $s'6'$ 反映实长）。

（3）以相邻两素线和底圆上相应两等分点间的弦长为三角形的三条边，连续画出各小角形的实形。

（4）光滑连接 0、Ⅰ、Ⅱ…各点，得到未截切的完整斜椭圆锥面的展开图。

（5）用定比规律求出各素线被截切后的实长，并在未截切的斜椭圆锥展开图相应的素线上量取，将所得各点光滑连接成曲线。

3. 相贯体的展开

在管道连接及化工设备中，常见两个以上曲面体相交的薄壁构件。这类构件的展开，首先要在投影图上准确地求出两立体的相贯线。

例 7-7　求异径三通管的展开图，如图 7-9 所示。

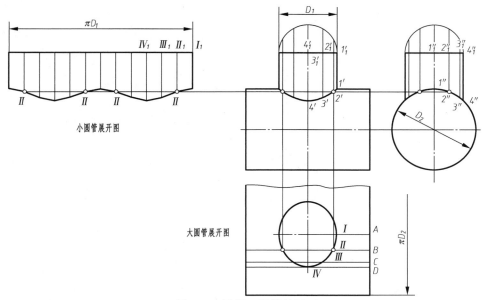

图 7-9　异径三通管的展开

【分析】首先在投影图上求出异径三通管的相贯线，依据相贯线界定两曲面，然后在展开图相应素线上确定相贯线上各点的位置。

【作图步骤】

（1）展开小圆管。小圆管的展开图画法与例 7-4 所述斜口圆柱管相同。

（2）展开大圆管。先绘制完整的大圆管展开图——矩形。在矩形 πD_2 边长上截取点 A、B、C、D，使 AB、BC、CD 等于弦长 $1''2''$、$2''3''$、$3''4''$，过 A、B、C、D 各点作大圆管表面的素线，然后由正面投影 $1'$、$2'$、$3'$、$4'$各点引线与展开图上相应的素线相交，得 Ⅰ、Ⅱ、Ⅲ、Ⅳ各点，同样可求出对称部分的其他各点，光滑连接各点得大圆管的展开图。

例 7-8　绘制锥管三通的展开图，如图 7-10 所示。

【分析】锥管三通由两个对称的斜椭圆锥管及一个圆管组成，圆管的展开图同前（本例略），两斜椭圆锥管的位置完全对称，所以，只需画出其中一个展开图即可。

【作图步骤】

（1）绘制完整斜椭圆锥的展开图。将锥面的底圆 8 等分，并过各等分点向锥顶引素线，将整个锥面划分成 8 个小三角形平面。

（2）用直角三角形法求各素线的实长，作出 8 个小三角形平面的实形 SⅠⅡ、SⅡⅢ…，得完整斜椭圆锥的展开图。

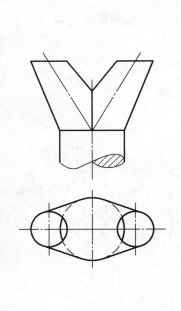

（a）投影图　　　　　　　　　　　　（b）展开图

图 7-10　锥管三通的展开图

（3）利用定比规律，求出锥顶至交线上各点素线的实长。

（4）在展开图相应素线上确定两交线上 *A*、*B*、*C*、*D* 及 *G*、*F*、*E*、*K* 各点的位置，并光滑连接各点，得展开图。

4. 变形接头的展开

如图 7-11（a）所示变形接头，上端是圆形用于连接圆管，下端是方形（也可以是矩形）用于连接方形管。由圆到方表面要有相应的过渡。绘制变形接头的展开图，首先要分析其表面构成。

例 7-9　绘制上圆下方变形接头的展开图，如图 7-11 所示。

【分析】　若在变形接头的顶圆上取 Ⅰ、Ⅳ、Ⅴ、Ⅵ 四点，把顶圆等分为四段圆弧，每段圆弧与下端方形的顶点 *A*、*B*、*C*、*D* 组成一个锥面，而下端方形的四条边分别与顶圆的四个等分点组成一个三角形平面。故该变形接头由四个等腰三角形和四部分锥面组成。为保证整个表面光滑连接，顶圆上的四个等分点应取平行于方形各边的直线与顶圆相切的切点。

【作图步骤】

（1）将圆弧 Ⅰ Ⅳ 三等分，将各等分点 Ⅰ、Ⅱ、Ⅲ、Ⅳ 与方形顶点 *A* 相连，把锥面划分为三个小三角形平面。

（2）用直角三角形法求锥面各素线的实长，作出锥面 *A* Ⅰ Ⅳ、等腰三角形 *A* Ⅰ *B* 的展开图。用相同的方法作出其余的锥面和等腰三角形的实形，其中一个等腰三角形需分成首尾两块直角三角形。

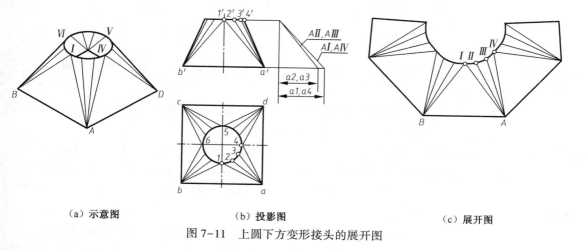

（a）示意图　　　　　（b）投影图　　　　　（c）展开图

图 7-11　上圆下方变形接头的展开图

7.3　不可展曲面的近似展开

　　环面、球面等曲面，由于其相邻两素线为交叉两直线或曲线，而不能构成一个平面，故为不可展曲面。当需要展开时，只能近似展开。近似展开的方法有两种：一种是将不可展曲面分成若干曲面三角形，将这些曲面三角形看作平面三角形来展开，称为三角形法；另一种是将曲面分为若干部分，每一部分按某种可展曲面（常用柱面和锥面）来展开，称为近似柱（锥）面法。

　　1. 球面的近似展开

　　球面一般是按柱面近似展开，也可按锥面或锥面与柱面结合的方法近似展开。

　　例 7-10　绘制球面的展开图，如图 7-12 所示。

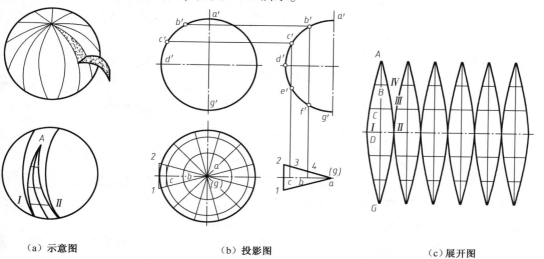

（a）示意图　　　　　（b）投影图　　　　　（c）展开图

图 7-12　柱面法近似展开球面

【分析】若用一系列过球心的铅垂面将球切为若干等份，每一等份可近似地看成一段外切于球的正圆柱面，如图7-12（a）所示。由于是等分截切，所以每一段的展开图相同。

【作图步骤】

（1）在正面投影上，将球的正面投影轮廓线6等分，得A，B，…，G各点，并过各等分点作出纬圆的投影。

（2）在水平投影上，将球的水平投影轮廓线12等分，自各等分点向圆心连线，并作出某一等分球面的外切柱面的水平投影，如1a2。

（3）将AG弧展开为直线段AG，并在直线上量取等分点间的弦长（如a'b'=AB）。

（4）过各等分点作AG直线的垂线，并在其上截取相应纬圆所对应的外切圆柱的素线长如I-II等于1-2，C-III等于c-3，将各点光滑连接得1/12的球面近似展开图，其形状为柳叶形。

（5）按同样方法画出12片柳叶形，即得整个球面的近似展开图（图中只画出一半）。

按锥面或柱面与锥面结合的方法也可近似地展开球面（图7-13）。用水平面作截平面把球分成若干部分（本例为7部分）。将球体的中间一部分I按柱面展开，将II、III、V、VI四部分按截头圆锥面展开，将IV、VII两部分按锥面展开，各部分锥的锥顶如图7-13（a）所示，图7-13（c）为其展开图。

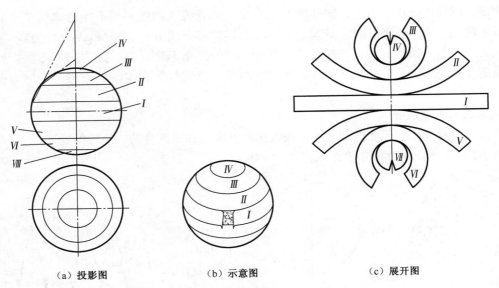

（a）投影图　　　　　（b）示意图　　　　　（c）展开图

图7-13　柱锥结合法近似展开球面

2. 圆环面的近似展开

圆环面为不可展曲面，它的近似展开是将圆环分成若干段，每一段近似地用圆柱面代替，为了简化作图，一般将圆环等分，使每段的展开图相同。

例7-11　绘制等径直角弯头的展开图，如图7-14所示。

【分析】等径直角弯头在工程中用来连接两垂直相交的圆柱管。将其等分后，每一段可近似地看成斜口圆柱管。

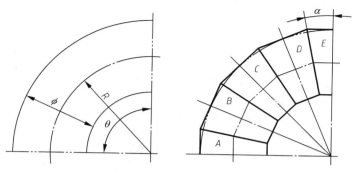

图 7-14　等径直角弯头

【作图步骤】

（1）将 1/4 圆环 8 等分，除两端为一端倾斜的圆柱管（称半节）外，中间的三段均为两端倾斜的圆柱管（称一节）。斜口圆柱管的展开参见例 7-4。

（2）在实际应用中，为使接口准确、节省材料，一般将弯管的各节排列成一个圆柱管，如图 7-15（a）所示；然后按圆柱面展开。但是需按图 7-14 所示角度 α 划分圆柱管，α 角的大小可按下列公式计算：

$$\alpha = \theta/(2N - 2)$$

式中，N 为圆环的等分段数；θ 为圆环所对应的圆心角，本例为 90°。

结果如图 7-15（b）所示。

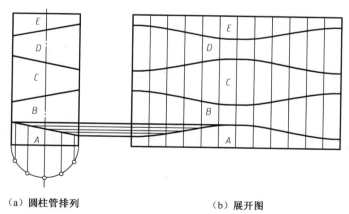

　（a）圆柱管排列　　　　　　　　　（b）展开图

图 7-15　等径直角弯头的展开图

例 7-12　绘制异径直角弯头的展开图，如图 7-16 所示。

【分析】异径直角弯头的两出口直径不相等，参考例 7-5，该弯头可看成由若干斜口圆锥管组成，与圆环的近似展开类似，结果如图 7-16（b）所示。

3. 正圆柱螺旋面的近似展开

正圆柱螺旋面在工程上应用广泛，常作为输送推进器的主要组成部分，俗称"绞龙"。

例 7-13　绘制正圆柱螺旋面的展开图，如图 7-17 所示。

【分析】将正圆柱螺旋面近似地分解成若干个小三角形平面，求出各小三角形平面的实形，依次排列即得到正圆柱螺旋面的展开图。

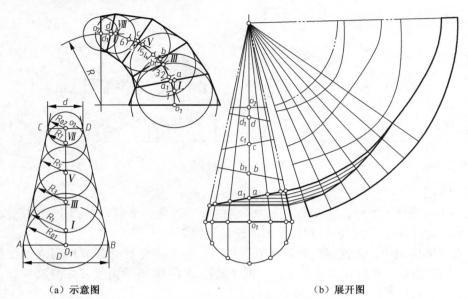

（a）示意图 　　　　　　　　　　　　（b）展开图

图 7-16　异径直角弯头的展开图

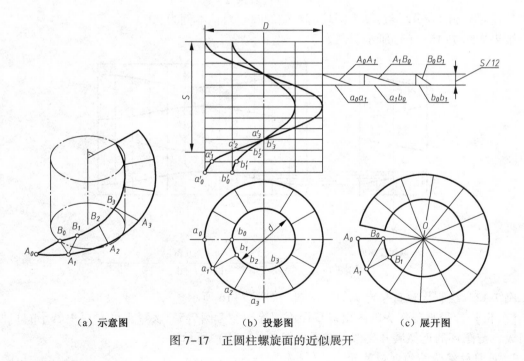

（a）示意图 　　　　　　（b）投影图 　　　　　　（c）展开图

图 7-17　正圆柱螺旋面的近似展开

【作图步骤】

（1）将一个导程内的螺旋面分为 12 等份，然后再将每等份分解成两个小三角形，如将 $A_0A_1B_1B_0$ 分解为 $\triangle A_0A_1B_0$ 和 $\triangle A_1B_1B_0$。

（2）分别求出三角形各边的实长和三角形的实形。根据正圆柱螺旋面的性质，A_0B_0 及

A_1B_1 均为水平线，其水平投影 a_0b_0 及 a_1b_1 反映实长。A_0A_1 的实长需用直角三角形法求出，以 $a'_0a'_1$（即 $S/12$）为一直角边，a_0a_1 的弦长为另一直角边，求出 A_0A_1 的实长。同理，可求出 A_1B_0、B_0B_1 的实长。

（3）求出各边实长后，作 $\triangle A_0A_1B_0$ 和 $\triangle A_1B_1B_0$ 得正圆柱螺旋面一个导程展开图的 1/12。

（4）将 A_0B_0 及 A_1B_1 延长，使其相交于 O 点，以 O 点为圆心，以 OB_0 和 OA_0 为半径作两个同心圆，在大圆弧上截取与 A_1A_0 等长的 11 份，将各等分点与 O 点连接即得正圆柱螺旋面一个导程的展开图 [图 7-17（c）]。

【讨论】正圆柱螺旋面的展开图近似于一个带缺口的环形平面，所以，工程中常根据正圆柱螺旋面的基本参数，求出内圆弧半径 r、环形的宽度 b 及缺口圆心角 θ，用图算结合的方法作出展开图 [图 7-17（c）]。即先作出两同心圆，再用量角器测量出缺口圆心角 θ。计算公式如下：

环形的宽度：$b=(D-d)/2$　　（D 和 d 分别代表螺旋面的内、外直径）

内圆弧的弧长：$l=\sqrt{S^2+(\pi d)^2}$（S 为导程）

外圆弧的弧长：$L=\sqrt{S^2+(\pi D)^2}$

内圆弧半径：$r=bl/(L-l)$

缺口圆心角：$\theta=(2\pi R-L)/(\pi R)\cdot 180°$

4. 等径直角换向接头的近似展开

例 7-14　绘制等径直角换向接头的展开图，如图 7-18 所示。

【分析】等径直角换向接头的曲面为柱状面，即它是以正平线 AI 为直母线，以两端直径相同且不同面的圆（本例中一个为平行于侧面的圆，另一个为平行于水平面的圆）为导线而形成的。由于柱状面的相邻两素线是空间的交叉直线，所以，柱状面为不可展曲面。近似展开的方法是：将相邻两素线间的曲面近似地看成一个平行四边形，而平行四边形又可分解为两个三角形。

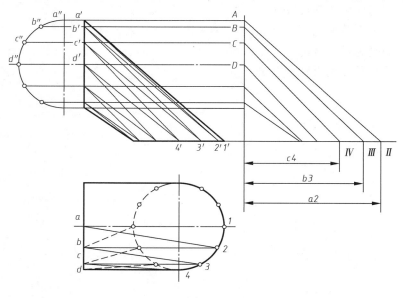

（a）投影图

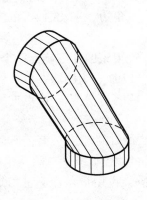
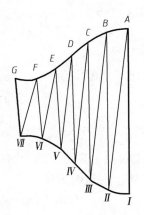

（b）轴测图　　　　　　　　（c）展开图

图 7-18　等径直角换向接头展开图

【作图步骤】

（1）分别将两个导线圆 12 等分，并将它们的对应点连接起来，如 *A*Ⅰ、*A*Ⅱ等。因为图形对称，只作一半。

（2）将两素线间的四边形，如 *AB*ⅡⅠ，划分成两三角形 *AB*Ⅱ和 *A*ⅡⅠ。

（3）依次求出各等份（相邻两素线的四边形）的实形，即得其展开图［图 7-18（c）］。

复习思考题

1. 什么是展开图？它在实际生产中的作用是什么？
2. 怎样作平面体的表面展开图？
3. 如何区分可展曲面与不可展曲面？
4. 可展曲面是怎样展开的？
5. 不可展曲面是如何近似展开的？

附 录

附录 1 极限与配合

附表 1-1 标准公差数值（GB/T 1800.2—2020）

公称尺寸 /mm		标准公差等级																	
		IT1	IT2	IT3	IT4	IT5	IT6	IT7	IT8	IT9	IT10	IT11	IT12	IT13	IT14	IT15	IT16	IT17	IT18
大于	至	标准公差值																	
		/μm											/mm						
—	3	0.8	1.2	2	3	4	6	10	14	25	40	60	0.1	0.14	0.25	0.4	0.6	1	1.4
3	6	1	1.5	2.5	4	5	8	12	18	30	48	75	0.12	0.18	0.3	0.48	0.75	1.2	1.8
6	10	1	1.5	2.5	4	6	9	15	22	36	58	90	0.15	0.22	0.36	0.58	0.9	1.5	2.2
10	18	1.2	2	3	5	8	11	18	27	43	70	110	0.18	0.27	0.43	0.7	1.1	1.8	2.7
18	30	1.5	2.5	4	6	9	13	21	33	52	84	130	0.21	0.33	0.52	0.84	1.3	2.1	3.3
30	50	1.5	2.5	4	7	11	16	25	39	62	100	160	0.25	0.39	0.62	1	1.6	2.5	3.9
50	80	2	3	5	8	13	19	30	46	74	120	190	0.3	0.46	0.74	1.2	1.9	3	4.6
80	120	2.5	4	6	10	15	22	35	54	87	140	220	0.35	0.54	0.87	1.4	2.2	3.5	5.4
120	180	3.5	5	8	12	18	25	40	63	100	160	250	0.4	0.63	1	1.6	2.5	4	6.3
180	250	4.5	7	10	14	20	29	46	72	115	185	290	0.46	0.72	1.15	1.85	2.9	4.6	7.2
250	315	6	8	12	16	23	32	52	81	130	210	320	0.52	0.81	1.3	2.1	3.2	5.2	8.1
315	400	7	9	13	18	25	36	57	89	140	230	360	0.57	0.89	1.4	2.3	3.6	5.7	8.9
400	500	8	10	15	20	27	40	63	97	155	250	400	0.63	0.97	1.55	2.5	4	6.3	9.7
500	630	9	11	16	22	32	44	70	110	175	280	440	0.7	1.1	1.75	2.8	4.4	7	11
630	800	10	13	18	25	36	50	80	125	200	320	500	0.8	1.25	2	3.2	5	8	12.5
800	1000	11	15	21	28	40	56	90	140	230	360	560	0.9	1.4	2.3	3.6	5.6	9	14
1000	1250	13	18	24	33	47	66	105	165	260	420	660	1.05	1.65	2.6	4.2	6.6	10.5	16.5
1250	1600	15	21	29	39	55	78	125	195	310	500	780	1.25	1.95	3.1	5	7.8	12.5	19.5
1600	2000	18	25	35	46	65	92	150	230	370	600	920	1.5	2.3	3.7	6	9.2	15	23
2000	2500	22	30	41	55	78	110	175	280	440	700	1100	1.75	2.8	4.4	7	11	17.5	28
2500	3150	26	36	50	68	96	135	210	330	540	860	1350	2.1	3.3	5.4	8.6	13.5	21	33

附表 1-2　常用及优先用途轴的极限偏差（GB/T 1800.2—2020）　　　单位：μm

公称尺寸/mm		c	d	f			g		h						
大于	至	11	9	6	7	8	6	7	6	7	8	9	10	11	12
0	3	−60 −120	−20 −45	−6 −12	−6 −16	−6 −20	−2 −8	−2 −12	0 −6	0 −10	0 −14	0 −25	0 −40	0 −60	0 −100
3	6	−70 −145	−30 −60	−10 −18	−10 −22	−10 −28	−4 −12	−4 −16	0 −8	0 −12	0 −18	0 −30	0 −48	0 −75	0 −120
6	10	−80 −170	−40 −76	−13 −22	−13 −28	−13 −35	−5 −14	−5 −20	0 −9	0 −15	0 −22	0 −36	0 −58	0 −90	0 −150
10	18	−95 −205	−50 −93	−16 −27	−16 −34	−16 −43	−6 −17	−6 −24	0 −11	0 −18	0 −27	0 −43	0 −70	0 −110	0 −180
18	30	−110 −240	−65 −117	−20 −33	−20 −41	−20 −53	−7 −20	−7 −28	0 −13	0 −21	0 −33	0 −52	0 −84	0 −130	0 −210
30	40	−120 −280	−80 −142	−25 −41	−25 −50	−25 −64	−9 −25	−9 −34	0 −16	0 −25	0 −39	0 −62	0 −100	0 −160	0 −250
40	50	−130 −290	−80 −142	−25 −41	−25 −50	−25 −64	−9 −25	−9 −34	0 −16	0 −25	0 −39	0 −62	0 −100	0 −160	0 −250
50	65	−140 −330	−100 −174	−30 −49	−30 −60	−30 −76	−10 −29	−10 −40	0 −19	0 −30	0 −46	0 −74	0 −120	0 −190	0 −300
65	80	−150 −340	−100 −174	−30 −49	−30 −60	−30 −76	−10 −29	−10 −40	0 −19	0 −30	0 −46	0 −74	0 −120	0 −190	0 −300
80	100	−170 −390	−120 −207	−36 −58	−36 −71	−36 −90	−12 −34	−12 −47	0 −22	0 −35	0 −54	0 −87	0 −140	0 −220	0 −350
100	120	−180 −400	−120 −207	−36 −58	−36 −71	−36 −90	−12 −34	−12 −47	0 −22	0 −35	0 −54	0 −87	0 −140	0 −220	0 −350
120	140	−200 −450	−145 −245	−43 −68	−43 −83	−43 −106	−14 −39	−14 −54	0 −25	0 −40	0 −63	0 −100	0 −160	0 −250	0 −400
140	160	−210 −460	−145 −245	−43 −68	−43 −83	−43 −106	−14 −39	−14 −54	0 −25	0 −40	0 −63	0 −100	0 −160	0 −250	0 −400
160	180	−230 −480	−145 −245	−43 −68	−43 −83	−43 −106	−14 −39	−14 −54	0 −25	0 −40	0 −63	0 −100	0 −160	0 −250	0 −400
180	200	−240 −530	−170 −285	−50 −79	−50 −96	−50 −122	−15 −44	−15 −61	0 −29	0 −46	0 −72	0 −115	0 −185	0 −290	0 −460
200	225	−260 −550	−170 −285	−50 −79	−50 −96	−50 −122	−15 −44	−15 −61	0 −29	0 −46	0 −72	0 −115	0 −185	0 −290	0 −460
225	250	−280 −570	−170 −285	−50 −79	−50 −96	−50 −122	−15 −44	−15 −61	0 −29	0 −46	0 −72	0 −115	0 −185	0 −290	0 −460
250	280	−300 −620	−190 −320	−56 −88	−56 −108	−56 −137	−17 −49	−17 −69	0 −32	0 −52	0 −81	0 −130	0 −210	0 −320	0 −520
280	315	−330 −650	−190 −320	−56 −88	−56 −108	−56 −137	−17 −49	−17 −69	0 −32	0 −52	0 −81	0 −130	0 −210	0 −320	0 −520
315	355	−360 −720	−210 −350	−62 −98	−62 −119	−62 −151	−18 −54	−18 −75	0 −36	0 −57	0 −89	0 −140	0 −230	0 −360	0 −570
355	400	−400 −760	−210 −350	−62 −98	−62 −119	−62 −151	−18 −54	−18 −75	0 −36	0 −57	0 −89	0 −140	0 −230	0 −360	0 −570
400	450	−440 −840	−230 −385	−68 −108	−68 −131	−68 −165	−20 −60	−20 −83	0 −40	0 −63	0 −97	0 −155	0 −250	0 −400	0 −630
450	500	−480 −880	−230 −385	−68 −108	−68 −131	−68 −165	−20 −60	−20 −83	0 −40	0 −63	0 −97	0 −155	0 −250	0 −400	0 −630

续表

公称尺寸/mm		j	js	k		m		n		p		r	s	t	u
大于	至	7	6	6	7	6	7	6	7	6	7	6	6	6	6
0	3	+6 -4	±3	+6 0	+10 0	+8 +2	+12 +2	+10 +4	+14 +4	+12 +6	+16 +6	+16 +10	+20 +14		+24 +18
3	6	+8 -4	±4	+9 +1	+13 +1	+12 +4	+16 +4	+16 +8	+20 +8	+20 +12	+24 +12	+23 +15	+27 +19		+31 +23
6	10	+10 -5	±4.5	+10 +1	+16 +1	+15 +6	+21 +6	+19 +10	+25 +10	+24 +15	+30 +15	+28 +19	+32 +23		+37 +28
10	18	+12 -6	±5.5	+12 +1	+19 +1	+18 +7	+25 +7	+23 +12	+30 +12	+29 +18	+36 +18	+34 +23	+39 +28		+44 +33
18	24	+13 -8	±6.5	+15 +2	+23 +2	+21 +8	+29 +8	+28 +15	+36 +15	+35 +22	+43 +22	+41 +28	+48 +35		+54 +41
24	30													+54 +41	+61 +48
30	40	+15 -10	±8	+18 +2	+27 +2	+25 +9	+34 +9	+33 +17	+42 +17	+42 +26	+51 +26	+50 +34	+59 +43	+64 +48	+76 +60
40	50													+70 +54	+86 +70
50	65	+18 -12	±9.5	+21 +2	+32 +2	+30 +11	+41 +11	+39 +20	+50 +20	+51 +32	+62 +32	+60 +41	+72 +53	+85 +66	+106 +87
65	80											+62 +43	+78 +59	+94 +75	+121 +102
80	100	+20 -15	±11	+25 +3	+38 +3	+35 +13	+48 +13	+45 +23	+58 +23	+59 +37	+72 +37	+73 +51	+93 +71	+113 +91	+146 +124
100	120											+76 +54	+101 +79	+126 +104	+166 +144
120	140	+22 -18	±12.5	+28 +3	+43 +3	+40 +15	+55 +15	+52 +27	+67 +27	+68 +43	+83 +43	+88 +63	+117 +92	+147 +122	+195 +170
140	160											+90 +65	+125 +100	+159 +134	+215 +190
160	180											+93 +68	+133 +108	+171 +146	+235 +210
180	200	+25 +21	±14.5	+33 +4	+50 +4	+46 +17	+63 +17	+60 +31	+77 +31	+79 +50	+96 +50	+106 +77	+151 +122	+195 +166	+265 +236
200	225											+109 +80	+159 +130	+209 +180	+287 +258
225	250											+113 +84	+169 +140	+225 +196	+313 +284
250	280	±26	±16	+36 +4	+56 +4	+52 +20	+72 +20	+66 +34	+86 +34	+88 +56	+108 +56	+126 +94	+190 +158	+250 +218	+347 +315
280	315											+130 +98	+202 +170	+272 +240	+382 +350
315	355	+29 -28	±18	+40 +4	+61 +4	+57 +21	+78 +21	+73 +37	+94 +37	+98 +62	+119 +62	+144 +108	+226 +190	+304 +268	+426 +390
355	400											+150 +114	+244 +208	+330 +294	+471 +435
400	450	+31 -32	±20	+45 +5	+68 +5	+63 +23	+86 +23	+80 +40	+103 +40	+108 +68	+131 +68	+166 +126	+272 +232	+370 +330	+530 +490
450	500											+172 +132	+292 +252	+400 +360	+580 +540

附表 1-3　常用及优先用途孔的极限偏差（GB/T 1800.2—2020）　　　单位：μm

公称尺寸/mm		A	B	C	D	E	F		G	H					
大于	至	11	12	11	9	8	8	9	7	6	7	8	9	10	11
0	3	+330 +270	+240 +140	+120 +60	+45 +20	+28 +14	+20 +6	+31 +6	+12 +2	+6 0	+10 0	+14 0	+25 0	+40 0	+60 0
3	6	+345 +270	+260 +140	+145 +70	+60 +30	+38 +20	+28 +10	+40 +10	+16 +4	+8 0	+12 0	+18 0	+30 0	+48 0	+75 0
6	10	+370 +280	+300 +150	+170 +80	+76 +40	+47 +25	+35 +13	+49 +13	+20 +5	+9 0	+15 0	+22 0	+36 0	+58 0	+90 0
10	18	+400 +290	+330 +150	+205 +95	+93 +50	+59 +32	+43 +16	+59 +16	+24 +6	+11 0	+18 0	+27 0	+43 0	+70 0	+110 0
18	30	+430 +300	+370 +160	+240 +110	+117 +65	+73 +40	+53 +20	+72 +20	+28 +7	+13 0	+21 0	+33 0	+52 0	+84 0	+130 0
30	40	+470 +310	+420 +170	+280 +120	+142 +80	+89 +50	+64 +25	+87 +25	+34 +9	+16 0	+25 0	+39 0	+62 0	+100 0	+160 0
40	50	+480 +320	+430 +180	+290 +130											
50	65	+530 +340	+490 +190	+330 +140	+174 +100	+106 +60	+76 +30	+104 +30	+40 +10	+19 0	+30 0	+46 0	+74 0	+120 0	+190 0
65	80	+550 +360	+500 +200	+340 +150											
80	100	+600 +380	+570 +220	+390 +170	+207 +120	+126 +72	+90 +36	+123 +36	+47 +12	+22 0	+35 0	+54 0	+87 0	+140 0	+220 0
100	120	+630 +410	+590 +240	+400 +180											
120	140	+710 +460	+660 +260	+450 +200	+245 +145	+148 +85	+106 +43	+143 +43	+54 +14	+25 0	+40 0	+63 0	+100 0	+160 0	+250 0
140	160	+770 +520	+680 +280	+460 +210											
160	180	+830 +580	+710 +310	+480 +230											
180	200	+950 +660	+800 +340	+530 +240	+285 +170	+172 +100	+122 +50	+165 +50	+61 +15	+29 0	+46 0	+72 0	+115 0	+185 0	+290 0
200	225	+1030 +740	+840 +380	+550 +260											
225	250	+1110 +820	+880 +420	+570 +280											
250	280	+1240 +920	+1000 +480	+620 +300	+320 +190	+191 +110	+137 +56	+186 +56	+69 +17	+32 0	+52 0	+81 0	+130 0	+210 0	+320 0
280	315	+1370 +1050	+1060 +480	+650 +300											
315	355	+1560 +1200	+1170 +600	+720 +360	+350 +210	+214 +125	+151 +62	+202 +60	+75 +18	+36 0	+57 0	+89 0	+140 0	+230 0	+3 0
355	400	+1710 +1350	+1250 +680	+760 +400											
400	450	+1900 +1500	+1390 +760	+840 +440	+385 +230	+232 +135	+165 +68	+223 +68	+83 +20	+40 0	+63 0	+97 0	+155 0	+250 0	+4 0
450	500	+2050 +1650	+1470 +840	+880 +480											

公称尺寸/mm		H	JS		K		M		N		P	R	S	T	U
大于	至	12	7	8	7	8	7	8	7	8	7	7	7	7	7
0	3	+100 / 0	±5	±7	0 / −10	0 / −14	−2 / −12	−2 / −16	−4 / −14	−4 / −18	−6 / −16	−10 / −20	−14 / −24		−18 / −28
3	6	+120 / 0	±6	±9	+3 / −9	+5 / −13	0 / −12	+2 / −16	−4 / −16	−2 / −20	−8 / −20	−11 / −23	−15 / −27		−19 / −31
6	10	+150 / 0	±7.5	±11	+5 / −10	+6 / −16	0 / −15	+1 / −21	−4 / −19	−3 / −25	−9 / −24	−13 / −28	−17 / −32		−22 / −37
10	18	+180 / 0	±9	±13.5	+6 / −12	+8 / −19	0 / −18	+2 / −25	−5 / −23	−3 / −30	−11 / −29	−16 / −34	−21 / −39		−26 / −44
18	24	+210 / 0	±10.5	±16.5	+6 / −15	+10 / −23	0 / −21	+4 / −29	−7 / −28	−3 / −36	−14 / −35	−20 / −41	−27 / −48		−33 / −54
24	30													−33 / −54	−40 / −61
30	40	+250 / 0	±12.5	±19.5	+7 / −18	+12 / −27	0 / −25	+5 / −34	−8 / −33	−3 / −42	−17 / −42	−25 / −50	−34 / −59	−39 / −64	−51 / −76
40	50													−45 / −70	−61 / −86
50	65	+300 / 0	±15	±23	+9 / −21	+14 / −32	0 / −30	+5 / −41	−9 / −39	−4 / −50	−21 / −51	−30 / −60	−42 / −72	−55 / −85	−76 / −106
65	80												−32 / −62	−48 / −78	−64 / −94	−91 / −121
80	100	+350 / 0	±17.5	±27	+10 / −25	+16 / −38	0 / −35	+6 / −48	−10 / −45	−4 / −58	−24 / −59	−38 / −73	−58 / −93	−78 / −113	−111 / −146
100	120												−41 / −76	−66 / −101	−91 / −126	−131 / −166
120	140	+400 / 0	±20	±31.5	+12 / −28	+20 / −43	0 / −40	+8 / −55	−12 / −52	−4 / −67	−28 / −68	−48 / −88	−77 / −117	−107 / −147	−155 / −195
140	160												−50 / −90	−85 / −125	−119 / −159	−175 / −215
160	180												−53 / −93	−93 / −133	−131 / −171	−195 / −235
180	200	+460 / 0	±23	±36	+13 / −33	+22 / −50	0 / −46	+9 / −63	−14 / −60	−5 / −77	−33 / −79	−60 / −106	−105 / −151	−149 / −195	−219 / −265
200	225												−63 / −109	−113 / −159	−163 / −209	−241 / −287
225	250												−67 / −113	−123 / −169	−179 / −225	−267 / −313
250	280	+520 / 0	±26	±40.5	+16 / −36	+25 / −56	0 / −52	+9 / −72	−14 / −66	−5 / −86	−36 / −88	−74 / −126	−138 / −190	−198 / −250	−295 / −347
280	315												−78 / −130	−150 / −202	−220 / −272	−330 / −382
315	355	+570 / 0	±28.5	±44.5	+17 / −40	+28 / −61	0 / −57	+11 / −78	−16 / −73	−5 / −94	−41 / −98	−87 / −144	−169 / −226	−247 / −304	−369 / −426
355	400												−93 / −150	−187 / −244	−273 / −330	−414 / −471
400	450	+630 / 0	±31.5	±48.5	+18 / −45	+29 / −68	0 / −63	+11 / −86	−17 / −80	−6 / −103	−45 / −108	−103 / −166	−209 / −272	−307 / −370	−467 / −530
450	500												−109 / −172	−229 / −292	−337 / −400	−517 / −580

附表 1-4　优先配合特性与应用（GB/T 1800.1—2020）

基孔制	基轴制	优先配合特性及应用
$\dfrac{H11}{c11}$	$\dfrac{B11}{h9}$	间隙非常大，用于很松的、转动很慢的动配合，要求大公差与大间隙的外露组件，要求装配方便的、很松的配合
$\dfrac{H9}{e8}$	$\dfrac{D10}{h9}$	间隙很大的微转动配合，用于精度非主要要求，或有很大的温度变动、高转速或大的轴颈压力的配合
$\dfrac{H8}{f7}$	$\dfrac{F8}{h7}$	间隙不大的转动配合，用于中等转速与中等轴颈压力的精度转动，也用于装配比较容易的中等定位配合
$\dfrac{H7}{g6}$	$\dfrac{G7}{h6}$	间隙很小的滑动配合，用于不希望自由转动，但可以自由移动和滑动并精密定位的配合，也可以用于要求明确的定位配合
$\dfrac{H7}{h6}$　$\dfrac{H8}{h7}$ $\dfrac{H9}{h8}$　$\dfrac{H11}{h10}$	$\dfrac{H7}{h6}$　$\dfrac{H8}{h7}$ $\dfrac{H9}{h9}$　$\dfrac{H8}{h9}$	均为间隙定位配合，零件可自由装拆，而工作时一般相对静止不动。在最大实体条件下的间隙为零，在最小实体条件下的间隙由公差等级决定
$\dfrac{H7}{k6}$	$\dfrac{K7}{h6}$	过渡配合，用于精密定位
$\dfrac{H7}{n6}$	$\dfrac{N7}{h6}$	过渡配合，允许有较大过盈的更精密定位
$\dfrac{H7}{p6}$	$\dfrac{P7}{h6}$	过盈定位配合，即小过盈配合，用于定位精度特别重要时，能以最好的定位精度达到部件的刚性及对中的性能要求，而对内孔承受压力无特殊要求，不依靠配合的紧固性传递摩擦负荷
$\dfrac{H7}{s6}$	$\dfrac{S7}{h6}$	中等压入配合，适用于一般钢件，或用于薄壁件的冷缩配合，用于铸铁件可得到最紧的配合
$\dfrac{H7}{u6}$	$\dfrac{U7}{h6}$	压入配合，适用于可以承受高压力的零件或不宜承受大压入力的冷缩配合

附录 2　螺　　纹

附表 2-1　普通螺纹直径、螺距和基本尺寸/（GB/T 193—2003，GB/T 196—2003）

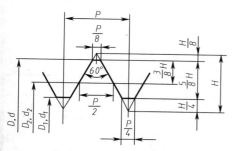

标记示例

粗牙普通螺纹，公称直径 $d=10$，中径公差带代号 5g，顶径公差带代号 6g，标记：

M10—5g6g

细牙普通螺纹，公称直径 $d=10$，螺距 $P=1$，中径、顶径公差带代号 7H，标记：

M10×1—7H

表 A1

单位：mm

公称直径 D，d		螺距 P		螺纹小径 D_1，d_1
第一系列	第二系列	粗牙	细牙	组牙
3		0.5	0.35	2.459
	3.5	0.6		2.850
4		0.7	0.5	3.242
	4.5	0.75		3.688
5		0.8		4.134
6		1	0.75	4.917
8		1.25	1，0.75	6.647
10		1.5	1.25，1，0.75	8.376
12		1.75	1.25，1	10.106
	14	2	1.5，1.25，1	11.835
16		2	1.5，1	13.835
	18	2.5	2，1.5，1	15.294
20		2.5		17.294
	22	2.5	2，1.5，1	19.294
24		3	2，1.5，1	20.752
	27	3	2，1.5，1	23.752
30		3.5	（3），2，1.5，1	26.211
	33	3.5	（3），2，1.5	29.211
36		4	3，2，1.5	31.670

注：1. 螺纹公称直径应优先选用第一系列，第三系列未列入。

2. 括号内的尺寸尽量不用。

附表 2-2　55°非螺纹管螺纹（GB/T 7307—2001）

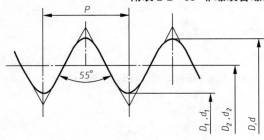

标记示例

G1 $\frac{1}{2}$ LH（右旋不标）G1 $\frac{1}{2}$ B

1 $\frac{1}{2}$ 左旋内螺纹　1 $\frac{1}{2}$ B 级外螺纹

尺寸代号	第 25.4mm 中的螺纹牙数	螺距 P/mm	螺纹直径/mm	
			大径 D，d	小径 D_1，d_1
$\frac{1}{8}$	28	0.907	9.728	8.566
$\frac{1}{4}$	19	1.337	13.157	11.445
$\frac{3}{8}$	19	1.337	16.662	14.950
$\frac{1}{2}$	14	1.814	20.955	18.631
$\frac{5}{8}$	14	1.814	22.911	20.587
$\frac{3}{4}$	14	1.814	26.411	24.117
$\frac{7}{8}$	14	1.814	30.201	27.887
1	11	2.309	33.249	30.291
1 $\frac{1}{8}$	11	2.309	37.897	34.939
1 $\frac{1}{4}$	11	2.309	41.910	38.952
1 $\frac{1}{2}$	11	2.309	47.803	44.845
1 $\frac{1}{4}$	11	2.309	53.746	50.788
2	11	2.309	59.614	56.656
2 $\frac{1}{4}$	11	2.309	65.710	62.752
2 $\frac{1}{2}$	11	2.309	75.184	72.226
2 $\frac{3}{4}$	11	2.309	81.534	78.576
3	11	2.309	87.884	84.926

附表 2-3　55°密封管螺纹（GB/T 7306.1—2000）

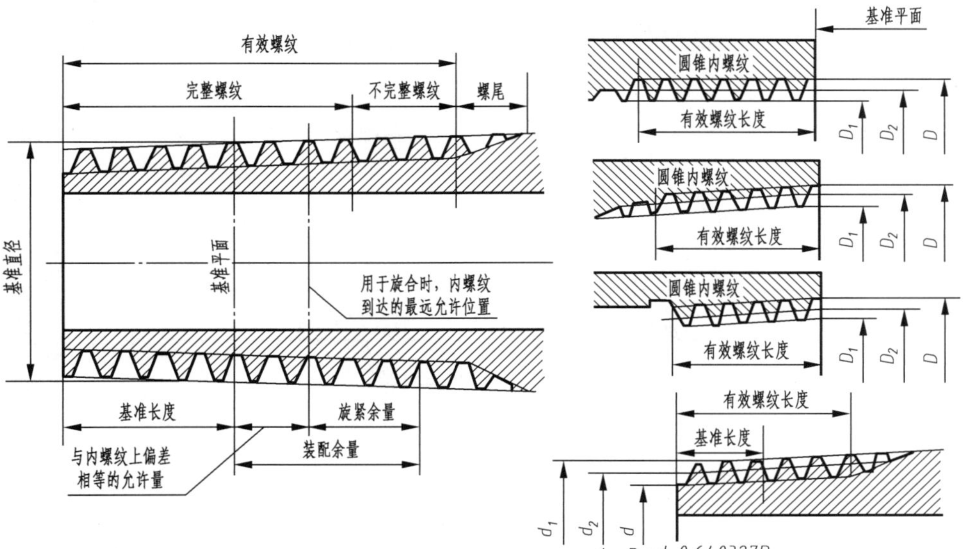

$$d_2 = D_2 = d - 0.640327P$$
$$d_1 = D_1 = d - 1.280654P$$
$$p = 25.4/n$$

尺寸代号	第 25.4 mm 内螺纹 牙数 n	螺纹 P /mm	基面上直径/mm			基准长度 /mm	有效螺纹 长度/mm	装配余量	
			基本大径（基面直径）d＝D	中径 $d_2＝D_2$	小径 $d_1＝D_1$			余量 /mm	圈数
1/16	28	0.907	7.723	7.142	6.561	4	6.5	2.5	2¾
⅛	28	0.907	9.728	9.147	8.566	4	6.5	2.5	2¾
¼	19	1.337	13.157	12.301	11.445	6	9.7	3.7	2¾
⅜	19	1.337	16.662	15.806	14.950	6.4	10.1	3.7	2¾
½	14	1.814	20.955	19.793	18.631	8.2	13.2	5	2¾
¾	14	1.814	26.441	25.279	24.117	9.5	14.5	5	2¾
1	11	2.309	33.249	31.770	30.291	10.4	16.8	6.4	2¾
1¼	11	2.309	41.910	40.431	38.952	12.7	19.1	6.4	2¾
1½	11	2.309	47.803	46.324	44.845	12.7	19.1	6.4	3¼
2	11	2.309	59.614	58.135	56.656	15.9	23.4	7.5	4
2½	11	2.309	75.184	73.705	72.226	17.5	26.7	9.2	4
3	11	2.309	87.884	86.405	84.926	20.6	29.8	9.2	4
3½ *	11	2.309	100.330	98.851	97.372	22.2	31.4	9.2	4
4	11	2.309	113.030	111.551	110.072	25.4	35.8	10.4	4½
5	11	2.309	138.430	136.951	135.472	28.6	40.1	11.5	5
6	11	2.309	163.830	162.351	160.872	28.6	40.1	11.5	5

注：1. 本表适用于管子、管接头、旋塞、阀门和其他螺纹连接的附件。

　　2. 有 * 的代号限用于蒸汽机车。

附录3　螺纹紧固件

附表3-1　六角头螺栓C级（GB/T 5780—2016）、六角头螺栓　A和B级（GB/T 5782—2016）

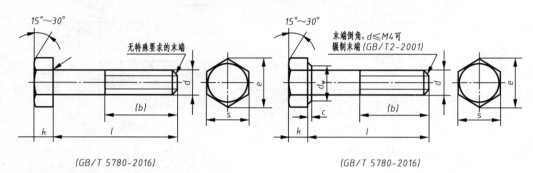

(GB/T 5780-2016)　　　　　　　　　　　　(GB/T 5780-2016)

标记示例

螺纹规格d≈M12，公称长度l=80，性能等级为8.8级，表面氧化，A级的六角头螺栓：

螺栓 GB/T 5780—2016 M12×80　　　　　　　　　　　　单位：mm

螺纹规格d			M3	M4	M5	M6	M8	M10	M12	M16	M20	M24	M30
b 参考	l≤125		12	14	16	18	22	26	30	38	46	54	66
	125<l≤200		18	20	22	24	28	32	36	44	52	60	72
	l≤200		31	33	35	37	41	45	49	57	65	73	85
c（max）			0.4	0.4	0.5	0.5	0.6	0.6	0.6	0.8	0.8	0.8	0.8
d_w	产品等级	A	4.57	5.88	6.88	8.88	11.63	14.63	16.63	22.49	28.19	33.61	—
		B	4.45	5.74	6.74	8.74	11.47	14.47	16.47	22	27.7	33.25	42.75
e	产品等级	A	6.01	7.66	8.79	11.05	14.38	17.77	20.03	26.75	33.53	37.98	—
		B	5.88	7.50	8.63	10.89	14.20	17.59	19.85	25.17	32.95	39.55	50.85
k 公称			2	2.8	3.5	4	5.3	6.4	7.5	10	12.5	15	18.7
r			0.1	0.2	0.2	0.25	0.4	0.4	0.6	0.6	0.8	0.8	1
s 公称			5.5	7	8	10	13	16	18	24	30	36	46
l（商品规格范围）			20~30	25~40	25~50	30~60	40~80	45~100	50~120	65~160	80~200	90~240	110~30
l系列			12，16，20，25，30，45，40，45，50，55，60，65，70，80，90，100，120，130 140，150，160，180，200，220，240，260，280，300，320，340，360										

注：1. A级用于d≤24 mm和l≤10d或l≤150 mm的螺栓；B级用于d>24 mm和l>10d或d>150 mm的螺栓。

　　2. 螺纹规格d范围：GB/T 5780—2016为M5~M64；GB/T 5782—2016为M1.6~M64。

　　3. 公称长度l范围：GB/T 5780—2016为25~500；GB/T 5782—2016为12~500。

附表 3-2　双头螺柱 $b_m=d$（GB/T 897—1988）、$b_m=1.25d$（GB/T 898—1988）
$b_m=1.5d$（GB/T 899—1988）、$b_m=2d$（GB/T 900—1988）

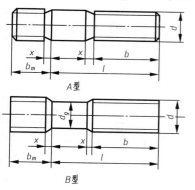

A 型

B 型

标记示例

1. 两端均为粗牙普通螺纹，$d=10$ mm，$l=15$ mm 性能等级为 4.8 级，不经表面处理，B 型，$b_m=d$ 的双头螺柱：

螺柱　BG/T 897—1988 M10×50

2. 旋入机体一端为粗牙普通螺纹，旋螺母一端为螺距 $P=1$ mm 的细牙普通螺纹，$d=10$ mm，$l=15$ mm，性能等级为 4.8 级，不经表面处理，A 型，$b_m=d$ 的双头螺柱：

螺柱　GB/T 896—1988 AM10-M10×1×50

3. 旋入机体一端为过渡配合螺纹的第一种配合，旋螺母一端为粗普通螺纹，$d=10$ mm，$l=15$ mm，性能等级为 8.8 级，镀锌钝化，B 型，$b_m=d$ 的双头螺柱：

螺柱　GB/T 897—1988 GM10-M10×50-8.8Zn·D

单位：mm

螺纹规格 d	b_m				l/b
	GB/T 897 —1988	GB/T 898 —1988	GB/T 899 —1988	GB/T 900 —1988	
M2			3	4	(12~16)/6，(18~25)/10
M2.5			3.5	5	(14~18)/8，(20~30)/11
M3			4.5	6	(16~20)/6，(22~40)/12
M4			6	8	(16~22)/8，(25~40)/14
M5	5	6	8	10	(16~22)/10，(25~50)/16
M6	6	6	10	12	(18~22)/10，(25~30)/14，(32~75)/18
M8	8	10	12	16	(18~22)/12，(25~30)/16，(32~90)/22
M10	10	12	15	20	(25~28)/14，(30~38)/16，(40~120)/30，130~32
M12	12	15	18	24	(25~30)/16，(32~40)/20，(45/120)/30，(30~180)/36
(M14)	14	18	21	28	(30~35)/18，(38~45)/25，(50~120)/34，(130~180)/40
M16	16	20	24	32	(33~28)/20，(40~55)/30，(60~120)/38，(130~200)/44
(M18)	18	22	27	36	(35~40)/22，(45~60)/35，(65~120)/42，(130~200)/48
M20	20	25	30	40	(35~40)/25，(45~65)/38，(70~120)/46，(130~200)/52
M22	22	28	33	44	(40~45)/30，(50~70)/40，(75~120)/150，(130~200)/56
M24	24	30	36	48	(45~50)/30，(55~75)/45，(80~120)/54，(130~200)/60
M27)	27	35	40	54	(50~60)/35，(65~85)/50，(90~120)/160，(130~200)/66
M30	30	38	45	60	(60~65)40，(70~90)/50，(95~120)/66，(130~200) 72，(210~250)/85
M36	36	45	54	72	(65~75)/45，(80~110)/60，120/78，(130~200)/84，(210~300)/97
M42	42	52	63	84	(70~80)/50，(65~110)/70，120~90，(130~200)/96，(210~300)/109
M48	48	60	72	96	(80~90)/60，(95~110)/80，120/120，(130~200)/108，(210~300)/121
l 系列	12，(14)，16，(18)，20，(22)，25，(28)，30，(32)，35，(38)，40，45，50，55，60，65，70，75，80，85，90，95，100，110，120，130，140，150，160，170，180，190，200，210，220，230，240，250，260，280，300				

注：1. $b_m=d$ 一般用于旋入机体为钢的场合；$b_m=(1.25~1.5)d$ 一般用于旋入机体为铸铁的场合，$b_m=2d$ 一般用于旋入机体为铝的场合。

2. 不带括号的为优先系列，仅 GB/T 898—1988 有优先系列。

3. b 不包括螺尾。

4. d_g ≈ 螺纹基本中径。

5. $x_{max}=1.5P$（螺距）。

附表 3-3 开槽圆头螺钉（GB/T 65—2016）

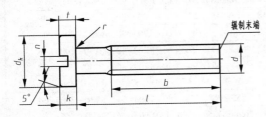

标记示例

螺纹规格 d=M5，公称长度 l=20，性能等级为 4.8 级，不经表面处理的 A 级开槽圆柱头螺钉：

螺钉 GB/T 65—2016 M5×20

单位：mm

螺纹规格 d	M4	M5	M6	M8	M10
螺距 P	0.7	0.8	1	1.25	1.5
b	38	38	38	38	38
d_k	7	8.5	10	13	16
k	2.6	3.3	3.9	5	6
n	1.2	1.2	1.6	2	2.5
r	0.2	0.2	0.25	0.4	0.4
t	1.1	1.3	1.6	2	2.4
公称长度 l	5~40	6~50	8~60	10~80	12~80
l 系列	5, 6, 8, 10, 12,（14），16, 20, 25, 30, 35, 40, 45, 50,（55），60,（65），70,（75），80				

注：1. 公称长度 l≤40 的螺钉，制出全螺纹。

2. 螺纹规格 d=M1.6~M10；公称长度 l=2~80。

3. 括号内的规格尽可能不采用。

附表 3-4 开槽盘头螺钉（GB/T 67—2016）

标记示例

螺纹规格 d=M5，公称长度 l=20，性能等级为 4.8 级，不经表面处理的 A 级开槽盘头螺钉：

螺钉 BG/T 67—2016 M5×20

单位：mm

螺纹规格 d	M1.6	M2	M2.5	M3	M4	M5	M6	M8	M10
螺距 P	0.35	0.4	0.45	0.5	0.7	0.8	1	1.25	1.5
b	25	25	25	25	38	38	38	38	38
d_k	3.2	4	5	5.6	8	9.5	12	16	20
k	1	1.3	1.5	1.8	2.4	3	3.6	4.9	6
n	0.4	0.5	0.6	0.8	1.2	1.3	1.6	2	2.5
r	0.1	0.1	0.1	0.1	0.2	0.2	0.25	0.4	0.4
t	0.35	0.5	0.6	0.7	1	1.2	1.4	1.9	2.4
公称长度 l	2~16	2.5~20	3~25	4~30	5~40	6~50	8~60	10~80	12~80
l 系列	2,2.5,3,4,5,6,8,10,12,（14），16,20,25,30,35,40,45,50,（55），60,（65），70,（75），80								

注：1. M1.6~M3 的螺钉、公称长度 l≤30 的，制出全螺纹；M4~M10 的螺钉，公称长度 l≤40 的，制出全螺纹。

2. 括号内的规格尽可能不采用。

附表 3-5 开槽沉头螺钉（GB/T 68—2016）

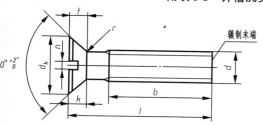

标记示例

螺纹规格 $d=M5$，公称长度 $l=20$，性能等级为 4.8 级，不经表面处理的 A 级开槽沉头螺钉：

螺钉 GB/T 68—2016 M5×20

单位：mm

螺纹规格 d	M1.6	M2	M2.5	M3	M4	M5	M6	M8	M10
P 螺距	0.35	0.4	0.45	0.5	0.7	0.8	1	1.25	1.5
b	25	25	25	25	38	38	38	38	38
d_k	3.6	4.4	5.5	6.3	9.4	10.4	12.6	17.3	20
k	1	1.2	1.5	1.65	2.7	2.7	3.3	4.65	5
n	0.4	0.5	0.6	1.2	1.2	1.2	1.6	2	2.5
r	0.4	0.5	0.6	0.8	1	1.3	1.5	2	2.5
t	0.5	0.6	0.75	0.85	1.3	1.4	1.6	2.3	2.6
公称长度 l	2.5~16	3~20	4~25	5~30	6~40	8~50	8~60	10~80	12~80
l 系列	2.5、3、4、5、6、8、10、12、(14)、16、20、25、30、35、40、45、50、(55)、60、(65)、70、(75)、80								

注：1. M1.6~M3 的螺钉，公称长度 $l \leqslant 30$ 的，制出全螺纹，M4~M10 的螺钉，公称长度 $l \leqslant 45$ 的，制出全螺纹。

2. 括号内的规格尽可能不采用。

附表 3-6 内六角圆柱头螺钉（GB/T 70.1—2008）

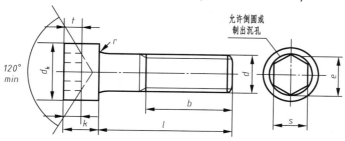

标记示例

螺纹规格 $d=M5$，公称长度 $l=200$ mm，性能等级为 8.8 级，表面氧化的内六角圆柱头螺钉：

螺钉 GB/T 70.1—2008 M5×20

单位：mm

纹规格 d	M1.6	M2	M2.5	M3	M4	M5	M6	M8	M10	M12	(M14)	M16	M20	M24	M30	M36
d_k	3	3.8	4.5	5.5	7	8.5	10	13	16	18	21	24	30	36	45	54
k	1.6	2	2.5	3	4	5	6	8	10	12	14	16	20	24	30	36
t	0.7	1	1.1	1.3	2	2.5	3	4	5	6	7	8	10	12	15.5	19
r	0.1	0.1	0.1	0.1	0.2	0.2	0.25	0.4	0.4	0.6	0.6	0.6	0.8	0.8	1	1
s	1.5	1.5	2	2.5	3	4	5	6	8	10	12	14	17	19	22	27
e	1.73	1.73	2.3	2.9	3.4	4.6	5.7	6.9	9.2	11.4	13.7	16	19	21.7	25.2	30.9
b (参考)	15	16	17	18	20	22	24	28	32	36	40	44	52	60	72	84
l	2.5~16	3~20	4~25	5~30	6~40	8~50	10~60	12~80	16~100	20~120	25~140	25~160	30~200	40~200	45~200	55~500

续表

螺纹规格 d	M1.6	M2	M2.5	M3	M4	M5	M6	M8	M10	M12	(M14)	M16	M20	M24	M30	M36
全螺纹时最大长度	16	16	20	20	25	25	30	35	40	45	55	55	65	80	90	110
l 系列	2.5, 3, 4, 5, 6, 8, 10, 12, (14), (16), 20, 25, 30, 35, 40, 45, 50, (55), 60, (65), 70, 80, 90, 100, 110, 120, 130, 140, 150, 160, 180, 200															

注：1. 尽可能不采用括号内的规格。
　　2. b 不包括螺尾。

附表 3-7　内六角平端紧定螺钉（GB/T 77—2007）、
内六角平端紧定螺钉（GB/T 78—2007）

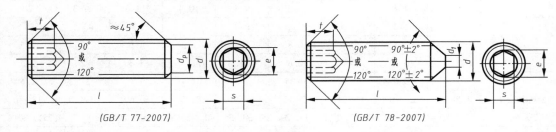

(GB/T 77-2007)　　　　　　　　(GB/T 78-2007)

标记示例

螺纹规格 d=M6，公称长度 l=12 mm，性能等级为 33H，表面氧化的内六角平端紧定螺钉：

螺钉　GB/T 77—2007　M6×12

单位：mm

螺纹规格 d		M1.6	M2	M2.5	M3	M4	M5	M6	M8	M10	M12	M16	M20	M2(4)
d_p		0.8	1	1.5	2	2.5	3.5	4	5.5	7	8.5	12	15	18
d_1		0	0	0	0	0	0	1.5	2	2.5	3	4	5	6
e		0.8	1	1.4	1.7	2.3	2.9	3.4	4.6	5.7	6.9	9.2	11.4	13.
s		0.7	0.9	1.3	1.5	2	2.5	3	4	5	6	8	10	12
公称长度 l	GB/T 77	2~8	2~10	2~12	2~16	2.5~20	3~25	4~30	5~40	6~50	8~60	10~60	12~60	14~
	GB/T 78	2~8	2~10	2.5~12	2.5~16	3~20	4~25	5~30	6~40	8~50	10~60	12~60	14~60	20~
公称长度 l≤右表内值时，GB/T 78—2007 两端制成120°，其他为端头制成120°。公称长度 l>右表内值时，GB/T 78—2007 两端制成90°，其他为端头制成90°	GB/T 77	2	2.5	3	3	4	5	6	6	8	12	16	16	20
	GB/T 78	2.5	2.5	3	3	4	5	6	8	10	12	16	20	25
l 系列		2, 2.5, 3, 4, 5, 6, 8, 10, 12, (14), 16, 20, 25, 30, 35, 40, 45, 50, (55), 60												

注：尽可能不采用括号内的规格。

附表 3-8　开槽锥端紧定螺钉（GB/T 71—2018）、开槽锥端紧定螺钉（GB/T 73—2017）、开槽凹端紧定螺钉（GB/T 74—2018）、开槽长圆柱端紧定螺钉（GB/T 75—2018）

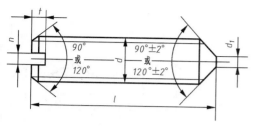

GB/T 71-2018

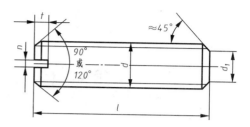

GB/T 73-2017

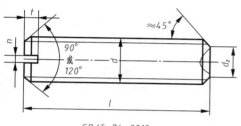

GB/T 74-2018

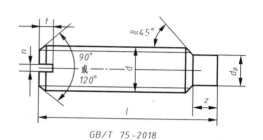

GB/T 75-2018

标记示例

螺纹规格 d＝M5，公称长度 l＝12 mm，性能等级为 14H，表面氧化的开槽锥紧定螺钉：

螺钉　GB/T 71—2018　M5×12

单位：mm

螺纹规格 d		M1.2	M1.6	M2	M2.5	M3	M4	M5	M6	M8	M10	M12
n		0.2	0.25	0.25	0.4	0.4	0.6	0.8	1	1.2	1.6	2
t		0.5	0.7	0.8	1	1.1	1.4	1.6	2	2.5	3	3.6
d_z			0.8	1	1.2	1.4	2	2.5	3	5	6	8
d_1		0.1	0.2	0.2	0.3	0.3	0.4	0.5	1.5	2	2.5	3
d_p		0.6	0.8	1	1.5	2	2.5	3.5	4	5.5	7	8.5
z			1.1	1.3	1.5	1.8	2.3	2.8	3.3	4.3	5.3	6.3
公称长度 l	GB/T 71—2018	2~6	2~8	3~10	3~12	4~16	6~20	8~25	8~30	10~40	12~50	14~60
	GB/T 73—2017	2~6	2~8	2~10	2.5~12	3~1	64~20	5~25	6~30	8~40	10~50	12~60
	GB/T 74—2018		2~8	2.5~10	3~12	3~16	4~20	5~25	6~30	8~40	10~50	12~60
	GB/T 75—2018		2.5~8	3~10	4~12	5~16	6~20	8~25	8~30	10~40	12~50	14~60
公称长度 l≤右表内值时，GB/T 71 两端制成90°，其他为开槽端制成120°。公称长度 l>右表内值时，GB/T 71 两端制成90°，其他为开槽端制成90°	GB/T 71—2018	2	2.5	2.5	3	3	4	5	6	8	10	12
	GB/T 73—2017		2	2.5	3	3	4	5	6	8	10	
	GB/T 74—2018		2	2.5	3	3	4	5	6	8	10	12
	GB/T 75—2018		2.5	3	4	5	6	8	10	14	16	20
l 系列		2, 2.5, 3, 4, 5, 6, 8, 10, 12, (14), 16, 20, 25, 30, 35, 40, 45, 50, (55), 60										

附表3-9 1型六角螺母—C 级（GB/T 41—2016）、1型六角螺母—A 和 B 级（GB/T 6170—2015）、
六角薄螺母—A 和 B 级—的倒角（GB/T 6172.1—2016）

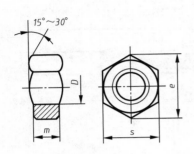

(GB/T 41-2016)

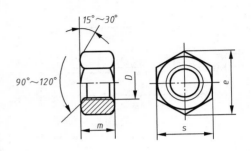

(GB/T 6170-2015)、(GB/T 6172-2016)

标记示例

螺纹规格 D＝M12，性能等级为 5 级，不经表面处理，C 级的 1 型六角螺母：

螺母 GB/T 41—2016 M12

标记示例

螺纹规格 D＝M12，性能等级为 10 级，不经表面处理，级的 1 型六角螺母；

螺母 GB/T 6170—2015 M12

螺纹规格 D＝M12，性能等级为 04 级，不经表面处理，级的六角薄螺母；

螺母 GB/T 6170—2015 M12

单位：mm

螺纹规格 D		M3	M4	M5	M6	M8	10	M12	(M14)	M16	(M18)	M20	(M22)	M24	(M27)	M30	M36	M42	M48	M56	M
e		6	7.7	8.8	11	14.4	17.8	20	23.4	26.8	29.6	35	37.3	39.6	45.2	50.9	60.8	72	82.6	93.6	
s		5.5	7	8	10	13	16	18	21	24	27	30	34	36	41	46	55	65	75	85	
m	GB/T 6170—2015	2.4	3.2	4.7	5.2	6.8	8.4	10.8	12.8	14.8	15.8	18	19.4	21.5	23.8	25.6	31	34	38	45	
	GB/T 6172—2016	1.8	2.2	2.7	3.2	4	5	6	7	8	9	10	11	12	13.5	15	18	21	24	28	
	GB/T 41—2016			5.6	6.1	7.9	9.5	12.2	13.9	15.9	16.9	18.7	20.2	22.3	24.7	26.4	31.5	34.9	38.9	45.9	

注：1. 表中 e 为圆整近似值。
2. 不带括号的为优先系列。
3. A 级用于 $D \leqslant 16$ 的螺母；B 级用于 $D > 16$ 的螺母。

附表 3-10　1 型六角开槽螺母—A 和 B 级（GB/T 6178—1986）、1 型六角开槽螺母—C 级（GB/T 6179—1986）、2 型六角开槽螺母—A 和 B 级（GB/T 6180—1986）六角开槽薄螺母—A 和 B 级（GB/T 6181—1986）

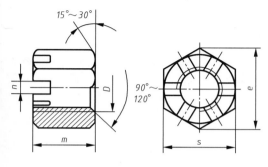

（GB/T 6178-1986）、（GB/T 6180-1986）

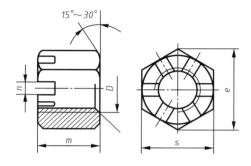

（GB/T 6179-1986）、（GB/T 6181-1986）

标记示例

螺纹规格 $D=$ M5，性能等级为 8 级，不经表面处理，A 级的 1 型六角开槽螺母：

螺母　GB/T 6178—1986　M5

标记示例

螺纹规格 $D=$ M5，性能等级为 5 级，不经表面处理，C 级的 1 型六角开槽螺母：

螺母　GB/T 6179—1986　M5

螺纹规格 $D=$ M5，性能等级为 04 级，不经表面处理，A 级的六角开槽螺母：

螺母　GB/T 6181—1986　M5

单位：mm

螺纹规格 D		M4	M5	M6	M8	M10	M12	（M14）	M16	M20	M24	M30	M36
n		1.8	2	2.6	3.1	3.4	4.3	4.3	5.7	5.7	6.7	8.5	8.5
e		7.7	8.8	11	14	17.8	20	23	26.8	33	39.6	50.9	60.8
s		7	8	10	13	16	18	21	24	30	36	46	55
m	GB/T 6178—1986	6	6.7	7.7	9.8	12.4	15.8	17.8	20.8	24	29.5	34.6	40
	GB/T 6179—1986		6.7	7.7	9.8	12.4	15.8	17.8	20.8	24	29.5	34.6	40
	GB/T 6180—1986		6.9	8.3	10	12.3	16	19.1	21.1	26.3	31.9	37.6	43.7
	GB/T 6181—1986		5.1	5.7	7.5	9.3	12	14.1	16.4	20.3	23.9	28.6	34.7
开口销		1×10	1.2×12	1.6×14	2×16	2.5×20	3.2×22	3.2×25	4×28	4×36	5×40	6.3×50	6.3×63

注：1. GB/T 6178—1986，D 为 M4~M36；其余标准 D 为 M5~M36。

　　2. A 级用于 $D \leqslant 16$ 的螺母，B 级用于 $D > 16$ 的螺母。

附表 3-11 圆螺母（GB/T 812—1988）

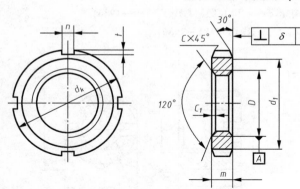

标记示例

螺纹规格 D＝M16×1.5，材料为 45，槽或全部热处理后硬度 35～45 HRC，表面氧化的圆螺母：

螺母 GB/T 812—1988 M16×1.5

单位：mm

D	d_k	d_1	n	n	t	C	C_1	D	d_k	d_1	n	n	t	C	C_1
M10×1	22	16		4	2			M64×2	95	84	12	8	3.5		
M12×1.25	25	19						M65×2*	95	84					
M14×1.5	28	20	8			0.5		M68×2	100	88					
M16×1.5	30	22						M72×2	105	93		10	4		
M18×1.5	32	24						M75×2*	105	93	15				
M20×1.5	35	27						M76×2	110	98					
M22×1.5	38	30		5	2.5			M80×2	115	103					
M24×1.5	42	34						M85×2	120	108					
M25×1.5*	42	34						M90×2	125	112		12	5	1.5	1
M27×1.5	45	37				1	0.5	M95×2	130	117	18				
M30×1.5	48	40						M100×2	135	122					
M33×1.5	52	43	10					M105×2	140	127					
M35×1.5*	52	43						M110×2	150	135					
M36×1.5	55	46						M115×2	155	140		14	6		
M39×1.5	58	49		6	3			M120×2	160	145	22				
M40×1.5*	58	49						M125×3	165	150					
M42×1.5	62	53						M130×2	170	155					
M45×1.5	68	59						M140×2	180	165					
M48×1.5	72	61				1.5		M150×5	200	180		16	7		
M50×1.5*	72	61						M160×3	210	190	26				
M52×1.5	78	67	12	8	3.5			M170×3	220	200					
M55×2*	78	67						M180×3	230	210				2	1.5
M56×2	85	74					1	M190×3	240	220	30				
M60×2	90	79						M200×3	250	230					

注：1. 槽数 n：当 D≤M100×2 时，n＝4，当 D≥M105×2 时，n＝6。
2. 标有 * 者仅用于滚动轴承锁紧装置。

附表 3-12　平垫圈—C 级（GB/T 95—2002）、大垫圈—A 级和 C 级（GB/T 96—2002）、平垫圈—A 级（GB/T 97.1—2002）、平垫圈—倒角型—A 级（GB/T 97.2—2002）、小垫圈—A 级（GB/T 848—2002）

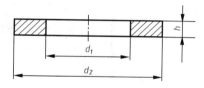

（GB/T 95-2002）*、（GB/T 96-2002）*

（GB/T 97.1-2002）*、（GB/T 848-2002）*

* 垫圈两端面无粗糙度符号

标记示例

标准系列，公称尺寸 $d=8$ mm，性能等级为 100HV 级，不经表面处理的平垫圈：

垫圈　GB/T 95—2002　8

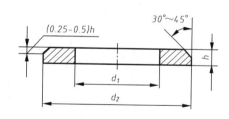

（GB/T 97.2-2002）

标记示例

标准系列，公称尺寸 $d=8$ mm，性能等级为 140HV 级，倒角型不经表面处理的平垫圈：

垫圈　GB/T 97.2—2002　8

单位：mm

公称尺寸（螺纹规格）d	标准系列 GB/T 95—2002、GB/T 97.1—2002、GB/T 97.2—2002				大系列 GB/T 96—2002			小系列 GB/T 848—2002		
	d_2	h	d_1(GB/T 95)	d_1（GB/T 97.1、GB/T 97.2）	d_1	d_2	h	d_1	d_2	h
1.6	4	0.3		1.7	—	—	—	1.7	3.5	0.3
2	5	0.3		2.2	—	—	—	2.2	4.5	0.3
2.5	6	0.5		2.7				2.7	5	0.5
3	7	0.5		3.2	3.2	9	0.8	3.2	6	0.5
4	9	0.8		4.3	4.3	12	1	4.3	8	0.5
5	10	1	5.5	5.3	5.3	15	1.2	5.3	9	1
6	12	1.6	6.6	6.4	6.4	18	1.6	6.4	11	1.6
8	16	1.6	9	8.4	8.4	24	2	8.4	15	1.6
10	20	2	11	10.5	10.5	30	2.5	10.5	18	1.6
12	24	2.5	13.5	13	13	37	3	13	20	2
14	28	2.5	15.5	15	15	44	3	15	24	2.5
16	30	3	17.5	17	17	50	3	17	28	2.5
20	37	3	22	21	22	60	4	21	34	3
24	44	4	26	25	26	72	5	25	39	4
30	56	4	33	31	33	92	6	31	50	4
36	66	5	39	37	39	110	8	37	60	5

注：1. GB/T 95—2002、TB/T 97.2—2002 中，d 的范围为 5～36 mm；GB/T 96—2002 中，d 的范围为 3～36 mm；GB/T 848—2002、GB/T 97.1—2002 中，d 的范围为 1.6～36。

2. 表列 d、d_2、h 均为公称值。

3. C 级垫圈粗糙度要求为 ╲╱。

4. GB/T 8484—2002 主要用于带圆柱头的螺钉，其他用于标准的六角螺栓、螺钉和螺母。

5. 精装配系列用 A 级垫圈，中等装配系列用 C 级垫圈。

附表 3-13　标准型弹簧垫圈（GB/T 93—1987）、轻型弹簧垫圈（GB/T 859—1987）

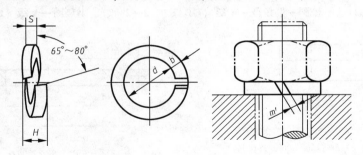

标记示例

规格 16 mm，材料为 65Mn，表面氧化的标准型弹簧垫圈：

垫圈　GB/T 93—1987　16

单位：mm

规格（螺纹大径）	d	GB/T 93—1987		GB/T 859—1987		
		$s = b$	$0 < m' \leqslant$	s	b	$0 < m' \leqslant$
2	2.1	0.5	0.25	0.5	0.8	
2.5	2.6	0.65	0.33	0.6	0.8	
3	3.1	0.8	0.4	0.8	1	0.3
4	4.1	1.1	0.55	0.8	1.2	0.4
5	5.1	1.3	0.65	1	1.2	0.55
6	6.2	1.6	0.8	1.2	1.6	0.65
8	8.2	2.1	1.05	1.6	2	0.8
10	10.2	2.6	1.3	2	2.5	1
12	12.3	3.1	1.55	2.5	3.5	1.25
(14)	14.3	3.6	1.8	3	4	1.5
16	16.3	4.1	2.05	3.2	4.5	1.6
(18)	18.3	4.5	2.25	3.5	5	1.8
20	20.5	5	2.5	4	5.5	2
(22)	22.5	5.5	2.75	4.5	6	2.25
24	24.5	6	3	4.8	6.5	2.5
(27)	27.5	6.8	3.4	5.5	7	2.75
30	30.5	7.5	3.75	6	8	3
36	36.6	9	4.5	—	—	—
42	42.6	10.5	5.25	—	—	—
48	49	12	6	—	—	—

附表 3-14　圆螺母用止动垫圈（GB/T 858—1988）

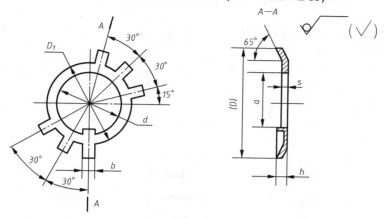

标记示例

规格 16 mm，材料为 Q235A，经退火表面氧化的圆螺母用止动垫圈：

垫圈　GB/T 858—1988　16

单位：mm

规格（螺纹）基本大径	d	(D)	D_1	s	b	a	h	轴端 b_1	t	规格（螺纹）基本大径	d	(D)	D_1	s	b	a	h	轴端 b_1	t
14	14.5	32	20	3.8		11	3	4	10	55*	56	82	67			52	8		—
16	16.5	34	22			13			12	56	57	90	74	7.7		53			52
18	18.5	35	24			15			14	60	61	94	79			57	6		56
20	20.5	38	27	1		17			16	64	65	100	84			61			60
22	22.5	42	30		4.8	19	4	5	18	65*	66	100	84			62			—
24	24.5	45	34			21			20	68	69	105	88	1.5		65			64
25*	25.5	45	34			22			—	72	73	110	93			69			68
27	27.5	48	37			24			23	75*	76	110	93	9.6		71	10		70
30	30.5	52	40			27			296	76	77	115	98			72			74
33	33.5	56	43			30			29	80	71	120	103			76			74
35*	35.5	56	43			32			—	85	86	125	108			81			79
36	36.5	60	46			33			32	90	91	130	112			86	7	12	84
39	39.5	62	49	5.7		36	5	6	35	95	96	135	117	11.6		91			89
40*	40.5	62	49			37			—	100	101	140	122			96			94
42	42.5	66	53	1.5		39			38	105	106	145	127			101			99
45	45.5	72	59			42			41	110	111	156	135	2		106			104
48	48.5	76	61			45			44	115	116	160	140			111			109
50*	50.5	76	61	7.7		47	8		—	120	121	166	145	13.5		116	14		114
52	52.5	82	67		6	49			48	125	126	170	150			121			119

注：标有 * 者仅用于滚动轴承锁紧装置。

附表 3-15　平键　键和键槽的剖面尺寸（GB/T 1095—2003）、普通平键的型式尺寸（GB/T 1096—2003）

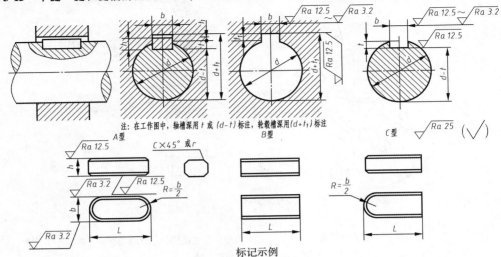

注：在工作图中，轴槽深用 t 或 $(d-t)$ 标注，轮毂槽深用 $(d+t_1)$ 标注

标记示例

圆头普通平键（A型）$b=16$ mm，$h=10$ mm，$L=100$ mm：键 16×100 GB/T 1096—2003

平头普通平键（B型）$b=16$ mm，$h=10$ mm，$L=100$ mm：键 B16×100 GB/T 1096—2003

单圆头普通平键（C型）$b=16$ mm，$h=10$ mm，$L=100$ mm：键 C16×100 GB/T 1096—2003

单位：mm

轴	键		键　槽										
			宽度 b					深度				半径 r	
公称直径 d	公称尺寸 $b×h$	长度 L	公称长度 b	极限偏差				轴 t		毂 t_1			
				较松键连接		一般键连接		较紧键连接					
				轴 H9	毂 D10	轴 N9	毂 Js9	轴和毂 P9	公称尺寸	极限偏差	公称尺寸	极限偏差	最大	最
自6~8	2×2	6~20	2	+0.025	+0.060	-0.004	±0.012 5	-0.006	1.2		1			
>8~10	3×3	6~36	3	0	+0.020	-0.029		-0.031	1.8	+0.1	1.4	+0.1		
>10~12	4×4	8~45	4	+0.030	+0.078	0	±0.015	-0.012	2.5	0	1.8	0	0.08	0.
>12~17	5×5	10~56	5	0	+0.030	-0.030		-0.042	3.0		2.3			
>17~22	6×6	14~70	6						3.5		2.8			
>22~30	8×7	18~90	8	+0.036	+0.098	0	±0.018	-0.018	4.0		3.3			
>30~38	10×8	22~110	10	0	+0.040	-0.036		-0.061	5.0		3.3		0.16	0.
>38~44	12×8	28~140	12						5.0	+0.2	3.3	+0.2		
>44~50	14×9	36~160	14	+0.043	+0.120	0	±0.021 5	-0.018	5.5	0	3.8	0	0.25	0.
>50~58	16×10	45~180	16	0	+0.050	-0.043		-0.061	6.0		4.3			
>58~65	18×11	50~200	18						7.0		4.4			
>65~75	20×12	56~220	20						7.5		4.9		0.25	0.
>75~85	22×14	63~250	22	+0.052	+0.149	0	±0.026	-0.022	9.0	+0.2	5.4	+0.2		
>85~95	25×14	70~280	25	0	+0.065	-0.052		-0.074	9.0	0	5.4	0		
>95~110	28×16	80~320	28						10.0		6.4		0.40	0.
>110~130	32×18	80~360	32						11.0		7.4			
>130~150	36×20	100~400	36	+0.062	+0.180	0	±0.031	-0.026	12.0		8.4			
>150~170	40×22	100~400	40	0	+0.080	-0.062		-0.088	13.0	+0.3	9.4	+0.3	0.70	1.
>170~200	45×25	110~450	45						15.0	0	10.4	0		

注：1. $(d-t)$ 和 $(d+t_1)$ 两组组合尺寸的极限偏差按相应的 t 和 t_1 的极限偏差选取，但 $(d-t)$ 极限偏差应取负号（－）。

2. L 系列：6，8，10，12，14，16，18，20，22，25，28，32，36，40，45，50，56，63，70，80，90，100，11
125，140，160，180，200，220，250，280，320，330，400，450。

附表 3-16 半圆键 键和键槽的剖面尺寸（GB/T 1098—2003）、半圆键的型式尺寸（GB/T 1099—2003）

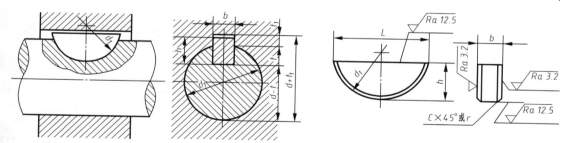

注：在工作图中，轴槽深用 t 或 $(d-t)$ 标注，轮毂槽深用 $(d+t_1)$ 标注

标记示例

半圆键 $b=6$ mm、$h=10$ mm、$d_1=25$ mm

键 6×25 GB/T 1099—2003

单位：mm

轴径 d		键		键 槽								
				宽度 b			深度				半径 r	
					极限偏差		轴 t		轴 t_1			
键传递扭矩	键定位用	公称尺寸 $b×h×d_1$	长度 $L≈$	公称长度	一般键连接		较紧键连接					
					轴 N9	毂 Js9	轴和毂 P9	公称尺寸	极限偏差	公称尺寸	极限偏差	最小	最大
自 3~4	自 3~4	1.0×1.4×4	3.9	1.0				1.0		0.6			
>4~5	>4~6	1.5×2.6×7	6.8	1.5				2.0		0.8			
>5~6	>6~8	2.0×2.6×7	6.8	2.0				1.8	+0.1 0	1.0		0.08	0.16
>6~7	>8~10	2.0×3.7×10	9.7	2.0	−0.004 −0.029	±0.012	−0.006 −0.031	2.9		1.0			
>7~8	>10~12	2.5×3.7×10	9.7	2.5				2.7		1.2			
>8~10	>12~15	3.0×5.0×13	12.7	3.0				3.8		1.4	+0.1 0		
>10~12	>15~18	3.0×6.5×15	15.7	3.0				5.3		1.4			
>12~14	>18~20	4.0×6.5×16	15.7	4.0				5.0		1.8			
>14~16	>20~22	4.0×7.5×19	18.6	4.0				6.0	+0.2 0	1.8			
>16~18	>22~25	5.0×6.5×16	15.7	5.0				4.5		2.3		0.16	0.25
>18~20	>25~28	5.0×7.5×19	18.6	5.0	0 −0.030	±0.015	−0.012 −0.042	5.5		2.3			
>20~22	>28~32	5.0×9.0×22	21.6	5.0				7.0		2.3			
>22~25	>32~36	6.0×9.0×22	21.6	6.0				6.5		2.8			
>25~28	>34~40	6.0×10.0×25	24.5	6.0				7.5	+0.3 0	2.8			
>28~32	40	8.0×11.0×28	27.4	8.0	0 −0.036	±0.018	−0.015 −0.051	8.0		3.3	+0.2 0	0.25	0.40
>32~28	—	10.0×13.0×32	31.4	10.0				10.0		3.3			

注：$(d-t)$ 和 $(d+t_1)$ 两个组合尺寸的极限偏差按相应的 t 和 t_1 的极限偏差选取，但 $(d-t)$ 极限偏差值应取负号 −）。

附表 3-17　圆柱销（GB/T 119.1—2000）

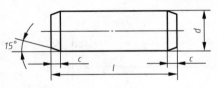

标记示例

公称直径 d = 8 mm，长度 l = 30 mm，材料为 35 钢，热处理硬度 28~38 HRC，表面氧化处理的 A 型圆柱销：

销　GB/T 119.1—2000　A8×30

单位：mm

d（公称直径）	2.5	3	4	5	6	8	10	12	16	20	25	30
$c\approx$	0.4	0.5	0.63	0.08	1.2	1.6	2.0	2.5	3.0	3.5	4.0	5.0
l	6~24	8~30	8~40	10~50	12~60	14~80	18~95	22~140	16~180	35~200	50~200	60~20
l 系列	6, 8, 10, 12, 14, 16, 18, 20, 22, 24, 26, 28, 30, 32, 35, 40, 45, 50, 55, 60, 65, 70, 75, 80, 85, 90, 95, 100, 120, 140, 160, 180, 200											

附表 3-18　圆锥销（GB/T 117—2000）

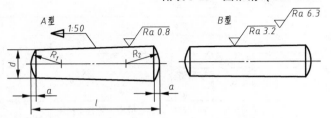

标记示例

公称直径 d = 10 mm，公称长度 l = 60 mm，材料为 35 钢，热处理硬度 28~38HRC，表面氧化处理的 A 型圆锥销：

销　GB/T 117—2000　A10×60

$$R_1 \approx d,\ R_2 \approx \frac{a}{2} + d + \frac{(0.021)^2}{8a}$$

单位：mm

d（公称直径）	2.5	3	4	5	6	8	10	12	16	20	25	30
$a\approx$	0.3	0.4	0.5	0.63	0.80	1.0	1.2	1.6	2	2.5	3.0	4.0
l	10~35	12~45	14~55	18~60	22~90	22~120	26~160	32~180	10~200	45~200	50~200	55~20
l 系列	10, 12, 14, 16, 18, 20, 22, 24, 26, 28, 30, 32, 35, 40, 45, 50, 55, 60, 65, 70, 75, 80, 85, 90, 95, 100, 120, 140, 160, 180, 200											

附表 3-19　开口销（GB/T 91—2000）

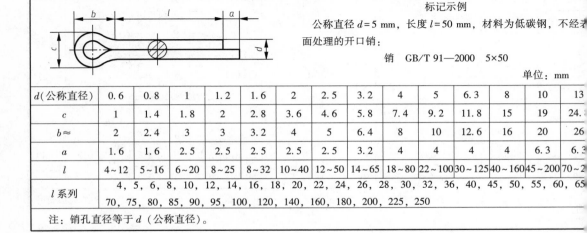

标记示例

公称直径 d = 5 mm，长度 l = 50 mm，材料为低碳钢，不经表面处理的开口销：

销　GB/T 91—2000　5×50

单位：mm

d（公称直径）	0.6	0.8	1	1.2	1.6	2	2.5	3.2	4	5	6.3	8	10	13
c	1	1.4	1.8	2	2.8	3.6	4.6	5.8	7.4	9.2	11.8	15	19	24.
$b\approx$	2	2.4	3	3	3.2	4	5	6.4	8	10	12.6	16	20	26
a	1.6	1.6	2.5	2.5	2.5	2.5	2.5	3.2	4	4	4	4	6.3	6.3
l	4~12	5~16	6~20	8~25	8~32	10~40	12~50	14~65	18~80	22~100	30~125	40~160	45~200	70~2
l 系列	4, 5, 6, 8, 10, 12, 14, 16, 18, 20, 22, 24, 26, 28, 30, 32, 36, 40, 45, 50, 55, 60, 65, 70, 75, 80, 85, 90, 95, 100, 120, 140, 160, 180, 200, 225, 250													

注：销孔直径等于 d（公称直径）。

附表 3-20　紧固件通孔及沉孔尺寸

单位：mm

螺栓或螺钉直径 d		3	3.5	4	5	6	8	10	12	14	16	20	24	30	36	42	48
通孔直径 d_h （GB/T 5277—1985）	精装配	3.2	3.7	4.3	5.3	6.4	8.4	10.5	13	15	17	21	25	31	37	43	50
	中等装配	3.4	3.9	4.5	5.5	6.6	9	11	13.5	15.5	17.5	22	26	33	39	45	52
	精装配	3.6	4.2	4.8	5.8	7	10	12	14.5	16.5	18.5	24	28	35	42	48	56
六角头螺栓和六角螺母用沉孔 GB/T 152.4—1988	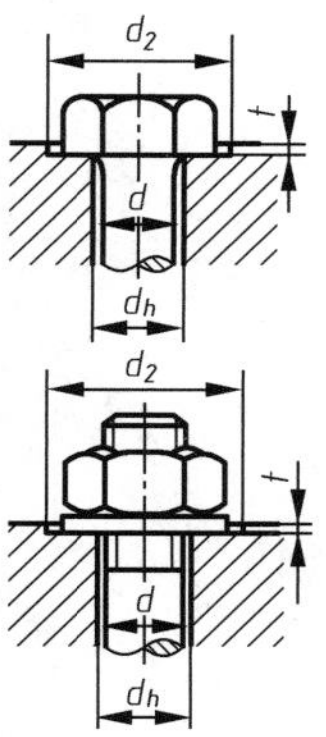 d_2	9	—	10	11	13	18	22	26	30	33	40	48	61	71	82	98
	t	只要能制出与通孔轴线垂直的圆平面即可															
沉头用沉孔 GB/T 152.2—2014	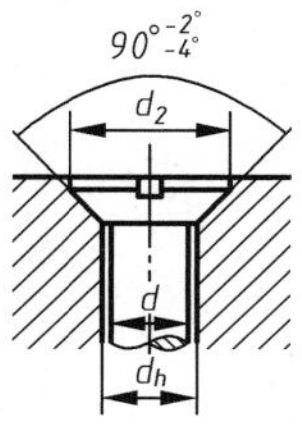 d_2	6.4	8.4	9.6	10.6	12.8	17.6	20.3	24.4	28.4	32.4	40.4	—	—	—	—	—
开槽圆柱头用的圆柱头沉孔 GB/T 152.3—1988	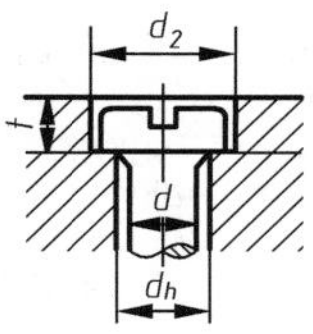 d_2	—	—	8	10	11	15	18	20	24	26	33	—	—	—	—	—
	t	—	—	3.2	4	4.7	6	7	8	9	10.5	12.5	—	—	—	—	—
内六角圆柱头用的圆柱头沉孔 GB/T 152.3—1988	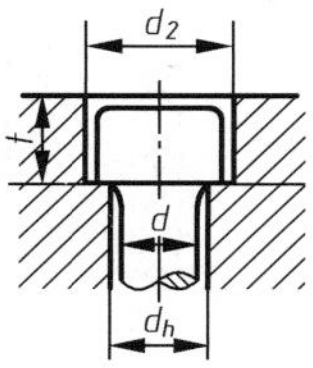 d_2	6	—	8	10	11	15	18	20	24	26	33	40	48	57		
	t	3.4	—	4.6	5.7	6.8	9	11	13	15	17.5	21.5	25.5	32	38	—	—

沉头用沉孔图中标注：$90°^{-2°}_{-4°}$

附录4　常用滚动轴承

附表 4-1　深沟球轴承（GB/T 276—2013）

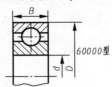

60000型

轴承编号	尺寸/mm			轴承编号	尺寸/mm		
	d	D	B		d	D	B
10 系列				6219	95	170	32
				6220	100	180	34
6000	10	26	8	6221	105	190	36
6001	12	28	8	6222	110	200	38
6002	15	32	9	6224	120	215	40
6003	17	35	10	6226	130	230	40
6004	20	42	12	6228	140	250	42
6005	25	47	12	6230	150	270	45
6006	30	55	13	03 系列			
6007	35	62	14				
6008	40	68	15	6300		35	11
6009	45	75	16	6301	10	37	12
6010	50	80	16	6302	12	42	13
6011	55	90	18	6303	15	47	14
6012	60	95	18	6304	17	52	15
6013	65	100	18	6305	20	62	17
6014	70	110	20	6306	25	72	19
6015	75	115	20	6307	30	80	21
6016	80	125	22	6308	35	90	23
6017	85	130	22	6309	40	100	25
6018	90	140	24	6310	45	110	27
6019	95	145	24	6311	50	120	29
6020	100	150	24	6312	55	130	31
6021	105	160	26	6313	60	140	33
6022	110	170	28	6314	65	150	35
6024	120	180	28	6315	70	160	37
6026	130	200	33	6316	75	170	39
6028	140	210	33	6317	80	180	41
6030	150	225	35	6318	85	190	43
02 系列				6319	90	200	45
				6320		215	47
6200	10	30	9	04 系列			
6201	12	32	10				
6202	15	35	11	6403	17	62	17
6203	17	40	12	6404	20	72	19
6204	20	47	14	6405	25	80	21
6205	25	52	15	6406	30	90	23
6206	30	62	16	6407	35	100	25
6207	35	72	17	6408	40	110	27
6208	40	80	18	6409	45	120	29
6209	45	85	19	6410	50	130	31
6210	50	90	20	6411	55	140	33
6211	55	100	21	6412	60	150	35
6212	60	110	22	6413	65	160	37
6213	65	120	23	6414	70	180	42
6214	70	125	24	6415	75	190	45
6215	75	130	25	6416	80	200	48
6216	80	140	26	6417	85	210	52
6217	85	150	28	6418	90	225	54
6218	90	160	30				

附表 4-2　圆锥滚子轴承（GB/T297—2015）

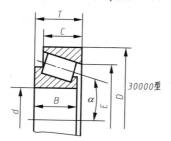

30000型

单位：mm

轴承编号	d	D	B	C	T	E	α	轴承编号	d	D	B	C	T	E	α
20 系列								30216	80	140	26	22	28.25	119.169	15°38′32″
32005	25	47	15	11.5	15	37.393	16°	30217	85	150	28	24	30.50	12.6685	15°38′32″
32006	30	55	17	13	17	44.438	16°	30218	90	160	30	26	32.50	134.901	15°38′32″
32007	35	62	18	14	18	50.510	16°50′	30219	95	170	32	27	34.50	143.385	15°38′32″
32008	40	68	19	14.5	19	56.897	14°10′	30220	100	180	34	29	37	151.310	15°38′32″
32009	45	75	20	15.5	20	63.248	14°40′	03 系列							
32010	50	80	20	15.5	20	67.84	15°45′	30302	15	42	13	11	14.25	33.272	10°45′29″
32011	55	90	23	17.5	23	76.505	15°10′	30303	17	47	14	12	25.25	37.420	10°45′29″
32012	60	95	23	17.5	23	80.634	16°	30304	20	52	15	13	16.25	41.318	11°18′36″
32013	65	100	23	17.5	23	85.567	17°	30305	25	62	17	15	18.25	50.637	11°18′36″
32014	70	110	25	19	25	93.633	16°10′	30306	30	72	19	16	20.75	58.287	11°51′35″
32015	75	115	25	19	25	98.358	17°	30307	35	80	21	18	22.75	65.769	11°51′35″
02 系列								30308	40	90	23	20	25.25	72.703	12°57′10″
30203	17	40	12	11	13.25	31.408	12°57′10″	30309	45	100	25	22	27.25	81.780	12°57′10″
30204	20	47	14	12	15.25	37.304	12°57′10″	30310	50	110	27	23	29.25	90.633	12°57′10″
30205	25	52	15	13	16.25	41.135	14°02′10″	30311	55	120	29	25	31.50	99.146	12°57′10″
30206	30	62	16	14	17.25	49.990	14°02′10″	30312	60	130	31	26	33.50	107.769	12°57′10″
30207	35	72	17	15	18.25	58.844	14°02′10″	30313	65	140	33	28	36	116.846	12°57′10″
30208	40	80	18	16	19.75	65.730	14°02′10″	30314	70	150	35	30	38	125.244	12°57′10″
30209	45	85	19	16	20.75	70.44	15°06′34″	30315	75	160	37	31	40	134.097	12°57′10″
30210	50	90	20	17	21.75	75.078	15°38′32″	30316	80	170	39	33	42.50	143.174	12°57′10″
30211	55	100	21	18	22.75	84.197	15°06′34″	30317	85	180	41	34	44.50	150.433	12°57′10″
30212	60	110	22	19	23.75	91.876	15°06′34″	30318	90	190	43	36	46.50	159.061	12°57′10″
30213	65	120	23	20	24.75	101.934	15°06′34″	30319	95	200	45	38	49.50	165.861	12°57′10″
30214	70	125	24	21	26.75	105.748	15°38′32″	30320	100	215	47	39	51.50	178.578	12°57′10″
30215	75	130	25	22	27.25	110.408	16°10′20″								

附表 4-3　单向推力球轴承（GB/T301—2015）

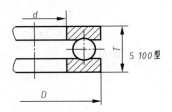

5 100型

轴承型号	尺寸/mm			轴承型号	尺寸/mm		
	d	D	T		d	D	T
11 系列				51216	80	115	28
51100	10	24	9	51217	85	125	31
51101	12	26	9	51218	90	135	35
51102	15	28	9	51220	100	150	38
51103	17	30	9	51222	110	160	38
51104	20	35	10	51224	120	170	39
51105	25	42	11	51226	130	190	45
51106	30	47	11	51228	140	200	46
51107	35	52	12	51230	150	215	50
51108	40	60	13	13 系列			
51109	45	65	14	51305	25	52	18
51110	50	70	14	51306	30	60	21
51111	55	78	16	51307	35	68	24
51112	60	85	17	51308	40	78	26
51113	65	90	18	51309	45	85	28
51114	70	95	18	51310	50	95	31
51115	75	100	19	51311	55	105	35
51116	80	105	19	51312	60	110	35
51117	85	110	19	51313	65	115	36
51118	90	120	22	51314	70	125	40
51120	100	135	25	51315	75	135	44
51122	110	145	25	51316	80	140	44
51124	120	155	25	51317	85	150	49
51126	130	170	30	51318	90	155	50
51128	140	180	31	51320	100	170	55
51130	150	190	31	51322	110	190	63
12 系列				51324	120	210	70
51200	10	26	11	51326	130	225	75
51201	12	28	11	51328	140	240	80
51202	15	32	12	51330	150	250	80
51203	17	35	12	14 系列			
51204	20	40	14	51405	25	60	24
51205	25	47	15	51406	30	70	28
51206	30	52	16	51407	35	8	32
51207	35	62	18	51408	40	90	36
51208	40	68	19	51409	45	100	39
51209	45	73	20	51410	50	110	43
51210	50	78	22	51411	55	120	48
51211	55	90	25	51412	60	130	51
51212	60	95	26	51413	65	140	56
51213	65	100	27	51414	70	150	60
51214	70	105	27	51415	75	160	65
51215	75	110	27	51416	80	170	68

附录5　常用材料及热处理名词解释

附表 5-1　常用铸铁牌号

名称	牌号	牌号表示方法说明	硬度 HBW	特性及用途举例
灰铸铁	HT100	"HT"是灰铸铁的代号，它后面的数字表示抗拉强度（MPa）（"HT"是"灰、铁"两字汉语拼音的第一个字母）	143~229	属低强度铸铁。用于盖、手把、手轮等不重要零件
	HT150		143~241	属中等强度铸铁。用于一般铸件，如机床座、端盖、带轮、工作台等
	HT200 HT250		163~255	属高强度铸铁。用于较重要铸件，如气缸、齿轮、凸轮、机座、床身、飞轮、带轮、齿轮箱、阀壳、联轴器、轴承座等
	HT300 HT350 HT400		170~255 170~269 197~269	属高强度、高耐磨铸铁。用于重要铸件，如齿轮、凸轮、床身、液压泵和滑阀的壳体、车床卡盘等
球墨铸铁	QT450-10 QT500-7 QT600-3	"QT"是球墨铸铁的代号，它后面的数字分别表示强度和伸长率的大小（"QT"是"球、铁"两字汉语拼音的第一个字母）	170~207 187~255 197~269	具有较高的强度和塑性。广泛用于机械制造业中受磨损和受冲击的零件，如曲轴、凸轮轴、齿轮、气缸套、活塞环、摩擦片、中低压阀门、千斤顶底座、轴承座等
可锻铸铁	KTH300-06 KTH330-08 KTZ450-05	"KTH""HTZ"分别是黑心可锻铸铁和珠光体可锻铸铁的代号，它们后面的数字分别表示强度和伸长率的大小（"KT"是"可、铁"两字汉语拼音的第一个字母）	120~163 120~163 152~219	用于承受冲击、振动等零件，如汽车零件、机床附件（如扳手等）、各种管接头、低压阀门、农机具等。珠光体可锻铸铁在某些场合可代替低碳钢、中碳钢及低合金钢，如用于制造齿轮、曲轴、连杆等

附表 5-2　常用钢材牌号

名称	牌号	牌号表示方法说明	特性及用途举例
碳素结构钢	Q215-AF	牌号由屈服点字母（Q）、屈服点（强度）值（MPa）、质量等级符号（A、B、C、D）和脱氧方法（F—沸腾钢，b—半镇静钢，Z—镇静钢，TZ—特殊镇静钢）等四部分按顺序组成。在牌号组成表示方法中"Z"与"TZ"符号可以省略	塑性大，抗拉强度低，易焊接。用于炉撑、铆钉、垫圈、开口销等
	Q235A		有较高的强度和硬度，伸长率也相当大，可以焊接，用途很广，是一般机械上的主要材料。用于低速轻载齿轮、键、拉杆、钩子、螺栓、套圈等
	Q255A		伸长率低，抗拉强度高，耐磨性好，焊接性不够好。用于制造不重要的轴、键、弹簧等
优质碳素结构钢	普通含锰钢 15	牌号数字表示钢中平均碳的质量分数。如"45"表示平均碳的质量分数为 0.45%	塑性、韧性、焊接性能和冷冲性能均极好，但强度低。用于螺钉、螺母、法兰盘、渗碳零件等
	20		用于不经受很大应力而要求很大韧性的各种零件，如杠杆、轴套、拉杆等。还可用于表面硬度高而心部强度要求不大的渗碳与氰化零件
	35		不经热处理可用于中等载荷的零件，如拉杆、轴、套筒、钩子等；经调质处理后适用于强度及韧性要求较高的零件，如传动轴等

（续表）

名称		牌号	牌号表示方法说明	特性及用途举例
优质碳素结构钢	普通含锰钢	45	牌号数字表示钢中平均碳的质量分数。如"45"表示平均碳的质量分数为0.45%	用于强度要求较高的零件。通常在调质或正火后使用，用于制造齿轮、机床主轴、花键轴、联轴器等。由于它的淬透性差，因此截面大的零件很少采用
	较高含锰钢	60		这是一种强度和弹性相当高的钢。用于制造连杆、轧辊、弹簧、轴等
		75		用于板弹簧、螺旋弹簧以及受磨损的零件
		15Mn		它的性能与15钢相似，但淬透性及强度和塑性比15钢都高些。用于制造中心部分的力学性能要求较高且必须渗碳的零件。焊接性好
		45Mn		用于受磨损的零件，如转轴、心轴、齿轮、叉等。焊接性差。还可制造受较大载荷的离合器盘、花键轴、凸轮轴、曲轴等
		65Mn		钢的强度高，淬透性较大，脱碳倾向小，但有过热敏感性，易生淬火裂纹，并有回火脆性。适用于较大尺寸的各种扁、圆弹簧，以及其他经受摩擦的农机具零件
合金钢	锰钢	15Mn2	①合金钢牌号用化学元素符号表示；②含碳量写在牌号之前，但高合金钢如高速工具钢、不透钢等的含碳量不标出；③合金工具钢含碳量≥1%时不标出；<1%时，以千分之几来标出；④化学元素的含量<1.5%时不标出；含量>1.5%时才标出；如Cr17，17是铬的含量约为17%	用于钢板、钢管。一般只经正火
		20Mn2		对于截面较小的零件，相当于20C，可作渗碳小齿轮、小轴、活塞销、柴油机套筒、气门推杆、钢套等
		30Mn2		用于调质钢，如冷镦的螺栓及断面较大的调质零件
		45Mn2		用于截面较小的零件，相当于40Cr，直径在50 mm以下时，可代替40Cr作重要螺栓及零件
	硅锰钢	27SiMn		用于调质钢
		35SiMn		除要求低温（-20℃）冲击韧性很高时，可全面代替40Cr作调质零件，亦可部分代替40CrNi，此钢耐磨、耐疲劳性均佳，适用于作轴、齿轮及在430℃以下的重要紧固件
	铬钢	15Cr		用于船舶主机上的螺栓、活塞销、凸轮、凸轮轴、汽轮机套环、机车上用的小零件，以及用于心部韧性高的渗碳零件
		20Cr		用于柴油机活塞销、凸轮、轴、小拖拉机传动齿轮，以及较重要的渗碳件
	铬锰钛钢	18CrMnTi		工艺性能特优，用于汽车、拖拉机等上的重要齿轮，和一般强度、韧性均高的减速器齿轮，供渗碳处理
		38CrMnTi		用于尺寸较大的调质钢件
	铬钼铝钢			用于渗氮零件，如主轴、高压阀杆、阀门、橡胶及塑料挤压机等
	铬轴承钢	GCr6	铬轴承钢，牌号前有汉语拼音字母"G"，并且不标出含碳量。含铬量以千分之几表示	一般用来制造滚动轴承中的直径小于10 mm的滚球或滚子
		GCr15		一般用来制造滚动轴承中尺寸较大的滚球、滚子、内圈和外圈
铸钢		ZG200-400	铸钢件，前面一律加汉语拼音字母"ZG"	用于各种形状的零件，如机座、变速器壳等
		ZG270-500		用于各种形状的零件，如飞轮、机架、水压机工作缸、横梁，焊接性尚可
		ZG310-570		用于各种形状的零件，如联轴器气缸齿轮，及重负荷的机架等

附表 5-3　常用有色金属牌号

名称		牌号	说　明	用途举例
青铜	压力加工用青铜	QSn4-3	Q 表示青铜，后面加第一个主添加元素符号，及除基元素铜以外的成分数字组来表示	扁弹簧、圆弹簧、管配件和化工器械
		QSn6.5-0.1		耐磨零件、弹簧及其他零件
	铸造锡青铜	ZQSn5-5-5	Z 表示铸造，其他同上	用于承受摩擦的零件，如轴套、轴承，及承受 1 MPa 气压以下的蒸汽和水的配件
		ZQSn10-1		用于承受剧烈摩擦的零件，如丝杆、轻型轧钢机轴承、蜗轮等
		ZQSn8-12		用于制造轴承的轴瓦及轴套，以及在特别重载荷条件下工作的零件
	铸造无锡青铜	ZQA19-4		强度高，减磨性、耐蚀性、受压、铸造性均良好，用于蒸汽和海水条件下工件的零件，及受摩擦和腐蚀的零件，如蜗轮衬套、轧钢机压下螺母等
		ZQA110-5-1.5		制造耐磨、硬度高、强度好的零件，如蜗轮、螺母、轴套及防锈零件
		ZQMn5-21		用在中等工作条件下轴承的轴套和轴瓦等
黄铜	压力加工用黄铜	H59	H 表示黄铜，后面数字表示基元素铜的含量。黄铜系铜锌合金	热压及热轧零件
		H62		散热器、垫圈、弹簧、各种网、螺钉及其他零件
	铸造黄铜	ZHMn58-2-2	Z 表示铸造，后面符号表示主添加元素，后一组数字表示除锌以外的其他元素含量	用于制造轴瓦、轴套及其他耐磨零件
		ZHA166-6-3-2		用于制造丝杆螺母、受重载荷的螺旋杆、压下螺丝的螺母及在重载荷下工件的大型蜗轮轮缘等
铝	硬铝合金	LY1	LY 表示硬铝，后面是顺序号	时效状态下塑性良好，切削加工性在时效状态下良好；在退火状态下降低。耐蚀性中等。系铆接铝合金结构用的主要铆钉材料
		LY8		退火和新淬火状态下塑性中等。焊接性好，切削加工性在时效状态下良好；退火状态下降低。耐蚀性中等。用于各种中等强度的零件和构件、冲压的连接部件、空气螺旋桨叶及铆钉等
	锻铝合金	LD2	LD 表示锻铝，后面是顺序号	热态和退火状态下塑性高；时效状态下中等。焊接性良好。切削加工性能在软态下不良；在时效状态下良好。耐蚀性高。用于要求在冷状态和热状态时具有高可塑性，且承受中等载荷的零件和构件
	铸造铝合金	ZL301	Z 表示铸造，L 表示铝，后面系顺序号	用于受重大冲击载荷、高耐蚀性的零件
		ZL102		用于气缸活塞以及在高温工作下的复杂形状零件
		ZL401		适用于压力铸造用的高强度铝合金
轴承合金	锡基轴承合金	ZChSnSb9-7	Z 表示铸造，Ch 表示轴承合金，后面系主元素，再后面是第一添加元素。一组数字表示除第一个基元素外的添加元素含量	韧性强，适用于内燃机、汽车等轴承及轴衬
		ZChSnSb13-5-12		适用于一般中速、中压的各种机器轴承及轴衬
	铅基轴承合金	ZChPbSb16-16-2		用于浇注汽轮机、机车、压缩机的轴承
		ZChPbSb15-5		用于浇注汽油发动机、压缩机、球磨机等的轴承

附表 5-4　热处理名词解释

名称	说明	目的	适用范围
退火	加热到临界温度以下，保温一定时间，然后缓慢冷却（例如在炉中冷却）	消除在前一工序（锻造、冷拉等）中所产生的内应力 降低硬度，改善加工性能 增加塑性和韧性 使材料的成分或组织均匀，为以后的热处理准备条件	完全退火适用于碳含量 0.8%下的铸件、锻件、焊件；为消除应力的退火主要用于铸件和焊件
正火	加热到临界温度以上，保温一定时间，再在空气中冷却	细化晶粒 与退火后相比，强度略有增高，并能改善低碳钢的切削加工性能	用于低、中碳钢。对低碳钢常低温退火
淬火	加热到临界温度以上，保温一定时间，再在冷却剂（水、油或盐水）中急速地冷却	提高硬度及强度 提高耐磨性	用于中、高碳钢。淬火后钢须回火
回火	经淬火后再加热到临界温度以下的某一温度，在该温度停一定时间，然后在水、油或空气中冷却	消除淬火时产生的内应力，增加韧性，降低硬度	高碳钢制的工具、量具、刃具低温（150~250℃）回火 弹簧用中温（270~450℃）回火
调质	在 450~650℃进行高温回火	可以完全消除内应力，并获得较高的综合力学性能	用于重要的立轴、齿轮，以及杠等零件
表面淬火	用火焰或高频电流将零件表面迅速加热至临界温度以上，急速冷却	使零件表面获得高硬度，而心部保持一定的韧度，使零件既耐磨又能承受冲击	用于重要的齿轮以及曲轴、消销等
渗碳淬火	在渗碳剂中加热到 900~950℃，停留一定时间，将碳渗入钢表面，深度为 0.5~2 mm，再淬火后回火	增加零件表面硬度和耐磨性，提高材料的疲劳强度	适用于碳的质量分数为 0.08%~0.25%的低碳钢及低碳合金钢
渗氮	使工作表面渗入氮元素	增加表面硬度、耐磨性、疲劳强度和耐蚀性	适用于含铝、铬、钼、锰等的合金钢，例如，要求耐磨的主轴、规、样板等
碳氮共渗	使工作表面同时饱和碳和氮元素	增加表面硬度、耐磨性、疲劳强度和耐蚀性	适用于碳素钢及合金结构钢，适用于高速钢的切削工具
时效处理	天然时效：在空气中长期存放半年到一年以上 人工时效：加热到 500~600℃，在这个温度保持 10~20 h 或更长时间	使铸件消除其内应力，稳定其形状和尺寸	用于机床床身等大型铸件
冰冷处理	将淬火钢继续冷却至室温以下	进一步提高硬度、耐磨性，并使其尺寸趋于稳定	用于滚动轴承的钢球、量规等
发蓝处理	用加热办法使工件表面形成一层氧化铁所组成的保护性薄膜	耐腐蚀、美观	用于一般常见的坚固件

名称	说明	目的	适用范围
布氏硬度 HBW	材料抵抗硬的物体压入零件表面的能力称为"硬度"。根据测定方法的不同，可分为布氏硬度、洛氏硬度、维氏硬度等	硬度测定是为了检验材料的力学性能——硬度	用于经退火、正火、调质的零件及铸件的硬度检查
洛式硬度 HRC			用于经淬火、回火及表面化学热处理的零件的硬度检查
维氏硬度 HV			特别适用于薄层硬化零件的硬度检查

附录6　常用标准数据和标准结构

附表6-1　回转面及端面砂轮越程槽的形式及尺寸（GB/T 6403.5—2008）

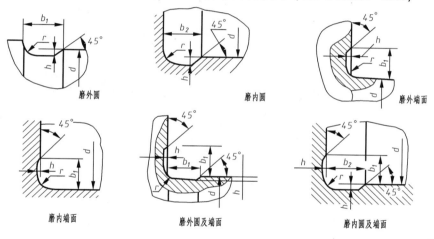

单位：mm

b_1	0.6	1.0	1.6	2.0	3.0	4.0	5.0	8.0	10
b_2	2.0	3.0		4.0		5.0		8.0	10
h	0.1	0.2		0.3	0.4		0.6	0.8	1.2
r	0.2	0.5		0.8	1.0		1.6	2.0	3.0
d	~10			>10~50		>50~100		>100	

附表6-2　与直径d或D相应的倒角C、倒圆R的推荐值（GB/T 6403.4—2008）　单位：mm

d 或 D	~3	>3~6	>6~10	>10~18	>18~30	>30~50	>50~80	>80~120	>120~180
D 或 R	0.2	0.4	0.6	0.8	1.0	1.6	2.0	2.5	3.0
d 或 D	>180~250	>250~320	>320~400	>400~500	>500~630	>630~800	>800~1 000	>1 000~1 250	>1 250~1 600
C 或 R	4.0	5.0	6.0	8.0	10	12	16	20	25

附表 6-3　普通螺纹收尾、肩距、退刀槽、倒角

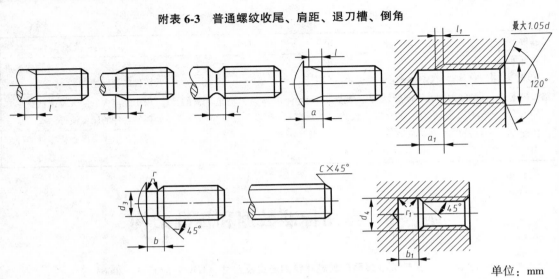

单位：mm

螺距	粗牙螺纹	外螺纹					倒角	内螺纹				
	大径	螺纹收	肩距	退刀槽				螺纹收	肩距	退刀槽		
P	d	尾 $l\leqslant$	$a\leqslant$	b	r	d_3	C	尾 $l_1\leqslant$	$a_1\geqslant$	b_1	r_1	d_4
0.2	—	0.5	0.6	—			0.2	0.4	1.2			
0.25	1，1.2	0.6	0.75	0.75				0.5	1.5			
0.3	1.4	0.75	0.9	0.9			0.3	0.6	1.8			
0.35	1.6，1.8	0.9	1.05	1.05		$d-0.6$		0.7	2.2	—		
0.4	2	1	1.2	1.2		$d-0.7$	0.4	0.8	2.5			
0.45	2.2，2.5	1.1	1.35	1.35		$d-0.7$		0.9	2.8			
0.5	3	1.25	1.5	1.5		$d-0.8$	0.5	1	3	2		
0.6	3.5	1.5	1.8	1.8		$d-1$		1.2	3.2			$d+0.$
0.7	4	1.75	2.1	2.1		$d-1.1$	0.6	1.4	3.5			
0.75	4.5	1.9	2.25	2.25		$d-1.2$		1.5	3.8	3		
0.8	5	2	2.4	2.4		$d-1.3$	0.8	1.6	4			
1	6.7	2.5	3	3		$d-1.6$	1	2	5	4		
1.25	8	3.2	4	3.75	$0.5P$	$d-2$	1.2	2.5	6	5	$0.5P$	
1.5	10	3.8	4.5	4.5		$d-2.3$	1.5	3	7	6		
1.75	12	4.3	5.3	5.25		$d-2.6$		3.5	9	7		
2	14，16	5	6	6		$d-3$	2	4	10	8		
2.5	18，20，22	6.3	7.5	7.5		$d-3.6$		5	12	10		$d+0$
3	24，27	7.5	9	9		$d-4.4$	2.5	6	14	12		
3.5	30，33	9	10.5	10.5		$d-5$		7	16	14		
4	36，39	10	12	12		$d-5.7$	3	8	18	16		
4.5	42，45	11	13.5	13.5		$d-6.4$	4	9	21	18		
5	48，52	12.5	15	15		$d-7$		10	23	20		
5.5	56，60	14	16.5	17.5		$d-7.7$	5	11	25	22		
6	64，68	15	18	18		$d-8.3$		12	28	24		

注：1. 本表列入 l、a、b、l_1、a_1、b_1 的一般值；长的、短的和窄的数值未列入。

　　2. 肩距 a（a_1）是螺纹收尾 l（l_1）加螺纹空白的总长。

　　3. 外螺纹倒角和退刀槽过渡角一般按 45°，也可按 60° 或 30°，当螺纹按 60° 或 30° 倒角时，倒角深度约等于螺纹深
　　　 度。内螺纹倒角一般是 120° 锥角，也可以是 90° 锥角。

　　4. 细牙螺纹按本表螺距 P 选用。

参 考 文 献

[1] 何铭新，钱可强，徐祖茂．机械制图［M］．6 版．北京：高等教育出版社，2010.
[2] 陆国栋．图学应用教程［M］．2 版．北京：高等教育出版社，2010.
[3] 大连理工大学工程图学教研室．机械制图［M］．7 版．北京：高等教育出版社，2013.
[4] 黄其柏，阮春红，何建英，等．画法几何及机械制图［M］．5 版．武汉：华中科技大学出版社，2012.
[5] 武晓丽，邱泽阳．现代工程图学——机械制图［M］．北京：中国铁道出版社，2006.
[6] 杨新文，武晓丽．机械制图［M］．北京：中国铁道出版社，2012.
[7] 陆玉兵，朱忠伦，孙怀陵．机械制图与公差配合［M］．北京：北京理工大学出版社，2013.
[8] 胡红专，俞巧云，王建平，等．机械制图［M］．4 版．合肥：中国科学技术大学出版社，2010.